21世纪高职高专规划教材
高等职业教育规划教材编委会专家审定

Linux系统配置与管理教程

——实训与项目案例

主　编　陈小全　张继红
副主编　夏永恒　张传立

北京邮电大学出版社
·北京·

内容简介

当前 Linux 已成为了世界的主流操作系统之一，无论在桌面还是服务器领域都得到了广泛的应用。本书以 Fedora 12 平台为基础，全面系统地介绍了 Linux 系统管理的知识，内容包括 Linux 系统简介、Linux 系统安装、图形桌面系统管理、用户和用户组管理、磁盘分区管理、文件系统管理、网络管理，Linux 内核模块，Linux 内核编译等。本书内容详尽，语言通俗易懂，叙述深入浅出，案例丰富，而且在每章后还有大量的习题、课程实训、项目实践帮助读者巩固所学的知识。本书适合广大 Linux 初学者、Linux 系统管理员、对 Linux 感兴趣的人员及各大中专院校的学生阅读，是一本不可多得的 Linux 教材。

图书在版编目(CIP)数据

Linux 系统配置与管理教程：实训与项目案例/陈小全，张继红主编. --北京：北京邮电大学出版社，2011.1
ISBN 978-7-5635-2542-3

Ⅰ. ①L… Ⅱ. ①陈…②张… Ⅲ. ①Linux 操作系统—教材 Ⅳ. ①TP316.89

中国版本图书馆 CIP 数据核字(2010)第 255326 号

书　　名：Linux 系统配置与管理教程——实训与项目案例
作　　者：陈小全　张继红
责任编辑：刘　炀
出版发行：北京邮电大学出版社
社　　址：北京市海淀区西土城路 10 号(邮编：100876)
发 行 部：电话：010-62282185　传真：010-62283578
E-mail：publish@bupt.edu.cn
经　　销：各地新华书店
印　　刷：北京忠信诚胶印厂
开　　本：787 mm×1 092 mm　1/16
印　　张：15.25
字　　数：399 千字
印　　数：1—3 000 册
版　　次：2011 年 1 月第 1 版　2011 年 1 月第 1 次印刷

ISBN 978-7-5635-2542-3　　定　价：28.00 元

· 如有印装质量问题，请与北京邮电大学出版社发行部联系 ·

前　言

从桌面应用到服务器架设，Linux 正变得越来越被大众所接受。竞争激烈的就业市场对 Linux 专业人才的需求量也在急剧增长，学生、业界人士都希望通过学习 Linux 的知识来提升自己的职场竞争力，以获得更高的薪酬。但是目前关于 Linux 的书籍大部分都只是偏重于教学使用，或者是只停留在一些表面的简单操作上，而对一些在工作中使用的知识却没有提及，或介绍的很少。本书正是为满足这类读者的需求而编写的。全书内容涵盖了 Linux 系统管理知识的各个方面，结合实际案例进行讲解，同时书中给出了各种常用的系统管理脚本。

本书有如下几个特点。

1. 示例讲解，轻松掌握

本书对每个知识点都会给出使用示例，并结合示例进行讲解，使读者可以一边学习理论知识一边根据书中内容进行实际的操作，能更好更快地吸收书中知识。

2. 提供大量的管理脚本

Linux 系统的一个最大的特点就是可以通过编写各种脚本简化系统管理的工作，而丰富的脚本代码正是本书的一大亮点。

3. 项目案例丰富，涵盖面广，结合实际

本书在每章的最后，都会针对该章所介绍的知识设置实际的项目案例，帮助读者熟悉 Linux 的具体应用，加深读者对 Linux 的熟悉。本书主要包括以下 10 章内容。

第 1 章：本章主要介绍 Linux 的概念，Linux 的来源与发展，Linux 的特点和应用等方面的知识及 Fedora 系统的安装过程。

第 2 章：本章介绍无人值守安装程序，详细解释无人值守安装程序的作用与组成，以及 Kickstart 程序多种方法引导，介绍 Kickstart 文件的获得和存在位置及怎么使用 Kickstart 文件。

第 3 章：本章介绍 Linux 文件系统，详细讲解 Linux 如何使用磁盘，同时介绍各种 Linux 文件系统类型，ext3 与 ext2 文件系统类型之间转换，挂载和卸载文件系统命令，管理文件系统、分区等内容。

第 4 章：本章节介绍用户和用户组，强制位和冒险位的使用及磁盘配额的知识。

第 5 章：本章介绍 Linux 系统开机的启动流程及虚拟控制台和启动过程问题的解决方案。

第 6 章：本章主要介绍内核模块的相关知识，了解 Linux 的模块机制以及如何加载使用内核模块，让读者认识到内核模块并没有那么神秘。

第 7 章：本章主要介绍 Linux 网络的知识。在管理系统时，不可避免地要涉及到网络的管理，所以是否能有效地管理网络就成为一个重点。

第 8 章：在这一章中，详细地介绍了 Linux 中使用 at，cron，anacron 等命令来管理子系统。其中，主要是学会自己定制任务计划，为实际提供方便。

第 9 章：本章主要介绍内核的特性结构，以及如何编译内核等内容。

第 10 章：本章介绍 X Window 系统的基本知识与相关的命令，对 X Window 系统的配置和常见的问题也进行了说明，使读者在实践操作中有所依据。

本书适合于 Linux 初学者、Linux 系统管理员、网络管理员、对 Linux 系统管理有兴趣的人员、大中专院校的学生、社会培训学员。

虽然我们对书中所述的内容都尽量予以核实，并多次进行文字校对，但因时间所限，可能还存在疏漏和不足之处，恳请读者批评指正。

编 者

目　　录

第1章 Linux概述

什么是Linux? 在所有关于Linux的问题中,没有比这个更基本的了。简单地说,Linux是一种操作系统,可以安装在包括服务器、个人电脑,乃至PDA、手机、打印机等各类设备中。尝试一个新的操作系统难免让人心潮澎湃,如果读者之前还没有接触过Linux的话,在正式开始安装和使用Linux之前,首先让自己放松,试着做几个深呼吸,然后跟随本章的介绍来整理一下同Linux有关的思绪。

1.1 Linux的起源和发展

Linux起源和发展是一段令人着迷的历史。这里面包含着太多颠覆"常理"的事件和思想,促成Linux成长壮大的"神奇"力量总是被人津津乐道,Linux所创造的传奇有时候让初次接触它的人感到不可思议。

1.1.1 Linux的起源

1991年,一个名不见经传的芬兰研究生购买了自己的第一台PC,并且决定开始开发自己的操作系统。这个想法非常偶然,最初只是为了满足自己读写新闻和邮件的需求。这个芬兰人选择了Minix作为自己研究的对象。Minix是由荷兰教授Andrew S. Tanenbaum开发的一种模型操作系统,这个开放源代码的操作系统最初只是用于研究目的。

这个研究生名叫Linus Torvalds,他很快编写了自己的磁盘驱动程序和文件系统,并且慷慨地把源代码上传到互联网。Linus把这个操作系统命名为Linux,意指"Linus的Minix"(Linus' Minix)。

Linus根本不会想到,这个内核迅速引起了全世界的兴趣。在短短的几年时间里,借助社区开发的推动力,Linux迸发出强大的生命力。1994年,1.0版本的Linux内核正式发布。本书写作时,最新的稳定内核版本为2.6.27。

Linux目前得到了大部分IT巨头的支持,并且进入了重要战略规划的核心领域。一个非赢利性的操作系统计划能够延续那么多年,并且最终成长为在各行各业发挥巨大影响力的产品,本身就让人惊叹。在探究这些现象背后的原因前,首先来看一下Linux和UNIX之间的关系,这两个名词常常让人感到有些困惑。

1.1.2 追溯到UNIX

UNIX的历史需要追溯到遥远的1969年,最初只是AT&T贝尔实验室的一个研究项目。10年后,UNIX被无偿提供给各大学,由此UNIX成为众多大学和实验室研究项目的基础。

尽管UNIX被免费提供,但获取源代码仍然需要向AT&T交纳一定的许可证费用。1977年,加州大学伯克利分校的计算机系统研究小组(CSRG)从AT&T获取了UNIX的源代码，经过改动和包装后发布了自己的UNIX版本——伯克利UNIX(Berkeley UNIX)，这个发行版通常被称为BSD，代表Berkeley Software Distribution(伯克利软件发行版)。

随着UNIX在商业上的蓬勃发展，AT&T的许可证费用也水涨船高，伯克利于是决定从BSD中彻底除去AT&T的代码。这项工程持续了一年多，到1989年6月，一个完全没有AT&T UNIX代码的BSD版本诞生了。这是第一套由伯克利发布的自由可再发行(Freely-redistributable)的代码，所谓的"自由"颇有些"你知道这是我的东西就可以了"的味道。只要承认这是伯克利的劳动成果，那么任何人就可以以任何方式使用这些源代码。

1995年6月，4.4BSD-Lite发行，但这也是CSRG的绝唱。此后，CSRG因为失去资金支持而被迫解散。但BSD的生命并没有到此终结。目前大多数的BSD UNIX的版本，例如FreeBSD、OpenBSD等都是从4.4BSD-Lite发展过来的，并且延续了它的许可证协议。

与此同时，另一些UNIX版本则沿用了AT&T的代码，这些UNIX系的操作系统包括HP-UX、Solaris等。

简单地说，Linux是对UNIX的重新实现。世界各地的Linux开发人员借鉴了UNIX的技术和用户界面，并且融入了很多独创的技术改进。Linux的确可以被称作UNIX的一个变体，但从开发形式和最终产生的源代码来看，Linux不属于BSD和AT&T风格的UNIX中的任何一种。因此严格说来，Linux是有别于UNIX的另一种操作系统。

1.1.3 影响世界的开源潮流

Linux的发展历程看起来是一个充满传奇色彩的故事。特别是，为什么有如此多的人向社区贡献源代码，不索取任何酬劳并任由其他人免费使用？"因为他们乐于成为一个全球协作努力活动的一部分"，Linus这样回答说。开源成为了一种全球性的文化现象，无数的程序员投身到各种开源项目中，并且乐此不疲。

事实上，社区合作已经成为了被广泛采用的开发模式。Linux、Apache、PHP、Firefox等业界领先的各类软件产品均使用了社区开发模式并采用某种开源许可协议。包括Sun、IBM、Novell、Google甚至Microsoft在内的很多商业公司都拥有自己的开放源代码社区。

有意思的是，开放源代码的思想不仅仅根植于程序员的头脑中，更重要的是，社区合作演变成为了一种互联网文化。见证了维基百科等产品的巨大成功，人们发现，所谓的Web2.0模式从本质上是同开源思想一脉相承的。

已经有了多种不同的开放源代码许可证协议，包括BSD、Apache、GPL、MIT、LGPL等。其中的一些比较宽松，如BSD、Apache和MIT，用户可以修改源代码，并保留修改部分的版权。Linux所遵循的GPL协议相对比较严格，它要求用户将所作的一切修改回馈社区。关于开源协议的讨论常常是一个法律问题，一些法律系的学生会选择这方面的主题作为自己的毕业论文。在Google中输入关键字"开源协议"可以得到非常详尽的解答。

1.1.4 GNU公共许可证：GPL

GNU来源于20世纪80年代初期，Richard Stallman在软件业引发了一场革命。这个人坚持认为软件应该是"自由"的，软件业应该发扬开放、团结、互助的精神。这种在当时看来离经叛道的想法催生了GNU计划。截至1990年，在GNU计划下诞生的软件包括文字编辑器Emacs、C语言编译器gcc以及一系列UNIX程序库和工具。1991年，Linux的加入让GNU实现了自己最初的目标——创造一套完全自由的操作系统。

GNU是GNU's Not UNIX(GNU不是UNIX)的缩写。这种古怪的命名方式是计算机专家们玩的小幽默(如果觉得这一点都不好笑,那么就不要勉强自己)。GNU 公共许可证(GNU Public License,GPL)是包括 Linux 在内的一批开源软件遵循的许可证协议。下面来关心一下 GPL 中到底说了些什么(这对于考虑部署 Linux 或者其他遵循 GPL 的产品的企业可能非常重要)。概括说来,GPL 包括下面这些内容。

- 软件最初的作者保留版权。
- 其他人可以修改、销售该软件,也可以在此基础上开发新的软件,但必须保证这份源代码向公众开放。
- 经过修改的软件仍然要受到 GPL 的约束——除非能够确定经过修改的部分是独立于原来作品的。
- 如果软件在使用中引起了损失,开发人员不承担相关责任。

完整的 GPL 协议可以在互联网上通过各种途径(如 GNU 的官方网站 www. gnu. org)获得,GPL 协议已经被翻译成中文,读者可以在 Google 中搜索"GPL"获得相关信息。

1.2　为什么选择 Linux

Windows 已经占据了这个世界大部分电脑的屏幕——从 PC 到服务器。如果已经习惯了在 Windows 下工作,有什么必要选择 Linux 呢? Linux 的开发模式从某个角度回答了这个问题。Linux 是免费的,用户并不需要为使用这个系统交付任何费用。当然,这并不是唯一的,也不是最重要的理由。相对于 Windows 和其他操作系统,Linux 拥有其独特的优势。这些优势使 Linux 长期以来得到了大量的应用和支持,并在最近几年收获了爆炸性的发展。

1.2.1　作为服务器

Linux 已经在服务器市场展现了非比寻常的能力,在世界各地有数百万位志愿者为 Linux 提供技术支持和软件更新,其中包括有 IBM、Google、Red Hat、Novell 等 IT 跨国企业的资深学者和工程师。这要归功于 Linux 的社区开发模式,公开的源代码不是招来更多的黑客攻击,相反,Linux 对于安全漏洞可以提供更快速的反应。在企业级应用领域,更少被病毒和安全问题困扰的 Linux 是众多系统管理员的首选。

Linux 在系统性能方面同样表现出优势,已经不必担心 Linux 是否能发挥服务器的全部性能。相反在实现同样的功能时,Linux 所消耗的系统资源比 Windows 更少,同时也更为稳定。虚拟化技术、分布式计算、互联网应用等在 Linux 上可以得到很好的支持,Linux 在服务器市场的份额一直在快速增长。

2004 年,IBM 宣布其全线服务器均支持 Linux。这无疑向世界传递了这样一个信号:Linux 已经成长为一种最高档次的操作系统,具备了同其他操作系统一较高下的实力。在这之后的 4 年中,步 IBM 后尘的企业越来越多。如今,选择 Linux 作为自己的服务器操作系统已经不存在任何风险,因为主流的服务器制造商都能够提供对 Linux 的支持。

值得一提的是,在 2008 年排名前 500 的超级计算机中,93.8%(469 台)都采用了 Linux 操作系统。尽管微软很自豪地表示,Windows HPC Server 2008 进入榜单前 10 位,但需要知道的是,前 9 名的超级计算机都采用了 Linux。

总体上来说,Linux 非常健壮和灵活,很适合用于大型企业生产环境——在把 Linux 投入实际使用之后,用户将会更多地体会到这一点。

1.2.2 作为桌面

没有必要夸大 Linux 作为桌面操作系统的优势。在这个领域，Windows 仍然占据绝对的主导地位。用户体验方面，Windows 的确做得更好一些。然而随着 Linux 在桌面领域投入更多的精力，其桌面市场份额正在缓步提升。在 2008 年的世界开源大会上，Ubuntu Linux 创始人 Mark Shuttleworth 甚至大胆预测，Linux 的市场份额将在两年时间内超越苹果。

那么究竟有什么理由在 PC 上使用 Linux 呢？"免费"是一个非常重要的理由。Linux 上的开源软件非常丰富，能够完成日常办公中的所有任务，并且不需要为此缴纳任何费用。用户不再需要为各种专业软件和操作系统支付大笔的许可证费用，省下的这笔资金可以用到更有用处的地方。

另一个重要理由在于 Linux 的开放性。这意味着用户可以订制属于自己需要的功能，在 Linux 中，没有什么是不能被修改的。对于希望学习操作系统原理的用户，Linux 是一个很好的平台，它可以让研究人员清楚地看到其中的每一个细节。

相比较 Windows 而言，Linux 确实更少受到病毒的侵扰。随着学习的深入，读者会逐渐了解到其中的原因。

1.3 Linux 的发行版本

严格说来，Linux 这个词并不能指代本书所要介绍的这个(或者说几个)操作系统。Linux 实际上只定义了一个操作系统内核，这个内核由 kernel. org 负责维护。不同的企业和组织在此基础上开发了一系列辅助软件，打包发布自己的"发行版本"。各种发行版本可以"非常不同"，却是建立在同一个基础之上的。

1.3.1 不同的发行版本

Linux 的发行版本确实太多了，表 1-1 只列出了其中比较著名的一些(即便如此，这张表格仍然有点长)。这些发行版本是按照字母顺序，而不是推荐或者流行程度排列的。

表 1-1 著名的 Linux 发行版本

发行版本	官方网站	说明
CentOS	www. centos. org	模仿 Red Hat Enterprise Linux 的非商业发行版本
Debian	www. debian. org	免费的非商业发行版本
Fedora	fedora. redhat. com	Red Hat 公司的免费发行版本
Gentoo	www. gentoo. org	基于源代码编译的发行版本
Mandriva	www. mandriva. com	前身 Mandrakelinux，第一个为非技术类用户设计的 Linux 发行版本
openSUSE	www. opensuse. org	SUSE Linux 的免费发行版本
Red Flag	www. redflag-linux. com	国内发展最好的 Linux 发行版本
Red Hat Enterprise	www. redhat. com	Red Hat 公司的企业级商业化发行版本
SUSE Linux Enterprise	www. novell. com/linux	Novell 公司的企业级商业化 Linux 发行版本
TurboLinux	www. turbolinux. com	在中国和日本取得较大成功的发行版本
Ubuntu	www. ubuntu. com	类似于 Debian 的免费发行版本

在过去的十年中，Red Hat 公司一直是 Linux 乃至开源世界的领导者。2003 年，公司高层决定将其产品分成两个不同的发行版本。商业版本被称为 Red Hat Enterprise Linux，这个发行版本专注于企业级应用，并向使用它的企业提供全套技术支持，Red Hat 公司从中收取相关许可证费。另一个发行版本被称为 Fedora，其开发依托于 Linux 社区。尽管 Fedora 从名字上已经不再打着 Red Hat 的旗号，但是这两个发行版本依然保持着很大程度上的相似性。

另一个走上几乎相同路线的 Linux 发行版本是 SUSE Linux，这个目前由 Novell 公司运作的 Linux 发行版本分为 SUSE Linux Enterprise 和 openSUSE 两种，前者由 Novell 提供技术和服务支持，后者则由 Linux 社区维护并免费提供。相对于 Fedora 而言，openSUSE 似乎能够得到更多的来自其商业公司的支持。

一个很有意思的发行版本是 CentOS，这个发行版本收集了 Red Hat 为了遵守各种开源许可证协议而必须开放的源代码，并且打包整理成一个同 Red Hat Enterprise 非常相似的 Linux 发行版本。CentOS 完全免费，这对于那些希望搭建企业级应用平台，而又不需要 Red Hat 公司服务支持的团队而言是一个好消息。毕竟，钱是很多时候必须首要考虑的问题。

Debian 和 Ubuntu 依旧保持着原始的 Linux 精神，这两个发行版本由社区开发，并且完全向用户免费提供。其中 Ubuntu 至今享受着南非企业家 Mark Shuttleworth 的资助，用户可以登录其官方网站预定安装光盘。Canonical（Ubuntu 社区的授权公司）会为此支付一切费用，甚至包括邮费。

Red Flag Linux（红旗 Linux）是来自北京中科红旗软件技术有限公司的产品，这几年，国内 Linux 市场环境有了长足的进步，这也促使红旗软件逐渐成长为亚洲最大、也是发展最迅速的 Linux 产品发行商，并于 2004 年同亚洲其他 Linux 发行商合作发布了企业级 Linux 系统 Asianux。红旗 Linux 最大的优势在于其本地化服务，同时在中文支持上，红旗 Linux 比其同行做得更好。

1.3.2 哪种发行版本最好

既然已经介绍了那么多发行版本，那么哪一种最好？每一种发行版本都宣称自己能够提供更好的用户体验、更丰富的软件库等。从这种意义上讲，发行商的建议常常只是广告性质的宣传。

使用哪一种发行版本主要取决于用户的具体需求。如果用户需要在企业环境中部署 Linux 系统，那么应该侧重考虑 Red Hat Enterprise Linux 这样的发行版本，这些专为企业用户设计的 Linux 可以更有效地应用在生产环境中，并且在出现问题的时候能够找到一个为此负责的人。对于大型企业而言，千万不要尝试那些小的发行版本，因为稳定性永远是最重要的，没有人会愿意看到自己购买的产品几年后就不存在了。如果某些发行版的某些功能的确很吸引人，那么至少也要等它“长大了”再说。

Debian 和 Ubuntu 尽管是两个非赢利性的发行版本，但是在很长的时间内，这两个发行版本将会继续存在。对于企业用户而言，这是同样值得考虑的对象。

对于个人用户而言，需要考虑的东西就要少很多。桌面用户可能更关心漂亮的图形界面，以及简易的操作性。很难确定哪个发行版本更“漂亮”，或者用起来更顺手——这取决于不同的口味。通常来说，标榜自己是 Desktop（桌面）的 Linux 发行版在很大程度上都考虑到了这两方面的内容。

Linux 玩家可能会来回尝试多个发行版本，这是一件充满乐趣的事情。每当一个新的

Linux 发行版出现，或者已有发行版本完成一次升级后，都会有无数的 Linux 爱好者参与到测评和比较中。因此在决定使用哪个发行版之前，关注一下相关的 Linux 论坛是一个好主意。

1.4　Internet 上的 Linux 资源

Internet 上永远都不缺少 Linux 资源，除了 1.3.1 节列出的各发行版的官方网站外，还有很多组织和个人建立了各种 Linux 网站和论坛，这些资源为 Linux 用户提供了大量支持。经常光顾这些地方并及时实践是学习 Linux 的最好途径。表 1-2 和表 1-3 分别列出了国外和国内的常用 Linux 站点。

表 1-2　常用的国外 Linux 资源

国外网站	说　明
lwn. net	来自 Linux 和开放源代码界的新闻
www. freshmeat. net	最齐全的 Linux/UNIX 软件库
www. justlinux. com	信息齐全的 Linux 学习网站
www. kernel. org	Linux 内核的官方网站
www. linux. com	提供全方位的 Linux 信息(尽管不是官方网站)
www. linuxhq. com	提供内核信息和补丁的汇总
www. linuxtoday. com	非常完整的 Linux 新闻站点

表 1-3　常用的国内 Linux 资源

国内网站	说　明
www. chinaunix. net	国内最大的 Linux/Unix 技术社区网站
www. linuxeden. com	Linux 伊甸园，最大的中文开源资讯门户网站
www. linuxfans. org	中国 Linux 公社，拥有自己的 Linux 发行版本 Magic Linux
www. linuxsir. org	提供 Linux 各种资源、包括资讯、软件、手册等

这些 Linux 站点显然不能涵盖所有，Linux 爱好者遍布全球，遇到问题的时候随便找个地方发张帖就可能得到热情的解答，但是通常并不推荐这种做法。很多问题已经被回答了无数次，并且因为人们的懒惰而不得不继续被回答。首先尝试自己去寻找问题的答案是一个好习惯，任何流行的搜索引擎都能帮上忙。对于技术类的问题，Google 是相对“更好”的选择。

不要有意回避 UNIX 的相关信息，这些信息通常都可以直接用于 Linux(回忆一下本章开头所描述的 Linux 和 UNIX 之间的渊源)。对于某些特定于发行版本的配置则应该小心，因为读者使用的发行版本很可能使用了不同的配置方式。本书在所有可能产生这些问题的地方都会给出说明。

1.5　安装 Fedora 12 系统

学习目标

- 了解 Fedora 12 所需的最低硬件要求

1.5.1　Fedora 12 所需的最低硬件要求

一般,Linux 的每个发行版都会给出系统的最低硬件配置要求及推荐配置列表,但这个最低硬件要求很多时候并不能真的使 Linux 能够正常工作,它只能让系统能够运行起来,而当系统要执行一些较大点的程序时,这个最低的硬件要求就不再可行了,特别是安装在虚拟机里。随着 Linux 的不断升温,许多硬件厂商主动协助 Linux 开发者,开发其相应的硬件的驱动程序,使得 Linux 现在能够支持大部分的硬件,在 Linux 的安装光盘里已经包含了大部分硬件驱动程序。

在 x86_32 构架的处理器上,Fedora 12 可运行于 Intel,AMD,Cyrix 和 VIA 等各处理器厂商,下面以 Intel 处理器型号为例来说明。Fedora 12 为 i686 及其后续处理器进行了优化。

- 文本模式推荐:200 MHz 奔腾 Pro 或以上。
- 图形模式推荐:400 MHz 奔腾 Pro 处理器或以上。
- 字符模式所需最小内存:128 MB。
- 图形模式所需最小内存:192 MB。
- 图形模式推荐内存:256 MB。

对于硬盘空间,安装 Fedora 下全部软件包将会使用 9 GB 以上的磁盘空间。实际需要的空间取决于具体的发布集(Spin)以及安装过程中选择的软件包。Fedora 12 的详细硬件需求详见"Fedora-12-Release_Notes-en-US. pdf"。本章将主要详解 Fedora 12 系统的安装过程。

1.5.2　Fedora 12 系统的安装

(1) 进入安装模式选择界面,选择"Install or upgrade an existing system"。如图 1-1 所示。

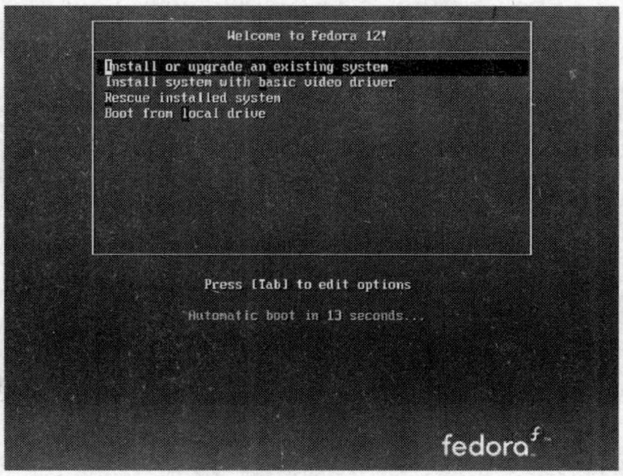

图 1-1　选择安装的方式

(2) 等准备完成后,会提示在安装前是否测试光盘,这里选择"Skip"。如图 1-2 所示。

(3) 然后进入 Fedora 12 的安装向导,到这里就说明 Fedora 开始收集基本配置信息了,单击"Next"。如图 1-3 所示。

(4) 进入安装过程中的语言选择界面,选择"Chinese(Simplified)(中文(简体))",并单击"Next"进入下一步安装。如图 1-4 所示。

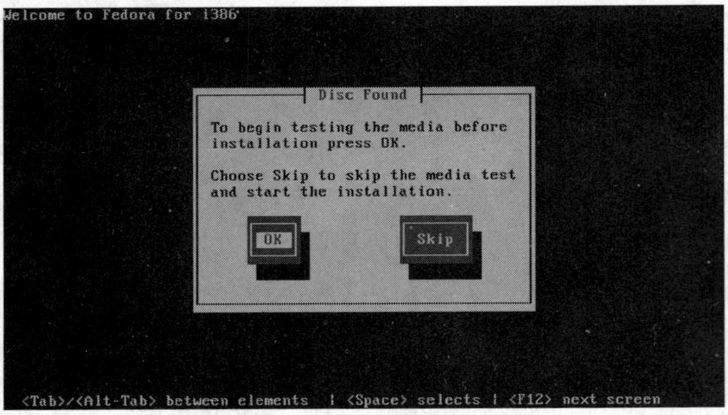

图 1-2　是否验证安装盘

图 1-3　进入安装界面

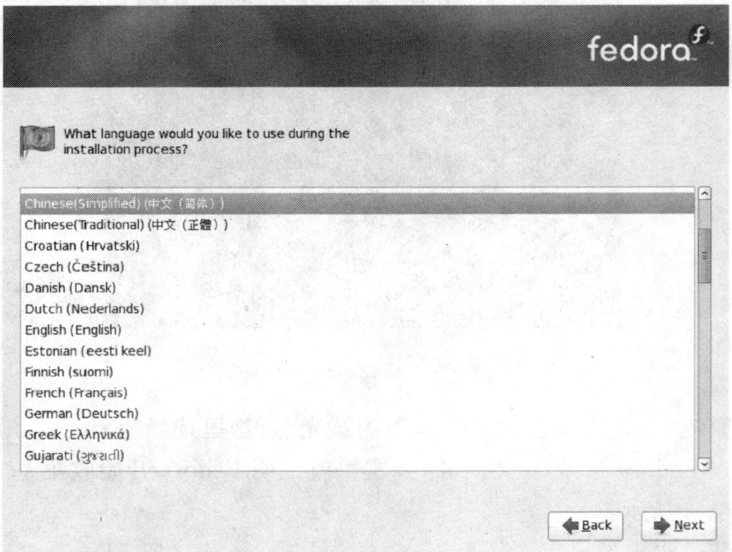

图 1-4　选择安装过程中的语言

(5) 进入键盘类型选择界面，选默认“美国英语式”便可，单击“下一步”。如图 1-5 所示。

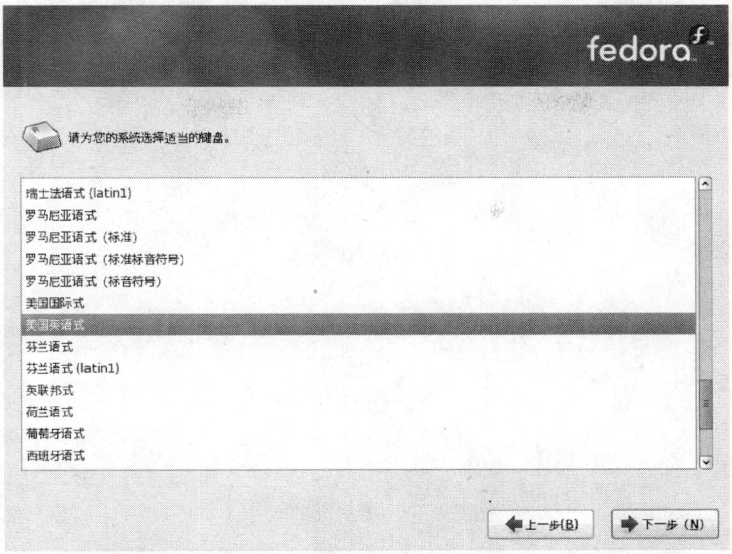

图 1-5　选择键盘的类型

(6) 因为是新的硬盘，驱动器会出错，选择“重新初始化驱动”便可。如图 1-6 所示。

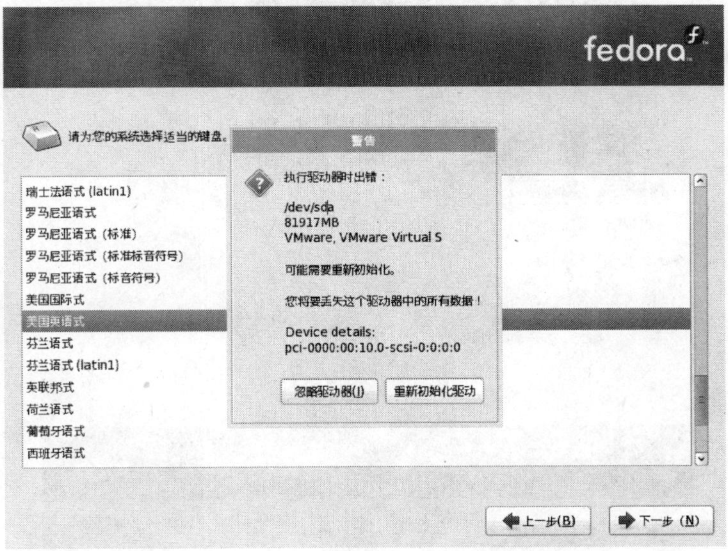

图 1-6　初始化硬盘

(7) 进入主机名称设置界面，还是以默认主机命名“localhost. localdomain”，单击“下一步”。如图 1-7 所示。

(8) 进入时区选择界面，还是以默认方式“亚洲/上海”，但最好去掉“System clock uses UTC”前的勾，如果系统是安装在 VMware 下，Fedora 时间会和 Windows 下的时间不相容。如图 1-8 所示。

(9) 进入 root 密码录入界面，录入 root 密码，由于 root 是超级用户，对整个系统拥有控制权，所有密码要设得强悍点，密码应符合复杂密码的要求，“长度大于 6 位，包含大写字母、小写字母、数字、符号四类中的三种”，如果密码不够复杂，系统会提示“密码强度不够，是否一定要使用”,单击“下一步”。到这里,Fedora 12 的基本安装信息就收集好了。如图 1-9 所示。

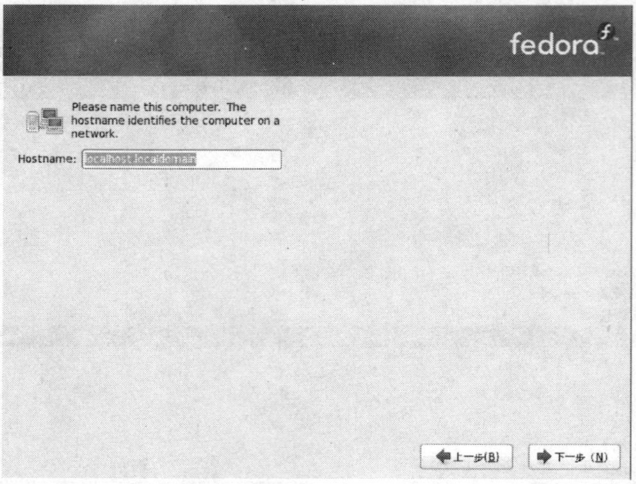

图 1-7　设置主机的名字

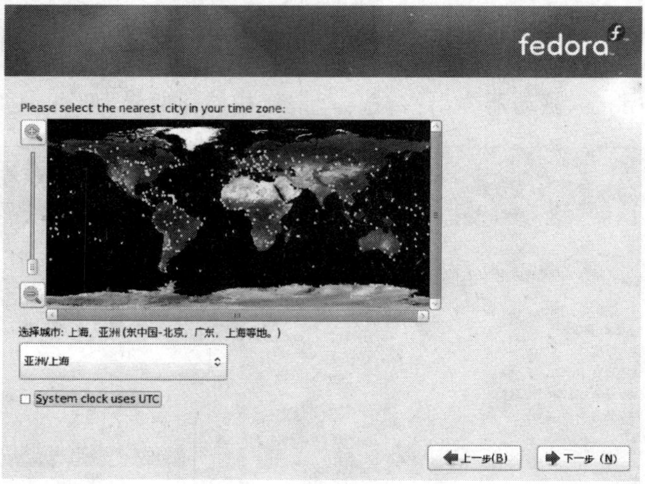

图 1-8　选择时区

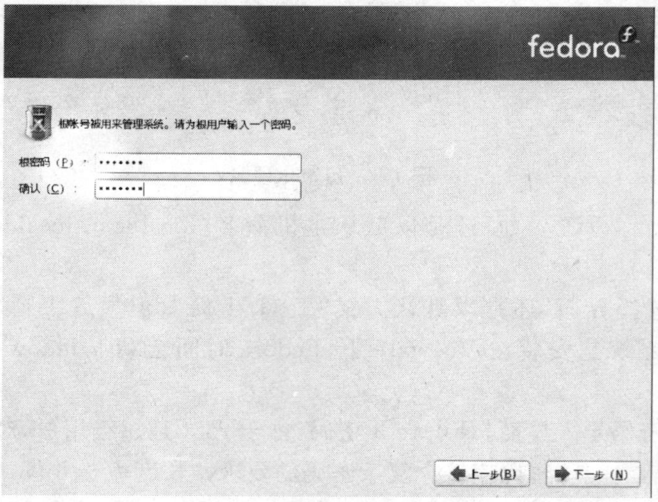

图 1-9　设置管理员的密码

(10) 进入分区管理界面，单击下拉表，选择“建立自定义的分区结构”，单击“下一步”。如图 1-10 所示。

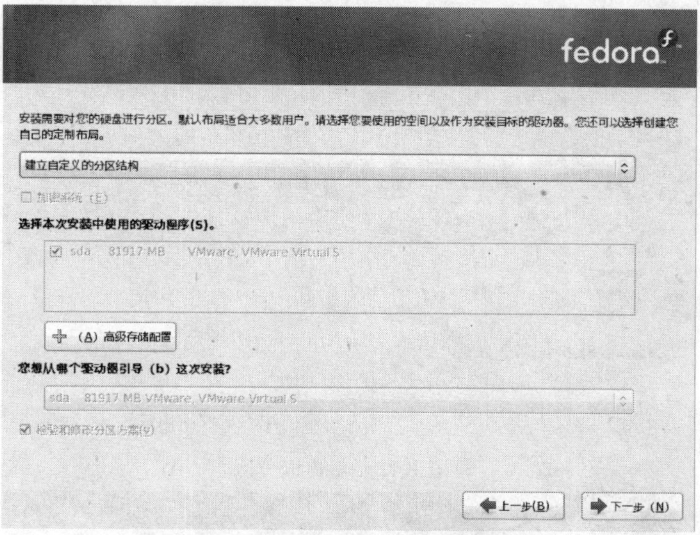

图 1-10 选择创建分区的方式

(11) 进入分区设置界面，单击“新建”进行分区，可先建一个 swap 分区，并强制为主分区。如图 1-11 所示。

图 1-11 创建交换分区

(12) 按上一步方法再建一个根分区，分区如图 1-12 所示。

单击“下一步”，系统安装程序提醒被选中的磁盘数据将丢失，选择“将修改写入磁盘”。如图 1-13 所示。

(13) 进入安装引导装载程序写入位置选择界面，以默认方式，并单击“下一步”。如图 1-14 所示。

(14) 进入软件初步定制界面，将办公、软件开发、网页服务器都选上，并选择“现在定制”，以裁掉一些不用的软件，单击“下一步”。如图 1-15 所示。

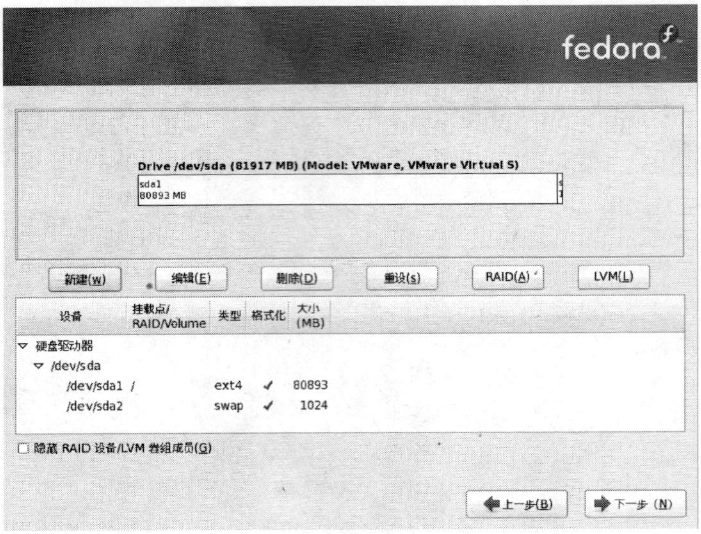

图 1-12　创建根分区

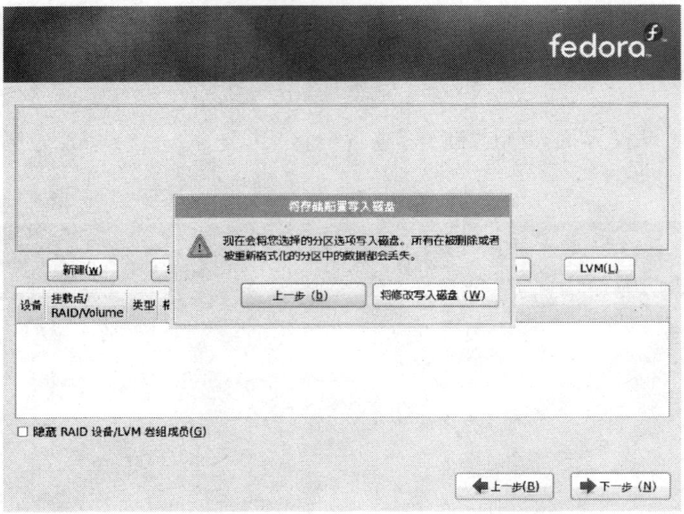

图 1-13　将设置存入硬盘

图 1-14　设置引导程序

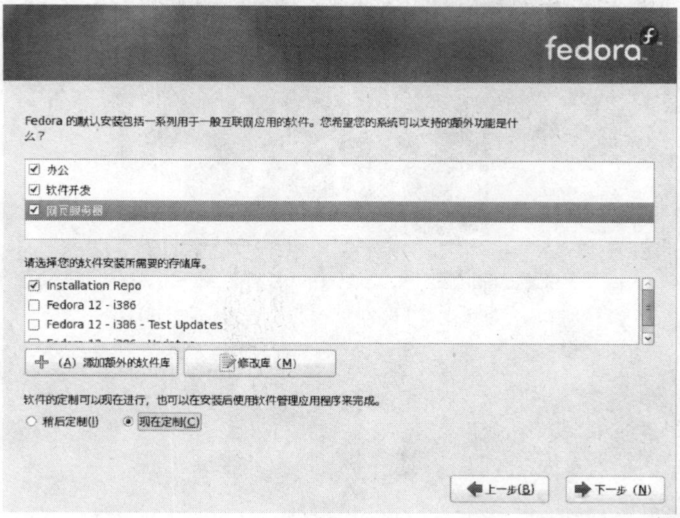

图 1-15　进入软件定制界面

（15）进入详细的软件定制界面，这里读者可以按自己需求定制自己所需的软件，还可单击右下角的“任选软件包”进行更详细的软件定制。定制完成后，单击“下一步”。如图 1-16 所示。

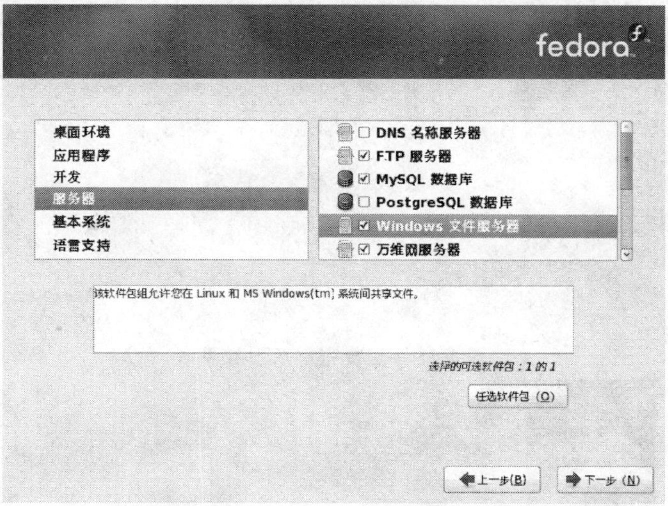

图 1-16　选择要安装的软件

（16）系统安装程序将自动开始安装系统。如图 1-17 所示。

（17）安装完成后，桌面将出现以下界面，单击“重新引导”，重启系统。如图 1-18 所示。

（18）若安装成功，系统将出现欢迎界面，单击“前进”。如图 1-19 所示。

（19）进入许可证信息界面，继续单击“前进”。如图 1-20 所示。

（20）进入创建用户界面，这里可为系统创建一非管理员账户。用户可按自己需要，填入相应的用户信息，填完单击“前进”继续安装。如图 1-21 所示。

（21）进入日期和时间设置界面，具体可参考当地的具体时间进行设置，设置完单击“前进”。如图 1-22 所示。

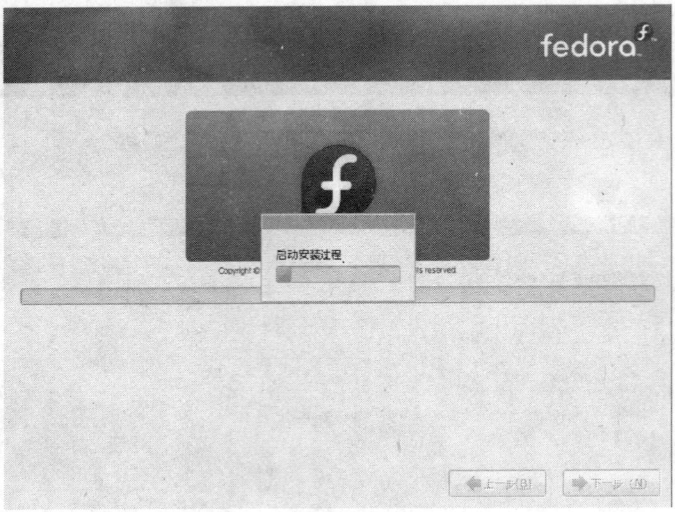

图 1-17　开始安装

图 1-18　安装完重新引导系统

图 1-19　进入系统的设置界面

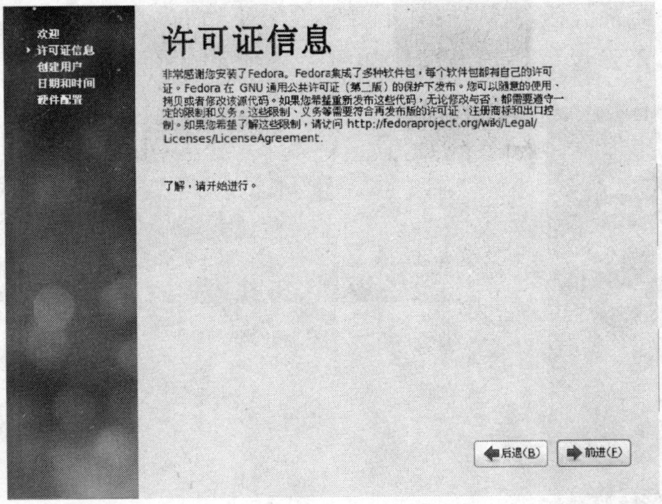

图 1-20　许可证

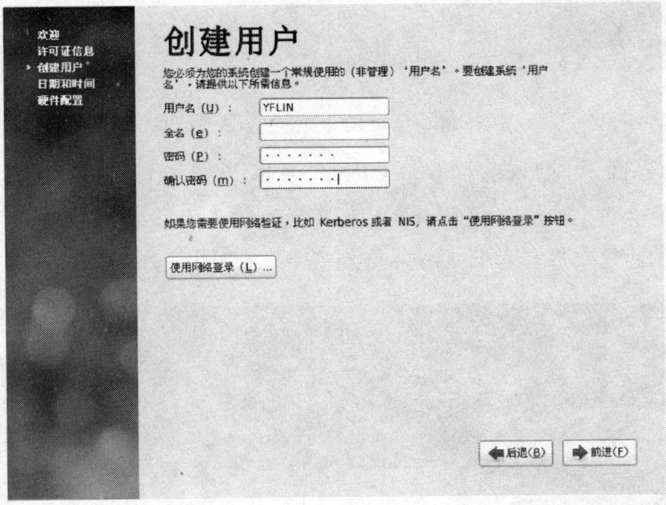

图 1-21　添加用户

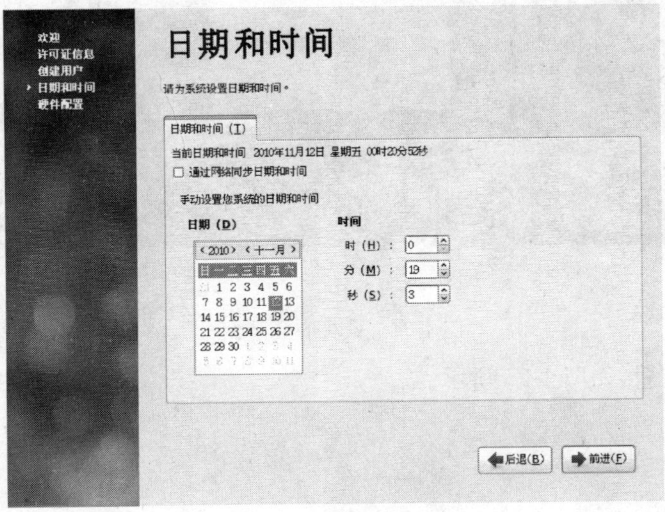

图 1-22　设置系统的时间

(22) 进入硬件配置信息，默认选择“不要发送配置文件”，单击“完成”，系统会弹出是否发送对话框，单击“不，不发送”。完成配置。如图 1-23 所示。

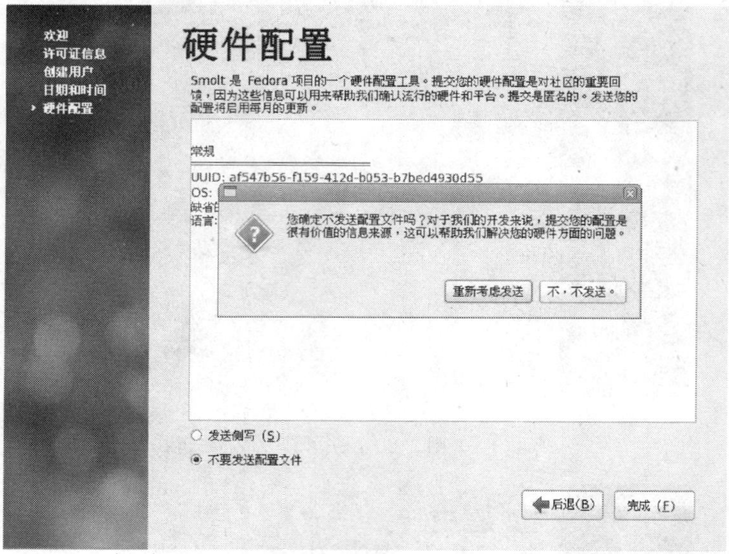

图 1-23　是否发送系统的硬件信息

(23) 进入登录界面，可输入前面设备的账户及账户密码，进入系统，这里需要注意的是，Fedora 12 增加了安全性，默认不能以 root 方式登录系统，如若需要可先以一般账户登录系统，然后再对系统的配置文件作修改后，再重新登录。如图 1-24 所示。

图 1-24　系统的登录界面

(24) 进入系统后，如图 1-25 所示。

图 1-25　Fedora 12 的桌面

至此，已经成功将 Fedora 12 系统安装上了。

1.6　本章小结

本章主要介绍了 Linux 的概念，Linux 的来源与发展，Linux 的特点和应用等方面的知识，对 Linux 进行了较全面的阐述。接下来介绍了一个完整的 Fedora 系统的安装全过程，把小节里的知识串联起来。读者可以先学习前面的基础知识，然后再做后面的实训，在做实训的过程中可以不断回顾一下前面的知识，把理论与实践结合起来。

课后习题

1. 选择填空

(1) 虽然 Linux 继承了 UNIX 的各种特性，但是它最初是以(　　)操作系统为模板。

A. MS-DOS　　B. Minix　　C. POSIX　　D. OSF/1

(2) Linux 是所谓的“Free Software”，这个“Free”的含义是(　　)。

A. Linux 不需要付费　　B. Linux 发行商不能向用户收费

C. Linux 可自由修改和发布　　D. 只有 Linux 的作者才能向用户收费

(3) 下列设备中属于块设备的是(　　)。

A. 终端　　B. 键盘　　C. 游戏杆　　D. 硬盘

(4) 以下关于 Linux 内核版本的说法，错误的是(　　)。

A. 表示为主版本号.次版本号.修正次数的形式

B. 1.2.2 表示稳定的发行版

C. 2.2.6 表示内核 2.2 的第 6 次修正

D. 1.3.2 表示稳定的发行版

(5) 下面关于 Shell 的说法，不正确的是(　　)。

A. 操作系统的外壳　　B. 用户与 Linux 内核之间的接口程序

C. 一个命令语言解释器　　D. 一种和 C 类似的程序语言

(6) dha2 表示(　　)。

A. IDE0 接口上的从盘　　B. IDE0 接口上的第二个逻辑盘

C. 接口上主盘的第二个分区　　D. IDE0 接口上的第二个主分区

(7) 设置从光盘引导需要改变(　　)。

A. Linux 设置　　B. 设置　　C. 路线　　D. 重新分区

(8) 安装 Linux 系统对磁盘分区的要求是(　　)。

A. 至少有一个磁盘分区　　B. 至少有两个磁盘分区

C. 至少有三个磁盘分区　　D. 至少有四个磁盘分区

(9) 在 Linux 的安装过程中,下列(　　)操作并不是必需的。

A. 磁盘分区　　B. 显示卡设置

C. 键盘与鼠标设置　　D. 打印机的设置

2. 填空题

(1) Linux 的主要特点之一就是,它是一个真正的多用户多任务操作系统,它支持________从相同或不同的终端上同时作用________。

(2) Linux 的内核版本号由________、________和________组成。

(3) Linux 的应用领域包括________、________、________和________。

(4) Linux 的主要组成部分包括:________、________、________、________。

(5) Linux 下的桌面环境主要有________、________两种。

3. 问答题

(1) 要安全删除 Linux 必须进行哪两个步骤?

(2) GNOME 主菜单与 KDE 主菜单有何差异?

课 程 实 训

1. 简述自由软件的发展历史。
2. Linux 有哪些特点和功能?
3. Linux 常见的版本有哪些,各有什么特点?

项 目 实 践

实践项目:熟悉 Linux 桌面环境

实践目的:熟悉 Linux 桌面的 Gnome 桌面环境

项目概述:

Gnome 桌面环境

① Gnome 简介

Gnome 是一个完全开放式的软件,是一个友好的桌面环境,配置方便,可以使用户随心所欲地设置自己的桌面。Fedora 12 的桌面环境主要由三部分组成:面板图标、桌面图标和菜单系统。

② 桌面和面板

横贯桌面顶部的长条叫做面板(Top Panel),它是 Gnome 界面和行为的中心,以前的 Red

Hat Linux 版本的面板默认在桌面的最底层，从 Red Hat Fedora Core4 开始，面板默认在桌面的最上方。面板的位置可以移动，如有需要可以将其拖动到桌面的最下方。图 1-26 显示了 Gnome 的面板。

图 1-26　Gnome(顶)面板

面板上包括菜单栏(含有应用程序、位置和桌面三个菜单)、快速启动工具栏、用于警告的通知区域、语言选择按钮、日期和时间提示区域以及音量控制按钮。通过它可以启动应用程序、设置桌面更改语言、时间以及音量的设置。

默认情况下，在桌面的最下方也有一个面板，与处于桌面顶部的面板(可称之为顶面板 top panel)相对应，可以把它称为底面板(Bottom Panel)。

底面板如图 1-27 所示，包含显示桌面按钮、窗口显示条、回收站按钮以及桌面切换工具，方便用户快速地显示桌面、切换窗口、访问回收站以及进行桌面切换。桌面切换工具被分成了 4 个区域，分别代表了 4 个可以利用的虚拟桌面，每个虚拟桌面可以有自己的程序窗口，可通过单击桌面切换工具中对应的区域进行切换。

图 1-27　Gnome(底)面板

事实上，Gnome 提供了非常灵活的面板配置功能，可以根据需要定制现有面板，在其中包含用户选择的程序和菜单，也可以完全创建一个新的面板。

屏幕上除了面板之外的区域就是桌面。可以把常用的程序或文件、目录(又称为文件夹)放在桌面上。默认情况下，桌面上有三个图标："计算机"图标、"回收站"图标和用户主文件夹图标。其中"计算机"图标相当于 Windows 中的"我的电脑"图标，用户主文件夹图标随着登录用户的不同而不同，相当于 Windows 中的"我的文档"图标。双击应用程序图标可运行该应用程序；双击文件夹图标可打开文件管理器显示该文件夹的内容；如果双击的是数据文件，则会打开对应的应用程序进行浏览，如双击一个文本文件，会启动默认的编辑器并打开该文本文件。

③ 主要菜单介绍

Gnome 中的菜单有很多，主要包括应用程序菜单、位置菜单、桌面菜单和快捷菜单等。

"应用程序"菜单位于面板的最左端，相当于 Windows 中的"开始"菜单中的程序子菜单，其中列出了系统中安装的主要应用程序，不同的是，Gnome 将这些应用程序根据应用种类分成了若干大类，分别用子菜单如互联网、办公、图像、影音、游戏、系统工具、编程和附件等进行组织(如图 1-28 所示)，方便用户浏览并启动所需的应用程序。

"位置"菜单紧挨着应用程序菜单，它和桌面菜单都是自 Red hat Linux Fedora core4 开始系统新增加的。"位置"菜单主要提供快速定位到本机和网络上不同位置的功能，包括主文件夹、桌面、计算机、搜索和最近的文档等选项，如图 1-29 所示。其中"搜索"应该是最常用的功能。

"桌面"菜单主要用来完成 Gnome 桌面设置，提供帮助以及注销和关机等工作。"桌面"菜单,“首选项”和“管理”是其中两个特别重要的子菜单。“首选项”主要用来设置 Gnome 桌面,“管理”则包含用来管理计算机的工具,为了确保安全,启用这些工具时需要验证您拥有系统根用户即 root 用户的密码。

“快捷”菜单是另一个重要、常用的菜单。在桌面上的任何位置右击鼠标,系统就会弹出“快捷”菜单,菜单的选项会随着单击位置的窗口和界面的不同而有所差异。图 1-30 所示的是在桌面的空白位置右击弹出的“快捷”菜单,该快捷菜单可以完成创建文件夹、文件等工作,与在 Windows 中右击桌面的空白区域弹出的菜单非常类似。

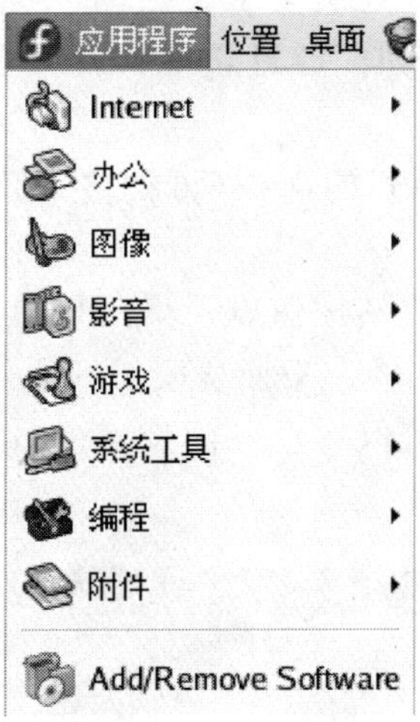

图 1-28　应用程序菜单

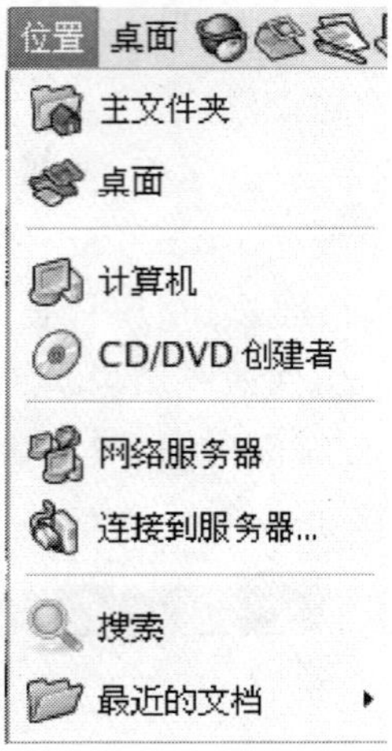

图 1-29　位置菜单

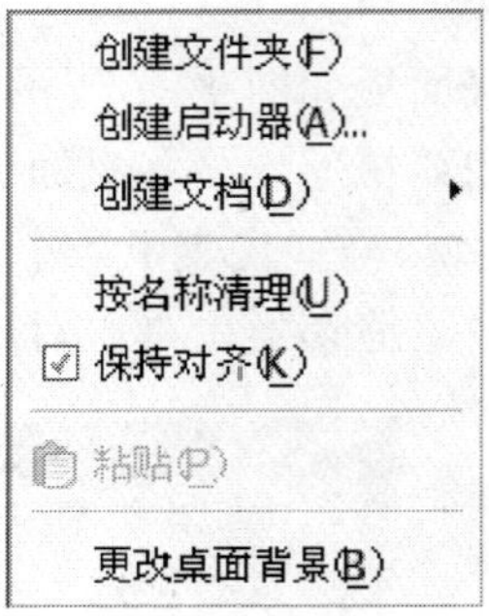

图 1-30　快捷菜单

④ 运行应用程序

Red hat Linux Fedora core 系列产品致力于提高 Linux 系统的灵活性和易用性,其集成了大量的应用程序,可以用来处理许多常见的任务。表 1-4 列出了一些常用的软件。

表 1-4　Linux 中的常用软件

类别	推荐的常用程序
文字处理器	OpenOffice. Org Writer
电子表格	OpenOffice. Org Calc
演示文稿	OpenOffice. Org Impress
图像查看器	GThumb
文本编辑器	Gedit,vi
电子邮件客户	Evolution
万维网浏览器	Mozilla
PDF/PostScript 查看器	xpdf
声音	音频播放器(XMMS)、CD 播放器(GNOME CD)

在 Gnome 中,启动应用程序有多种方式,常用方式如下:

- 从“应用程序”菜单中选择并单击菜单项;
- 在桌面上双击应用程序的快捷图标;
- 在 Gnome 文件浏览器中双击可执行文件。

可见，在 Gnome 中启动应用程序的方法与在 Windows 中雷同。

⑤ 设置时间和日期

时间和日期属性工具允许用户改变系统日期和时间、配置系统使用的时区以及设置网络时间协议守护进程来与时间服务器的系统时间保持同步，但是，用户必须拥有系统根用户的密码。

执行“桌面”→“管理”→“日期和时间”命令，系统验证密码后就可打开“日期/时间属性”对话框，根据需要进行设置，单击“确定”按钮后即可生效。“日期/时间属性”对话框如图 1-31 所示。

图 1-31　日期与时间设置对话框

⑥ 查找文件

常常需要找一些不太好找的文件，此时就需要用到系统提供的搜索功能。执行“位置”→“搜索”命令，系统将打开“Desktop Search”对话框，在“Find”文本框中输入要寻找的内容，单击“立即查找”按钮即可开始搜索。搜索的结果显示在窗口的下方，分上下两部分进行显示，找到的所有文件显示在上面部分，一旦选中一个文件，该文件的具体信息如上次编辑时间、完整的路径等将显示在下面部分，如图 1-32 所示。

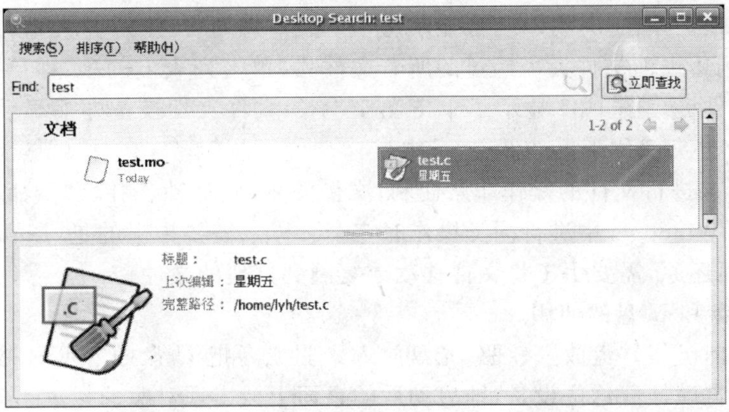

图 1-32　查找对话框

该搜索软件还可限定搜索的类型，如限定只搜索文件名还是文件名和文件内容都进行搜索，或者只搜索图像等，这需要在“搜索”菜单中进行设定，图 1-33 显示了限定只搜索文档文件名的设定情况。

如果输入了完整的文件名，没有搜索到任何结果，可以尝试只输入主文件名，即“.”之前的部分。

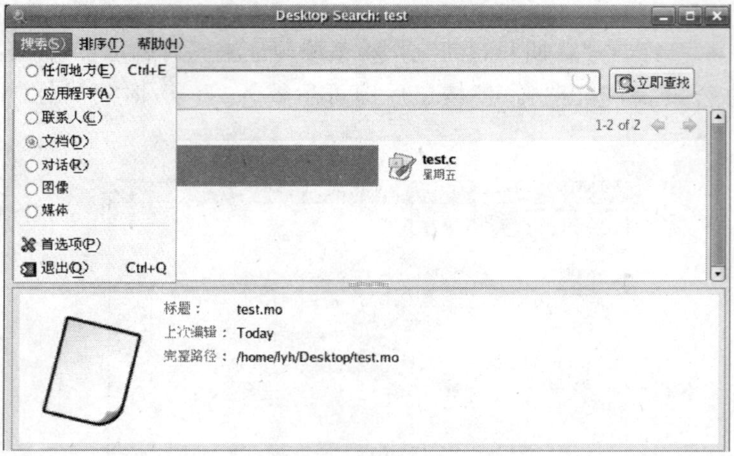

图 1-33　搜索对话框的设置

⑦ 文件的管理

Gnome 桌面环境包括一个叫做 Nautilus 的文件管理器，它支持复制、移动和删除等基本文件操作，还有设置权限和显示项的操作。Nautilus 还提供了一些其他功能，可控制文件图标的尺寸以及定制 Nautilus 的显示外观。

启动 Nautilus 有多种方法，常用的方法如下：

- 在“位置”菜单中选择“主文件夹”或“计算机”命令；
- 双击桌面上的用户主目录图标或“计算机”图标；
- 用鼠标双击桌面已挂载了的软盘、光盘或其他可移动存储设备的图标。

图 1-34 显示了双击了桌面上的“root 的主文件夹”之后打开的 Nautilus 文件管理器的窗口。文件夹的名字“root”显示在标题栏的中间，窗口以图标的形式显示了 root 文件夹中的所有文件夹和文件，如果选中某一图标，其相关信息将显示在窗口底部的状态栏中，如果未选中任何图标，将显示该文件夹中的项目数目及剩余的磁盘空间。

状态栏的最左边有一个文件夹快速切换按钮，按钮上显示了当前的文件夹，使用该按钮可完成文件夹的切换。单击切换按钮，会显示出一个文件夹列表，该列表从上至下显示了从根文件夹即“/”出发到达当前文件夹需经过的所有文件夹，单击列表上的项，即可打开一个新的窗口显示对应的文件夹。图 1-35 显示了单击图 1-34 的文件夹切换按钮后显示的文件夹列表，该图表明 root 文件夹就位于根文件夹“/”中。

使用 Nautilus 进行文件的操作非常便利，文件的复制、移动、删除和重命名等操作的执行步骤和方法与在 Windows 中进行同类操作时完全一样。需要指出的是，Linux 的回收站没有还原功能，如果要还原，需要手工将文件移动或复制到其他的文件夹。

⑧ 软盘、光盘和 U 盘的使用

如果在开机前已将软盘放入软驱、光盘放入光驱或者把 U 盘插入 USB 接口，则在 Linux 启动的过程中会自动挂载这些设备，即启动后的桌面上会出现对应的软盘图标、光盘图标或 U 盘图标，此时访问这些设备就可以如同访问一个普通的文件夹一样，双击即可打开 Nautilus

窗口进行浏览显示。

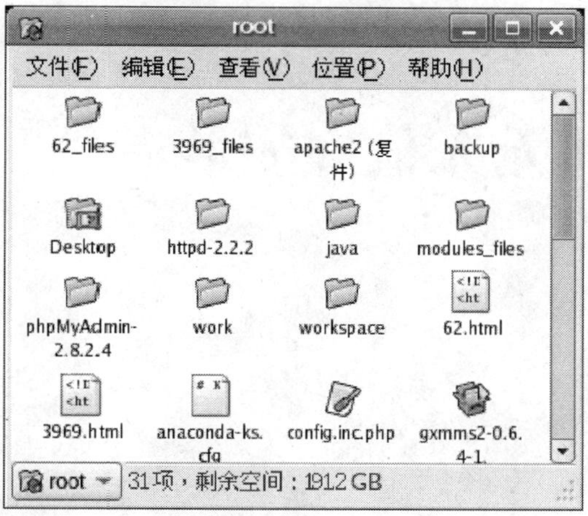

图 1-34　文件浏览器窗口

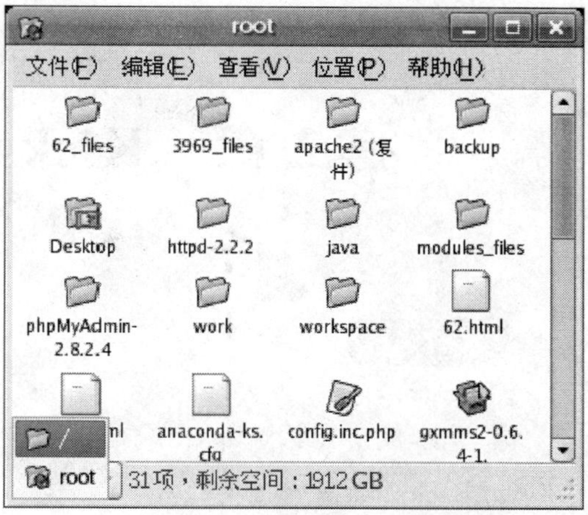

图 1-35　文件浏览器窗口中的文件夹列表

如果在 Linux 启动之后才放入软盘、光盘或将 U 盘插入 USB 接口则需要进行设备的人工挂载。挂载的方法非常简单，只需要双击桌面上的“计算机”图标，在打开的窗口中双击对应的设备驱动器图标，稍等片刻即可，此时就会在桌面上出现对应的新图标。

当软盘、光盘或 U 盘使用完毕，或要换上新的设备时，需要将现有的设备卸载，此时首先要确保盘中的文件和/或文件夹均已停止使用，然后在桌面右击对应的图标，在弹出的快捷菜单中选择“卸载文件卷”或者“弹出”命令即可。图 1-36 显示了在系统中放入了软盘和光盘，插入了 U 盘，但是只挂载了软盘和光盘之后的桌面（桌面上只有软盘和光盘两个图标）、计算机浏览窗口（有软盘驱动器、光盘驱动器和 USB 驱动器三个图标）以及卸载软盘时右击桌面上的“floppy”图标时的弹出菜单。

图 1-36　卸载软盘时的桌面与计算机浏览窗口

第 2 章　Kickstart 无人值守安装

本章内容

- ☞ 无人值守安装概述
- ☞ Kickstart 文件创建
- ☞ Kickstart 文件使用
- ☞ Kickstart 文件安装

2.1　无人值守安装

学习目标

- 无人值守安装概念
- ks.cfg 的文件作用与组成

所谓无人值守安装，实际上就是提前把安装过程中要输入的信息写入一个文件，安装时利用相应的参数指向这个文件，那么安装程序就可以从这个文件中读取安装信息了，自然就可以无人值守自动进行了。比如说，有时候需要大量安装操作系统，如果一台一台手工安装的话，就得手忙脚乱的满屋子跑，给安装程序输入信息，用户自然不想这样做。目前很多操作系统都提供了无人值守安装的方法，只要把安装过程中要输入的信息写入一个文件就可以了。下面就来看一下 Fedora 下是如何实现无人值守安装的。

Fedora 无人值守安装是通过一个名叫 Kickstart 的程序进行的，Kickstart 的工作原理是通过记录典型的安装过程中所需人工干预填写的各种参数，并生成一个名为 ks.cfg 的文件。在其后的安装过程中（不只局限于生成 Kickstart 安装文件的机器）当出现要求填写参数的情况时，安装程序会首先去查找 Kickstart 生成的文件，当找到合适的参数时，就采用找到的参数，当没有找到合适的参数时，才需要安装者手工干预。这样，如果 Kickstart 文件涵盖了安装过程中出现的所有需要填写的参数时，安装者完全可以只告诉安装程序从何处取 ks.cfg 文件，然后去忙自己的事情了。等安装完毕，安装程序会根据 ks.cfg 中设置的重启选项来重启系统，并结束安装。

ks.cfg 是个文本文件，它由三部分组成：

- 命令（Command）；
- 软件包列表（%packages）；
- 运行的脚本。

2.2 Kickstart 安装

学习目标

- 创建 Kickstart 文件方法及注意事项
- Kickstart 文件使用
- 提供安装树
- Kickstart 安装

2.2.1 创建 Kickstart 文件

Kickstart 文件是一个简单的文本文件，包含一个项目列表，每个项目都用关键字标明。

1. Kickstart 配置方法

Fedora 系统生成 Kickstart 配置文件方法如下。

(1) Fedora Linux 系统提供了一个样例文件。用户可以基于该样例来创建自己的配置 Kickstart 文件。

(2) 每当安装好一台 Fedora Linux 系统的机器，系统安装程序都会创建一个 Kickstart 配置文件，记录用户的真实安装配置，文件的位置位于/root 目录下的 anaconda-ks. cfg。如果希望实现和某系统类似的安装，可以基于该系统的 Kickstart 配置文件来生成自己的 Kickstart 配置文件。

(3) Linux 提供了一个图形化的 Kickstart 配置工具，使用 GUI 工具。

在 Red Hat Enterprise Linux 上使用命令：

```
[root@localhost /]# redhat-config-Kickstart
```

在 Fedoar 上使用命令：

```
[root@localhost /]# system-config-Kickstart
```

它能让你通过单击的方式配置 ks. cfg。

下面是 Fedora 无人值守安装 ks. cfg 文本文件，对 ks. cfg 做简单介绍。

实例 2-1 ks. cfg 文件阅读。

```
#platform = x86,AMD64,or Intel EM64T
#version = DEVEL
# Firewall configuration
firewall --enabled --service                        //防火墙开启
# Install OS instead of upgrade install             //全新安装
# Root password
rootpw --iscrypted $1$jsonnTig$f7b4NFqCj2UBr.4bfrkH.0
                                                    //root 用密码，已经过加密处理
# System authorization information auth --useshadow --passalgo = md5
# Use text mode install
```

```
text                          //如果不指定 text,那么默认会使用图形安装方式
# System keyboard
keyboard us                   //这个是键盘布局,使用 us 键盘
# System language
lang en_US                    //系统语言
# SELinux configuration
seLinux - enforcing           //seLinux 选项
# Do not configure the X Window System
Skipx
# Installation logging level
logging --level = info
# Reboot after installation
Reboot
# System timezone
timezone Asia/Shanghai        //系统默认时区
# System bootloader configuration
bootloader --location = mbr   //引导程序安装位置
# Partition clearing information
clearpart --all --initlabel   //分区选项,clearpart --all 即清空所有分区--initla-
                                bel 表示初始化磁盘
%packages                     //软件包选项
@office
@mysql
@fedora-packager
@fonts
@xfce-software-development
@text-internet
@dns-server
@java-development
@hardware-support
@games
@ftp-server
@network-server
@web-development
@base-x
@graphics
@web-server
kdepim
php-mysql
urw-fonts
xorg-x11-fonts-ISO8859-1-100dpi
```

```
ghostscript-fonts
mesa-libGLU-devel
gnome-netstatus
gpgme
pax
amarok
jack-audio-connection-kit
kaffeine
kdemultimedia
```

2. 创建 Kickstart 文件时需要注意的事项

(1) ks.cfg 文本里有三个小节:命令节、%packages 节、%pre 和%post 节,必须按顺序指定。除非有特别申明,每节内的项目不必按序排列。小节顺序为:

- 命令节——必须包括要求的选项;
- %packages 节;
- %pre 和%post 节——这两节不必按顺序,也不是必需。

(2) 不必需的项目可以被省略。

(3) 省略任何必需的项目会导致安装程序提示用户输入对这个项目的回答。就如同用户在典型的安装过程中被提示的一样:只有给予回答之后,安装才会继续自动进行(除非它又发现一个省略的项目)。

(4) 以井号("#")开头的行被当作注释而被忽略。

对于 Kickstart 升级,下列项目是必需的:

- 语言;
- 语言支持;
- 安装方法;
- 设备的技术规范(若设备是执行安装所需的);
- 键盘设置;
- upgrade 关键字;
- 引导装载程序配置。

若对升级指定了其他项目,那些项目将被忽略(注意,这包括软件包选择)。

小知识

命令%packages 不支持升级。为了完成 Everything 安装,用户可以删除所有显示的软件包名字。然后在%packages 行之后,添加一行@ everything。

2.2.2 如何使用 Kickstart 文件

Kickstart 文件必须位于以下几个位置之一:

- 在引导磁盘上;
- 在引导光盘上;

• 在网络上。

通常 Kickstart 文件被复制到引导盘上，或在网络上提供。基于网络的方法使用最普遍，因为多数 Kickstart 安装是在联网的计算机上执行的。让我们更深入地看一看存放 Kickstart 文件的位置。

1. 在引导磁盘上提供 Kickstart 文件

要执行基于软盘的 Kickstart 安装，Kickstart 文件必须被命名为 ks.cfg，且必须位于引导盘的最上级目录里。因为 Fedora 引导盘使用 MS-DOS 格式，因此你可以使用 mcopy 命令在 Linux 中复制 Kickstart 文件；另外，你也可以使用 Windows 来复制该文件。你还可以使用文件类型 vfat 在 Fedora 挂载 MS-DOS 引导盘，然后使用 cp 命令来复制该文件。

2. 在引导光盘上提供 Kickstart 文件

要执行基于光盘的 Kickstart 安装，Kickstart 文件必须被命名为 ks.cfg，而且必须位于引导光盘的最上级目录中。因为光盘是只读的，这个文件必须被添加到被写入光盘的、用来创建映像的目录中。不过，在制作 file.iso 映像文件之前，请把 Kickstart 文件复制到 isoLinux/目录中。

3. 在网络上提供 Kickstart 文件

使用 Kickstart 的网络安装比较普遍，因为系统管理员可以快速轻松地自动化许多联网计算机的安装。一般说来，这种方法对于在局域网上具有 BOOTP/DHCP 和 NFS 服务器的管理员来说，使用最普遍。BOOTP/DHCP 服务器用来给客户提供联网信息，安装中使用的文件则由 NFS 服务器提供。这两项服务经常在同一部机器上运行，但是这并不是必需的。

要执行基于网络的 Kickstart 安装，网络上必须有一个 BOOTP/DHCP 服务器，而且它必须包括关于要在其上安装 Fedora Linux 的机器的配置信息。BOOTP/DHCP 服务器会给客户提供它的联网信息以及 Kickstart 文件的位置。

如果 Kickstart 文件被 BOOTP/DHCP 服务器指定，客户系统就会试图使用 NFS 来挂载该文件的路径，并把指定文件复制到客户上，把它用作 Kickstart 文件。所需的确切设置要依你使用的 BOOTP/DHCP 服务器而定。

下面是从用于 Fedora 随带的 DHCP 服务器的 dhcpd.conf 文件中所摘录的两行：

```
filename "/usr/new-machine/Kickstart/";
next-server blarg.redhat.com;
```

注 意

应该把 filename 后面的值替换为 Kickstart 文件的名称（或 Kickstart 文件所在的目录），把 next-server 后面的值替换成 NFS 服务器的名称。

如果 BOOTP/DHCP 服务器返回的文件以斜线（“/”）结束，它就会被当做路径。在这种情况下，客户系统会使用 NFS 来挂载该路径，然后搜索某一指定文件。客户搜索的文件名是：

```
<ip-addr>-Kickstart
```

文件名的＜ip-addr＞部分应该被点式的客户 IP 地址替换。例如，IP 地址为 10.10.0.1 的计算机的文件名应为 10.10.0.1-Kickstart。

注意

如果不指定服务器名称，客户系统就会试图使用回答 BOOTP/DHCP 请求的服务器来作为它的 NFS 服务器。如果不指定路径或文件名，客户系统会试图从 BOOTP/DHCP 服务器挂载/Kickstart，然后使用和前面描述的<ip-addr>-Kickstart 文件名相同的方法来搜索 Kickstart 文件。

2.2.3 提供安装树

Kickstart 安装需要使用安装树（Installation Tree），安装树是 fedora Linux 光盘的复制，它具备与光盘相同的目录结构。

如果执行的是基于光盘的安装，在开始 Kickstart 安装前把 fedora Linux 光盘插入计算机的光驱。

如果执行的是硬盘驱动器安装，请确定 fedora Linux 光盘的映像位于计算机的硬盘驱动器上。

如果执行的是基于网络（NFS、FTP、或 HTTP）的安装，必须通过网络来提供安装树。

2.2.4 开始 Kickstart 安装

要开始 Kickstart 安装，fedora Linux 引导光盘，或使用驱动程序盘安装，在引导提示下输入一个特殊的引导命令。如果 ks 命令行参数被传递给内核，安装程序就会寻找 Kickstart 文件。

1. 使用驱动程序盘

如果 Kickstart 需要使用驱动程序盘，还需要指定 dd 选项。例如，要从引导盘中引导，并使用驱动程序盘，在 boot：提示下输入以下命令：

```
boot:Linux ks = floppy dd
```

2. 引导光盘

如果 Kickstart 文件位于引导光盘上，把光盘插入系统，引导系统，然后在 boot：提示下输入以下命令（ks. cfg 是 Kickstart 文件的名称）：

```
boot:Linux ks = cdrom:/ks.cfg
```

3. 其他启动 Kickstart 安装

(1) ks＝nfs：<server>：/<path>命令

安装程序会在 NFS 服务器<server>上的<path>中寻找 Kickstart 文件。安装程序会使用 DHCP 来配置以太网卡。例如，如果 NFS 服务器是 server. example. com，Kickstart 文件位于 NFS 共享/mydir/ks. cfg 上，正确的引导命令应该是：

```
ks = nfs:server.example.com:/mydir/ks.cfg
```

(2) ks=http://<server>/<path>命令

安装程序会在 HTTP 服务器<server>上的<path>中寻找 Kickstart 文件。安装程序会使用 DHCP 来配置以太网卡。例如,如果 HTTP 服务器是 server. example. com,Kickstart 文件位于 HTTP 目录/mydir/ks. cfg 中,正确的引导命令应该是:

```
ks = http://server.example.com/mydir/ks.cfg
```

(3) ks=floppy 命令

安装程序会在/dev/fd0 驱动器中的软盘上的 vfat 或 ext2 文件系统中寻找 ks. cfg 文件。

(4) ks=floppy:/<path>命令

安装程序会在/dev/fd0 驱动器中的软盘上的 vfat 或 ext2 文件系统中寻找名称为<path>的 Kickstart 文件。

(5) ks=hd:<device>:/<file>命令

安装程序会在<device>上挂载文件系统(必须是 vfat 或 ext2),然后在该文件系统中寻找 Kickstart 配置文件<file>(如 ks=hd:sda3/mydir/ks. cfg)。

(6) ks=file:/<file>命令

安装程序会试图从文件系统中读取<file>文件;不必执行挂载。这通常在 Kickstart 文件已经位于 initrd 映像时使用。

(7) ks=cdrom:/<path>命令

安装程序会在光盘中寻找 Kickstart 文件<path>。

(8) ks 命令

如果 ks 被单独使用,安装程序会配置系统的以太网卡使用 DHCP。系统将会使用 DHCP 回应的"bootServer"作为 NFS 服务器,并从中读取 Kickstart 文件(它默认与 DHCP 服务器相同)。Kickstart 文件的名称可以是下面一种:

如果 DHCP 被指定,bootfile 以/开头,由 DHCP 提供的 bootfile 就会在 NFS 服务器上被查找。

如果 DHCP 被指定,bootfile 不以/开头,由 DHCP 提供的 bootfile 就会在 NFS 服务器上的/Kickstart 目录中被查找。

如果 DHCP 没有指定 bootfile,安装程序就会试图读取文件/Kickstart/1. 2. 3. 4-Kickstart,这里的 1. 2. 3. 4 是要安装的机器的 IP 地址。

```
ksdevice = <device>
```

安装程序会使用该网络设备来连接到网络。例如,要使用通过 eth1 设备连接到系统上的 NFS 服务器上的 Kickstart 文件来启动 Kickstart 安装,在 boot:提示符下使用

```
boot:ks = nfs:<server:>/<path> ksdevice = eth1
```

命令。

2.3 本章小结

本章介绍了无人值守安装程序,详细解释了无人值守安装程序的作用与组成,以及 Kickstart 程序多种方法引导,介绍 KS 文件的获得和存在位置及怎么使用 KS 文件。通过本章学

习之后，希望读者能够掌握无人值守安装程序的使用。

课 后 习 题

1. 选择题

(1) 为了启动 kickstart 无人值守安装方式，应该将(　　)文件复制到安装启动盘中。

A. lilo. conf　　B. boot. kickstart　　C. ks. cfg　　D. linux. conf

2. 填空题

(1) 当使用 Kickstart 进行无人值守安装时，ks. cfg 文件分别是由________、________和________的三个部分组成。

3. 简答题

(1) 请简述 Kickstart 安装 Fedora 系统的原理及过程。

课 程 实 训

1. 实训内容：使用 Kickstart 配置器来创建 Kickstart 文件

2. 实训目的：

使用 Kickstart 配置器。Kickstart 配置器允许使用图形化用户界面来创建 Kickstart 文件，所以不必要记住文件的正确的语法，要使用 Kickstart 配置器，必须先安装 system-config-Kickstart-2.7.7-1. fc7. noarch. rpm 软件包，要启动 Kickstart 配置器来创建 Kickstart 文件。命令为：

```
[root@localhost/]# system-config-Kickstart
```

3. 实验步骤：

基本配置图 2-1 如下所示，可以在文本框中选择自己想要安装的选项，如"默认语言"："English"，"键盘"："美国英语式"等。还有安装方法、引导装载程序选项、分区信息、网络配置等，都可以选择自己想要安装的选项。这里就不详细介绍了，自己动手做做吧。

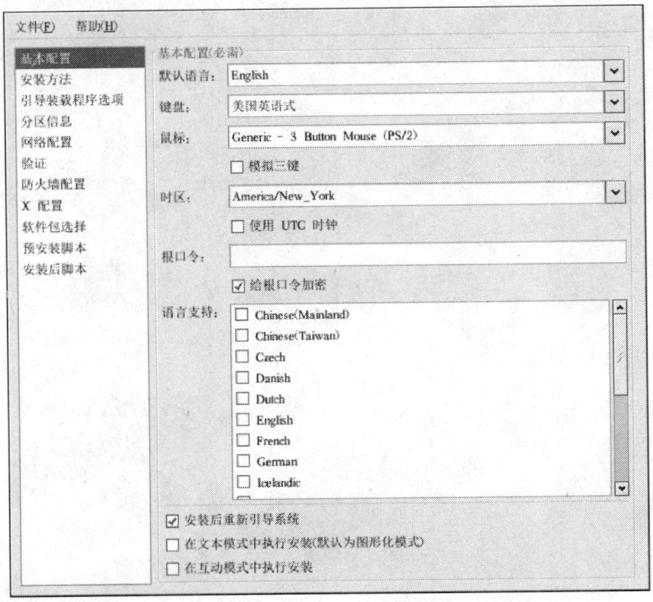

图 2-1　Kickstart 配置器界面

项 目 实 践

1. 实践项目:实现 U 盘无人值守安装

2. 实践目的:实现从 U 盘无人值守安装 Fedora Linux 操作系统

3. 项目概述:

本方案的操作系统是 Fedora-12-i386-DVD. iso,需要 4G 的 U 盘(根据自己的操作系统 iso 大小来定),另外需要两台计算机,一台用来做创建分区,复制文件,一台做测试机用来测试 U 盘安装。

第3章 Linux文件系统详解

本章内容

- Linux 文件结构
- Linux 下各种文件系统的介绍
- Linux 中 EXT3 文件系统的格式化等操作
- EXT3 与 EXT2 文件系统的互相转化
- EXT4 与 EXT3 区别
- 加载文件系统的命令及选项
- 系统自动加载文件系统的命令
- Autofs 的使用
- 软 RAID 及 LVM 存储管理

3.1 Linux 文件结构

学习目标

- 文件结构概念
- 文件系统目录结构
- 主要目录的作用

3.1.1 文件结构

文件结构是文件存放在磁盘等存贮设备上的组织方法。主要体现在对文件和目录的组织上。目录提供了管理文件的一个方便而有效的途径。

1. 文件的逻辑结构

文件的逻辑结构可分为两大类:字节流式的无结构文件和记录式的有结构文件。由字节流(字节序列)组成的文件是一种无结构文件或流式文件,不考虑文件内部的逻辑结构,只是简单地看作是一系列字节的序列,便于在文件的任意位置添加内容。由记录组成的文件称为记录式文件,记录是这种文件类型的基本信息单位,记录式文件通用于信息管理。

2. 文件类型

- 普通文件:通常是流式文件。
- 目录文件:用于表示和管理系统中的全部文件。
- 链接文件:用于不同目录下文件的共享。
- 设备文件:包括块设备文件和字符设备文件,块设备文件表示磁盘文件、光盘等,字符设备文件按照字符操作终端、键盘等设备。
- 管道(FIFO)文件:提供进程间通信的一种方式。
- 套接字(Socket)文件:该文件类型与网络通信有关。

3.1.2 文件系统目录结构

Linux 使用树状目录结构,在安装的时候,安装程序已经为用户创建了文件系统和完整而固定的目录组成形式,并指定了每个目录的作用和其中的文件类型。如图 3-1 所示。

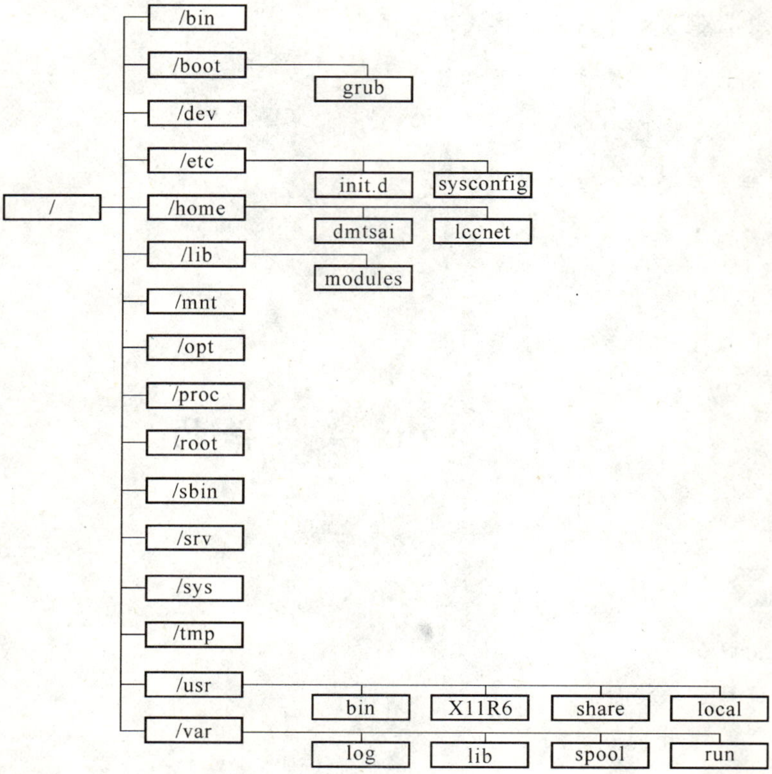

图 3-1　Linux 的目录结构

该结构的最上层是根目录,其他的所有目录都是从根目录出发而生成的。

下面列出了 Linux 下一些主要目录的功能。

- /bin:二进制可执行命令。
- /dev:设备特殊文件。
- /etc:系统管理和配置文件。
- /etc/rc.d:启动的配置文件和脚本。
- /home:用户主目录,比如用户 user 的主目录就是/home/user,可以用~user 表示。

- /lib：标准程序设计库（动态链接共享库），作用类似 windows 里的. dll 文件。
- /sbin：系统管理命令，存放的是系统管理员使用的管理程序。
- /tmp：公用的临时文件存储点。
- /root：系统管理员的主目录。
- /mnt：系统提供这个目录是让用户临时挂载其他的文件系统。
- /lost＋found：该目录平时是空的，系统非正常关机而留下“无家可归”的文件（Windows 下称. chk）就在这里。
- /proc：虚拟的目录，是系统内存的映射。可直接访问这个目录来获取系统信息。
- /var：某些大文件的溢出区，比方说各种服务的日志文件。
- /usr：最庞大的目录，要用到的应用程序和文件几乎都在这个目录。其中包含：
  /usr/X11R6：存放 X window 的目录；
  /usr/bin：众多的应用程序；
  /usr/sbin：超级用户的一些管理程序；
  /usr/doc：Linux 文档；
  /usr/include：Linux 下开发和编译应用程序所需要的头文件；
  /usr/lib：常用的动态链接库和软件包的配置文件；
  /usr/man：帮助文档；
  /usr/src：源代码，Linux 内核的源代码就放在/usr/src/Linux 里；
  /usr/local/bin：本地增加的命令；
  /usr/local/lib：本地增加的库。

小知识　Windows 与 Linux 文件结构区别

微软的 DOS 和 Windows 也是采用树型结构，但是在 DOS 和 Windows 中这样的树型结构的根是磁盘分区的盘符，有几个分区就有几个树型结构，它们之间的关系是并列的。但是在 Linux 中，无论操作系统管理几个磁盘分区，这样的目录树只有一个。从结构上讲，各个磁盘分区上的树型目录不一定是并列的。

3.2　Linux 文件系统

学习目标

- 文件系统概念
- 文件系统类型
- EXT2 文件系统类型特点
- EXT3 文件系统类型的特点
- EXT2 与 EXT3 之间转换
- 文件的附加属性
- ReiserFS 文件系统类型特点
- 系统文件系统类型介绍

3.2.1 文件系统概念

文件系统指文件存在的物理空间，Linux 系统中每个分区都是一个文件系统，都有自己的目录层次结构。Linux 会将这些分属不同分区的、单独的文件系统按一定的方式形成一个系统的总的目录层次结构。一个操作系统的运行离不开对文件的操作，因此必然要拥有并维护自己的文件系统。

3.2.2 文件系统分配策略

文件系统分配策略：块分配(Block Allocation)和扩展分配(Extent Allocation)

1. 块分配

磁盘上的文件块根据需要分配给文件，避免了存储空间的浪费。但当文件扩充时，会造成文件中文件块的不连续，从而导致过多的磁盘寻道时间。每一次文件扩展时，块分配算法就需要写入文件块的结构信息，也就是 meta-dada。meta-data 总是与文件一起写入存储设备，改变文件的操作要等到所有 meta-data 的操作都完成后才能进行，因此 meta-data 的操作会明显降低整个文件系统的性能。

2. 扩展分配

文件创建时，一次性分配一连串连续的块，当文件扩展时，也一次分配很多块。meta-data 在文件创建时写入，当文件大小没有超过所有已分配文件块大小时，就不用写入 meta-data，直到需要再分配文件块的时候。扩展分配采用成组分配块的方式，减少了 SCSI 设备写入数据的时间，在读取顺序文件时具有良好的性能，但随机读取文件时，就和块分配类似了。文件块的组或块簇(Block Cluster)的大小是在编译时确定的。簇的大小对文件系统的性能有很大的影响。

小知识

meta-data 元信息：和文件有关的信息，比如权限、所有者以及创建、访问或更改时间等。

3.2.3 索引节点

Linux EXT2/EXT3 文件系统使用索引节点来记录文件信息，作用像 Windows 的文件分配表。索引节点是一个结构，它包含了一个文件的长度、创建及修改时间、权限、所属关系、磁盘中的位置等信息。一个文件系统维护了一个索引节点的数组，每个文件或目录都与索引节点数组中的唯一一个元素对应。系统给每个索引节点分配了一个号码，也就是该节点在数组中的索引号，称为索引节点号。

Linux 文件系统将文件索引节点号和文件名同时保存在目录中。所以，目录只是将文件的名称和它的索引节点号结合在一起的一张表，目录中每一对文件名称和索引节点号称为一个连接。

对于一个文件来说有唯一的索引节点号与之对应，对于一个索引节点号，却可以有多个文件名与之对应。因此，在磁盘上的同一个文件可以通过不同的路径去访问它。

可以用 ln 命令对一个已经存在的文件再建立一个新的连接，而不复制文件的内容。连接有软连接和硬连接之分，软连接又叫符号连接。它们各自的特点如下。

- 硬连接：原文件名和连接文件名都指向相同的物理地址。目录不能有硬连接；硬连接不能跨越文件系统（不能跨越不同的分区）文件在磁盘中只有一个拷贝，节省硬盘空间；由于删除文件要在同一个索引节点属于唯一的连接时才能成功，因此可以防止不必要的误删除。
- 符号连接：用 ln -s 命令建立文件的符号连接，符号连接是 Linux 特殊文件的一种，作为一个文件，它的数据是它所连接的文件的路径名。类似 Windows 下的快捷方式。可以删除原有的文件而保存连接文件，没有防止误删除功能。

3.2.4 Linux 文件系统类型

Linux 系统支持的文件系统类型有下面几种。

- ext2：早期 Linux 中常用的文件系统。
- ext3：ext2 的升级版，带日志功能。
- ext4：ext4 是一种针对 ext3 系统的扩展日志式文件系统，是专门为 Linux 开发的原始的扩展文件系统（ext 或 extfs）的第四版。
- RAMFS：内存文件系统，速度很快。
- NFS：网络文件系统，由 SUN 发明，主要用于远程文件共享。
- MS-DOS：MS-DOS 文件系统。
- VFAT：Windows 95/98 操作系统采用的文件系统。
- FAT：Windows XP 操作系统采用的文件系统。
- NTFS：Windows NT/XP 操作系统采用的文件系统。
- HPFS：OS/2 操作系统采用的文件系统。
- PROC：虚拟的进程文件系统。
- ISO9660：大部分光盘所采用的文件系统。
- ufsSun：OS 所采用的文件系统。
- NCPFS：Novell 服务器所采用的文件系统。
- SMBFS：Samba 的共享文件系统。
- XFS：由 SGI 开发的先进的日志文件系统，支持超大容量文件。
- JFS：IBM 的 AIX 使用的日志文件系统。
- ReiserFS：基于平衡树结构的文件系统。
- udf：可擦写的数据光盘文件系统。

下面详细介绍这几种文件系统。

1. ext2 文件系统

ext2 文件系统的总体存储布局如图 3-2 所示。

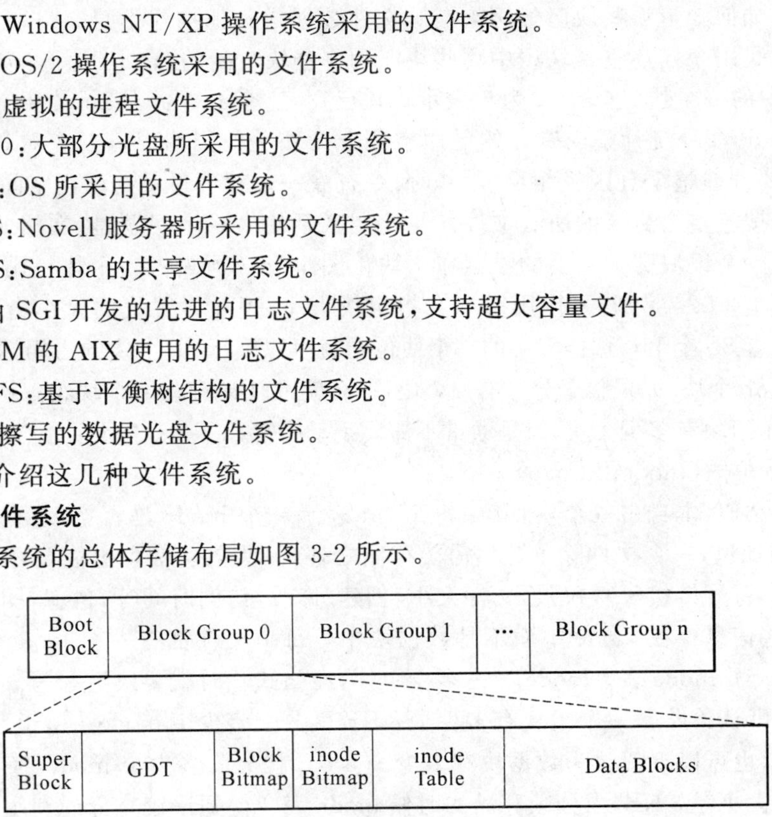

图 3-2　ext2 文件系统的总体存储布局

文件系统中存储的最小单位是块(Block),一个块究竟多大是在格式化时确定的,例如mke2fs命令的-b选项可以设定块大小为1 024、2 048或4 096字节。而上图中启动块(Boot Block)的大小是确定的,就是1KB,启动块是由PC标准规定的,用来存储磁盘分区信息和启动信息,任何文件系统都不能使用启动块。启动块之后才是ext2文件系统的开始,ext2文件系统将整个分区划成若干个同样大小的块组(Block Group),每个块都由以下几个部分组成。

(1) 超级块(Super Block)

描述整个分区的文件系统信息,例如块大小、文件系统版本号、上次挂载的时间等。超级块在每个块的开头都有一份拷贝。

(2) GDT(Group Descriptor Table)

由很多GD(Group Descriptor)组成,整个分区分成多少个块,就对应有多少GD。每个GD存储一个块的描述信息,例如在这个块组中从哪里开始是inode表,从哪里开始是数据块,空闲的inode和数据块,还有多少个等等。和超级块类似,GDT在每个块的开头也都有一份拷贝,这些信息是非常重要的,一旦超级块意外损坏就会丢失整个分区的数据,一旦GD意外损坏就会丢失整个块的数据,因此它们都有多份拷贝。通常内核只用到第0个块组中的拷贝,当执行e2fsck命令检查文件系统一致性时,第0个块组中的超级块和GDT就会复制到其他块组,这样当第0个块的开头意外损坏时就可以用其他拷贝来恢复,从而减少损失。

(3) 块位图(Block Bitmap)

一个块组中的块是这样利用的:数据块存储所有文件的数据,比如某个分区的块大小是1 024字节,某个文件是2 049字节,那么就需要三个数据块来存,即使第三个块只存了一个字节也需要占用一个整块;超级块、GDT、块位图、inode位图、inode表,这几部分存储该块的描述信息。那么如何知道哪些块已经用来存储文件数据或其他描述信息,哪些块仍然空闲可用呢?块位图就是用来描述整个块组中哪些块已用哪些块空闲的,它本身占一个块,其中的每个bit代表本块中的一个块,这个bit为1表示该块已用,这个bit为0表示该块空闲可用。

为什么用df命令统计整个磁盘的已用空间非常快呢?因为只需要查看每个块的块位图即可,而不需要搜遍整个分区。相反,用du命令查看一个较大目录的已用空间就非常慢,因为不可避免地要搜遍整个目录的所有文件。与此相联系的另一个问题是:在格式化一个分区时究竟会划出多少个组块呢?主要的限制在于块位图本身必须只占一个块。用mke2fs格式化时默认块大小是1 024字节,可以用-b参数指定块大小,现在设置块的大小指定为b字节,那么一个块可以有8b个bit,这样大小的一个块位图就可以表示8b个块的占用情况,因此一个组块最多可以有8b个块,如果整个分区有s个块,那么就可以有s/(8b)个块组。格式化时可以用-g参数指定一个组块有多少个块,但是通常不需要手动指定,mke2fs工具会计算出最优的数值。

(4) Inode位图(Inode Bitmap)

和块位图类似,本身占一个块,其中每个bit表示一个inode是否空闲可用。从inode表(Inode Table)知道,一个文件除了数据需要存储之外,一些描述信息也需要存储,例如文件类型(常规、目录、符号链接等),权限,文件大小,创建/修改/访问时间等,也就是ls -l命令看到的那些信息,这些信息存在inode中而不是数据块中。每个文件都有一个inode,一个块组中的所有inode组成了inode表。inode表占多少个块,在格式化时就要决定并写入GD中,mke2fs格式化工具的默认策略是一个组块有多少个8 KB就分配多少个inode。由于数据块占有整个块的绝大部分,也可以近似认为数据块有多少个8 KB就分配多少个inode,换句话说,如果平均每个文件的大小是8 KB,当分区存满的时候inode表会得到比较充分的利用,数据块也不浪费。如果这个分区存的都是很大的文件(比如电影),那么数据块用完的时候inode会有一些浪费，如果这个分区存的都是很小的文件(比如源代码)，则有可能数据块还没用完 inode 就已经用完了，数据块可能有很大的浪费。如果用户在格式化时能够对这个分区以后要存储的文件大小做一个预测，也可以用 mke2fs 的-i 参数手动指定每多少个字节分配一个inode。

(5) 数据块(Data Block)

根据不同的文件类型有以下几种情况。

- 对于常规文件，文件的数据存储在数据块中。
- 对于目录，该目录下的所有文件名和目录名存储在数据块中，注意文件名保存在它所在目录的数据块中，除文件名之外，ls -l 命令看到的其他信息都保存在该文件的 inode 中。注意这个概念：目录也是一种文件，是一种特殊类型的文件。对于符号链接，如果目标路径名较短则直接保存在 inode 中以便更快地查找，如果目标路径名较长则分配一个数据块来保存。
- 设备文件、FIFO 和 socket 等特殊文件没有数据块，设备文件中的次设备号和主设备号都保存在 inode 中。

(6) ext2 文件系统最大文件名长度：255 个字符

(7) ext2 文件系统的缺点

ext2 在写入文件内容的同时并没有同时写入文件 meta-data，其工作顺序是先写入文件的内容，然后等空闲时候才写入文件的 meta-data。若发生意外，则文件系统就会处于不一致状态。在重新启动系统的时候，Linux 会启动 fsk(file system check)的程序，扫描整个文件系统并试图修复，但不提供保证。

2. ext3 文件系统

(1) ext3 与 ext2 关系

ext3 文件系统是直接从 ext3 文件系发展而来，目前 ext3 文件系统已非常稳定可靠。它完全兼容 ext2 文件系统。用户可以平滑地过渡到一个日志功能健全的文件系统中来。这实际上也是 ext3 日志文件系统初始设计的初衷，ext3 文件系统最大文件名长度为 255 个字符。

(2) 日志块设备

日志块设备(Journaling Block Device Layer，JBD)完成 ext3 文件系统日志功能。JBD 不是 ext3 文件系统所特有的，它的设计目标是为了向一个块设备添加日志功能。

当一个文件修改执行时，ext3 文件系统代码将通知 JBD，称为一个事务(Transaction)。发生意外时，日志功能具有的重放功能，能重新执行中断的事务。

(3) ext3 日志文件系统的特点

- 高可用性

系统使用了 ext3 文件系统后。即使在非正常关机后，系统也不需要检查文件系统。关机发生后，恢复 EXT3 文件系统的时间只要数十秒钟。

- 数据的完整性

ext3 文件系统能够极大地提高文件系统的完整性，避免了意外关机对文件系统的破坏。在保证数据完整性方面，ext3 文件系统有两种模式可供选择。其中之一就是“同时保持文件系统及数据的一致性”模式。采用这种方式，永远不再会看到由于非正常关机而存储在磁盘上的垃圾文件。

- 文件系统的速度

尽管使用 ext3 文件系统时，有时在存储数据时可能要多次写数据，但是，从总体上看来，ext3 比 ext2 的性能还要好一些。这是因为 ext3 的日志功能对磁盘的驱动器读写进行了优化。所以，文件系统的读写性能较之 ext3 文件系统来说，性能并没有降低。

• 数据转换

由 ext2 文件系统转换成 ext3 文件系统非常容易，只要简单地键入两条命令即可完成整个转换过程，用户不用花时间备份、恢复、格式化分区等。用一个 ext3 文件系统提供的小工具 tune2fs，它可以将 ext2 文件系统轻松转换为 ext3 日志文件系统。另外，ext3 文件系统可以不经任何更改，而直接加载成为 ext2 文件系统。

• 多种日志模式

ext3 有多种日志模式。

◆ data＝writeback：不处理任何形式的日志数据，给用户整体上的最高性能。

◆ data＝odered：只记录元数据日志，但将元数据和数据组成一个单元称为事务（Transaction）。此模式保持可靠性与文件系统的一致性，性能远低于 data＝writeback 模式，但比 data＝journal 模式快。

◆ data＝journal：提供完整的数据及元数据日志，所有新数据首先被写入日志，然后才被定位。意外发生过后，日志可以被重放，将数据与元数据带回一致状态。这种模式整体性能最慢，但数据需要从磁盘读取和写入磁盘时却是三种模式中最快的。

(4) ext3 文件系统的使用

创建新的 ext3 文件系统，例如要把磁盘上的 hda8 分区格式化为 ext3 文件系统，并将日志记录在/dev/hdal 分区，那么操作过程如下。

实例 3-1 创建新的 ext3 文件系统

```
[root@localhost root]# mke2fs - j /dev/hda8
mke2fs 1.24a (02-Sep-2001)
Filesystem label =
OS type: Linux
E31ock size = 1024 (log = 0)
............................
Creating journal (8192 blocks): done
Writing superblocks and filesystem accounting information: done
This filesystem will be automatically checked every 30 mounts or
180 days,whichever comes first. Use tune2fs -c or -i to override.
```

在创建新的文件系统时，可以看到，ext3 文件系统执行自动检测的时间为 180 天或每第 30 次被 mount 时，实际上这个参数可以根据需要随意调节。

以下将新的文件系统 mount 到主分区/data 目录下：

实例 3-2 将新的文件系统 mount 到主分区/data 目录下

```
[root@localhost root]# mkdir /data
[root@localhost root]# mount -t ext3 /dev/hda8 /data    //将已格式化为 ext3 文件系
统的/dev/hda8 分区挂载到/data 目录下
```

(5) ext2 文件系统转换为 ext3 文件系统

ext3 基于 ext2 的代码，它的磁盘格式和 ext2 的相同。这意味着，一个干净卸装的 ext3 文件系统可以作为 ext2 文件系统重新挂装。ext3 文件系统仍然能被加载成 ext2 文件系统来使用，可以把一个文件系统在 ext3 和 ext2 之间自由切换。这时在 ext2 文件系统上的 ext3 日志文件仍然存在，只是 ext2 不能认出日志而已。

将 Linux 系统的文件系统由 ext2 转换为 ext3，有以下几处优点：

- 系统的可用性增强了；
- 数据集成度提高；
- 启动速度提高了；
- ext2 与 ext3 文件系统之间相互转换容易。

以转换文件系统为例，将 ext2 文件系统转换为 ext3 文件系统，命令如实例 3-3 所示。

实例 3-3 将 ext2 文件系统转换为 ext3 文件系统

```
[root @localhost root]# tune2fs - j /dev/hda9
tune2fis 1.24a (02-Sep-2001)
Creating journal inode: done
This filestem will be automatically checked every 30 mounts or 180 days; inrhfchever comes first. Use tune2fs -c or-i to override.
```

这样，原来的 ext2 文件系统就转换成了 ext3 文件系统。

小知识

将 ext2 文件系统转换为 ext3 文件系统时，不必要将分区卸载下来转换。转换完成后，不要忘记将 letclfstab 文件中所对应分区的文件系统由原来的 ext2 更改为 ext3。

(6) ext3 日志的存放位置

可以将日志放置在另外一个存储设备上，例如存放到分区/dev/hda8。例如要在/dev/hda8 上创建一个 ext3 文件系统，并将日志存放在外部设备/dev/hda2 上，则运行以下命令：

```
[root @localhost root]#mke2fs -J device = /dev/hda8 /dev/hda2
```

(7) ext3 文件系统修复

新的 e2fsprogs 中的 e2fsck 支持 ext3 文件系统。当一个 ext3 文件系统被破坏时，先卸载该设备，再用 e2fsck 修复：

实例 3-4 ext3 文件系统修复

```
[root@localhost root]#umount /dev/hda8
[root @localhost root] #e2fsck - fy /dev/hda8
```

总而言之，ext 3 日志文件系统是目前 Linux 系统由 ext2 文件系统过渡到日志文件系统最为简单的一种选择。实现方式也最为简洁。由于是直接从 ext 2 文件系统发展而来，系统由 ext 2 文件系统过渡到 ext3 日志文件系统升级过程平滑，可以最大限度地保证系统数据的安全性。目前 Linux 系统要使用日志文件系统，最保险的方式就是选择 ext3。

3. ext4 文件系统

Linux kernel 自 2.6.28 开始正式支持新的文件系统 ext4，ext4 是一种针对 ext3 系统的扩展日志式文件系统，是专门为 Linux 开发的原始的扩展文件系统(ext 或 extfs)的第四版。不仅仅像 ext3 对 ext2 那样，只是增加了一个日志功能而已。ext4 可以提供更佳的性能和可靠性，还有更为丰富的功能。

ext3 与 ext4 区别如下。

(1) 与 ext3 兼容。执行若干条命令，就能从 ext3 在线迁移到 ext4，而无须重新格式化磁盘或重新安装系统。原有 ext3 数据结构照样保留，ext4 作用于新数据，当然，整个文件系统因此也就获得了 ext4 所支持的更大容量。

(2) 更大的文件系统和更大的文件。ext3 目前所支持的最大 16 TB 文件系统和最大2 TB 文件，ext4 分别支持 1 EB(1 048 576 TB，1 EB＝1 024 PB，1 PB＝1 024 TB)的文件系统，以及 16 TB 的文件。

(3) 无限数量的子目录。ext3 目前只支持 32 000 个子目录，而 ext4 支持无限数量的子目录。

(4) ext3 采用间接块映射，当操作大文件时，效率极其低下。比如一个 100 MB 大小的文件，在 ext3 中要建立 25 600 个数据块(每个数据块大小为 4 KB)的映射表。而 ext4 引入了现代文件系统中流行的 extents 概念，每个 extent 为一组连续的数据块，上述文件则表示为“该文件数据保存在接下来的 25 600 个数据块中”，提高了不少效率。

(5) 多块分配。当写入数据到 ext3 文件系统中时，ext3 的数据块分配器每次只能分配一个 4 KB 的块，写一个 100 MB 文件就要调用 25 600 次数据块分配器，而 ext4 的多块分配器“multiblock allocator”(Mballoc)支持一次调用分配多个数据块。

(6) 延迟分配。ext3 的数据块分配策略是尽快分配，而 ext4 和其他现代文件操作系统的策略是尽可能地延迟分配，直到文件在 cache 中写完才开始分配数据块并写入磁盘，这样就能优化整个文件的数据块分配，与前两种特性搭配起来可以显著提升性能。

(7) 快速 fsck。以前执行 fsck 第一步就会很慢，因为它要检查所有的 inode，现在 ext4 给每个组的 inode 表中都添加了一份未使用 inode 的列表，今后 fsck Ext4 文件系统就可以跳过它们而只去检查那些在用的 inode 了。

(8) 日志校验。日志是最常用的部分，也极易导致磁盘硬件故障，而从损坏的日志中恢复数据会导致更多的数据损坏。ext4 的日志校验功能可以很方便地判断日志数据是否损坏，而且它将 ext3 的两阶段日志机制合并成一个阶段，在增加安全性的同时提高了性能。

(9) “无日志”(No Journaling)模式。日志总归有一些开销，ext4 允许关闭日志，以便某些有特殊需求的用户可以借此提升性能。

(10) 在线碎片整理。尽管延迟分配、多块分配和 extents 能有效减少文件系统碎片，但碎片还是不可避免会产生。ext4 支持在线碎片整理，并将提供 e4defrag 工具进行个别文件或整个文件系统的碎片整理。

(11) Inode 相关特性。ext4 支持更大的 inode，较之 ext3 默认的 inode 大小 128 字节，ext4 为了在 inode 中容纳更多的扩展属性(如纳秒时间戳或 inode 版本)，默认 inode 大小为 256 字节。ext4 还支持快速扩展属性(Fast Extended Attributes)和 inode 保留(Inodes Reservation)。

4. ReiserFS 文件系统

(1) ReiserFS 概述

1997 年 7 月 23 日，Hans Reiser 把他的基于平衡树结构的 ReiserFS 文件系统在网上公布。这是 ReiserFS 的第一次公开亮相。此后，Hans Reiser 和其研究开发小组一直领导着 ReiserFS 的开发和发展，SuSE Linux 也对它的发展起了重大的帮助作用。

由于 ReiserFS 有一些很有用的特性，更主要的是它比 ext2fs 要快得多，所以它很快被很多人使用。据说在 Linux 内核 2.4. 以上的版本可能将采用 ReiserFS 作为它的文件系统。当前的 ReiSerFS 只能在 lntei 结构体系上使用，但支持其他体系结构的 ReiserFS 版本也正在积极开发中。

(2) 什么是 ReiserFS

ReiserFS 是一种新型的文件系统，在蓝点 Linux 中你可以选择它来装载你的 Linux 操作系统和其他应用程序和数据文件。它通过一种与众不同的方式完全平衡树结构来容纳数据，包括文件数据，文件名以及日志支持。ReiserFS 还以支持海量磁盘和磁盘阵列，并能在上面继续很快的搜索速度和很高的效率。ReiserFS 文件系统一直以来被用在高端 Unix 系统上，如 SGI 等。

(3) ReiserFS 的特点

• 先进的日志机制

ReiserFS 有先进的日志(Journaling/Logging)功能机制。日志机制保证了在每个实际数据修改之前，相应的日志已经写入硬盘。文件与数据的安全性有了很大提高。

• 高效的磁盘空间利用

Reiserfs 对一些小文件不分配 inode。而是将这些文件打包，存放在同一个磁盘分块中。而其他文件系统则为每个小文件分别放置到一个磁盘分块中。

• 独特的搜寻方式

ReiserFS 基于快速平衡树(Balanced Tree)搜索，平衡树在性能上非常卓越，这是一种非常高效的算法。ReiserFS 搜索大量文件时，搜索速度要比 ext2 快得多。ReiserFS 文件系统使用 B * Tree 存储文件，而其他文件系统使用 B+Tree 树。B * Tree 查询速度比 B+Tree 要快很多。ReiserFS 在文件定位上速度非常快。在实际运用中，ReiserFS 在处理小于 4 k 的文件时，比 ext2 快 5 倍；带尾文件压缩功能(默认)的 ReiserFS 比 ext2 文件系统多存储 6%的数据。

• 支持海量磁盘

ReiserFS 是一个非常优秀的文件系统，一直被用在高端 UNIX 系统上，可轻松管理上百 G 的文件系统，ReiserFS 文件系统最大支持的文件系统尺寸为 16 TB。这非常适合企业级应用中。

• 优异的性能

由于它的高效存储和快速小文件 I/O 特点，使用 ReiserFs 文件系统的 PC，在启动 X 窗口系统时，所花的时间要比在同一台机器上使用 ext2 文件系统少 1/3。另外，ReiserFS 文件系统支持单个文件尺寸为 4G 的文件，这为大型数据库系统在 Linux 上的应用提供了更好的选择。

5. 其他常见文件系统

(1) Minix

Minix 是 Linux 支持的第一个文件系统，对用户有很多限制，性能低下，有些没有时间标记，文件名最长 14 个字符。Minix 文件系统最大缺点是只能使用 64 MB 的硬盘分区，所以目前已经没有人使用它了。

(2) IS0966

IS0966 标准 CDROM 文件系统，通用的 ROCK Ridge 增强系统，允许长文件名。

(3) NFS

NFS Sun 公司推出的网络文件系统，允许多台计算机之间共享同一文件系统。易于从所有这些计算机上存取文件。

(4) SysV

SysV 是 System VICoherent 在 Linux 平台上的文件系统。

(5) NTFS

NTFS 是 Windows NT/2000 操作系统支持的、一个特别为网络和磁盘配额、文件加密等管理安全特性设计的磁盘格式。

(6) VFAT

VFAT 是 Windows 9x 和 Windows NT/2000 下使用的一种 DOS 文件系统,其在 DOS 文件系统的基础上增加了对长文件名的支持。

(7) MSDOS

MSDOS 是在 DOS,Windows 和某些 OS/2 操作系统上使用的一种文件系统,其名称采用"8+3"的形式。即 8 个字符的文件名加上 3 个字符的扩展名。

(8) VFAT

VFAT 是 Winflows 9x 和 Windows NT/2000 下使用的一种 DOS 文件系统,其在 DOS 文件系统的基础上增加了对长文件名的支持。

(9) SMB

SMB 是一种支持 Windows for Workgroups,Windows NT 和 Lan Manager 的基于 SMB 协议的网络操作系统。

3.2.5 文件附加属性

ext2/ext3 文件系统对某单个文件,提供额外的属性支持,用户可以用 isattr 来检查文件的属性,系统用户可用 chattr 来改变文件的属性:加号添加属性、减号去除属性。

附加权限包括以下内容。

- A:当文件被改变时,文件的更改时间不变。
- a:只能向此文件追加内容,不可更改原内容。
- d:此文件在 dump 时被跳过。
- i:文件不可变。不能被删除、重命名、改变内容。
- l:在 EXT3 文件系统中,此文件一定会被写入日志。
- S:当文件被改动,此改动会同步写入文件系统。

实例 3-5 chattr 改变文件的属性

```
[root @localhost root]# isattr test
------------------------test
[root @ localhost root]#chattr + A test
[root @localhost root]# isattr test
----A--------test
[root @localhost root]#chattr to test
[root @localhost root]# isattr test
----------a--------- test
```

注 意

a 参数只有 root 可设。

3.3 如何创建文件系统

学习目标

- mkfs 命令的使用
- mke2fs 命令的使用

对于一个新建立的分区。需要重新启动系统，才能在其之上建立文件系统。创建文件系统命令：mkfs 与 mke2fs 命令。

1. mkfs 命令

mkfs 适用于 root 超级用户，由-t 参数指定来创建各种文件系统。

(1) 功能：建立 Linux 文件系统在特定的 partition 上。

(2) 基本格式：mkfs[-V][-t fstype][fs-options]filesys[blocks]device

(3) 常用选项：mkfs 命令的常用选项见表 3-1。

表 3-1 mkfs 命令的常用选项

选项	说 明
device	预备检查的硬盘 partition，/dev/sda1
-V	详细显示模式
-t	给定文件系统的类型，Linux 的预设值为 ext2
-c	在制作文件系统前，检查该 partition 是否有坏轨
-I bad_blockses_file	将有坏轨的 block 资料加入 bad_blocks_file 里面
block	给定 block 的大小

实例 3-6 在/dev/hda5 上建一个 msdos 的文件系统，同时检查是否有坏轨存在

```
[root @ localhost root]#mkfs -V -t msdos - c /dev/hda5
```

2. mke2fs 命令

(1) 功能：创建 ext2 与 ext3 文件系统，支持指定 block 大小等功能。

(2) 基本格式：mke2fs[-cFMqrSvV][-b＜区块大小＞][-f＜不连续区段大小＞][-i＜字节＞][-N＜inode 数＞][-l＜文件＞][-L＜标签＞][-m＜百分比值＞][-R=＜区块数＞][设备名称][区块数]

(3) 常用选项：mke2fs 命令的常用选项见表 3-2。

表 3-2　mke2fs 命令的常用选项

选项	说　明
-b	指定 block 的大小
-c	在创建文件系统的同时检查分区坏块
-i	指定 bytes/inode t 比率
-N	指定 inode 总数。默认情况下由 block 数与 bytes/inode 比率算出
-m	指定保留块的比率。默认为 5%。保留块一般会被用于文件交换等特殊工具
-j	为 EXT2 文件系统添加日志
-L	创建文件系统的同时设定 label

实例 3-7　mke2fs 命令的使用

```
[root @ localhost root]#mke2fs - j /dev/hda5
```

3.4　使用文件系统

学习目标

- 挂载点概述
- mount 命令

Linux 系统中每个分区都是一个文件系统，都有自己的目录层次结构。Linux 会将这些分属不同分区的、单独的文件系统按一定的方式形成一个系统的总的目录层次结构。这里所说的“按一定方式”就是指的挂载。使用一个文件系统，往其中存读文件用户需要先挂载该文件系统。设备指的是一个具体的文件系统，可以用设备名或卷标名表示。

3.4.1　挂载点概述

挂载点必须是一个存在的目录。如果目录下原来有文件，则在文件系统挂载后，原文件暂时不能访问，直到挂载上的文件系统被卸载。一般采用/mnt 目录下的一个空目录为挂载点。

对于其他操作系统建立的文件系统的挂载也是这样。但是需要理解的是：光盘、软盘、其他操作系统使用的文件系统的格式与 Linux 使用的文件系统格式是不一样的。光盘是 ISO9660；软盘是 fat16 或 ext2；windows NT 是 fat16、NTFS；windows98 是 fat16、fat32；windows2000 和 windowsXP 是 fat16、fat32、NTFS。挂载前要了解 Linux 是否支持所要挂载的文件系统格式。

3.4.2　mount 命令

挂载时使用 mount 命令，格式为：

```
mount[-参数][设备名称][挂载点]
```

其中常将某个文件的内容解读成文件系统，然后将其挂在目录的某个位置之上。当这个命令执行成功后，直到使用 umount 将这个文件系统移除为止，这个命令之下的所有文件将暂时无法被使用。

这个命令可以被用来挂上任何的文件系统，甚至可以用-o loop 选项将某个一般的文件当成硬盘分别挂上系统。这个功能对于 ramdisk，romdisk 或是 ISO 9660 的映像文件的解读非常实用。常用的参数如下。

- -t 指定设备的文件系统类型，常见的文件系统类型见表 3-3。

表 3-3 常用的文件系统类型

文件系统类型	说明	文件系统类型	说 明
minix	Linux 最早使用的文件系统	iso9660	CD-ROM 光盘标准文件系统
ext2	Linux 目前常用的文件系统	ntfs	windows NT 2000 的文件系统
msdos	MS-DOS 的 fat，就是 fat16	hpfs	OS/2 文件系统
vfat	windows98 常用的 fat32	auto	自动检测文件系统
nfs	网络文件系统		

- -o 指定挂载文件系统时的选项。也可用在/etc/fstab 中。常用的选项见表 3-4。

表 3-4 -o 参数常用的选项

选项	说 明
codepage=XXX	代码页
iocharset=XXX	字符集
ro	以只读方式挂载
rw	以读写方式挂载
nouser	使一般用户无法挂载
user	可以让一般用户挂载设备

小知识

mount 命令没有建立挂载点的功能，因此应该确保执行 mount 命令前，用 mkdir 命令建立了挂载点。

3.5 自动挂载

学习目标

- fstab 文件概述
- fstab 文件格式
- quota 命令

- quotaon 命令
- autofs 服务动态自动挂载各种文件系统

3.5.1 fstab 文件作用

每次开机访问 Windows 分区都要运行 mount 命令显然太烦琐，为什么访问其他的 Linux 分区不用使用 mount 命令呢？

其实，每次开机时，Linux 自动将需要挂载的 Linux 分区挂载上了。那么是不是可以设定让 Linux 在启动的时候也挂载其他分区，如 Windows 分区，以实现文件系统的自动挂载呢？这是完全可以的。在/etc 目录下有个 fstab 文件，它里面列出了 Linux 开机时自动挂载的文件系统的列表。

文件/etc/fstab 存放的是系统中的文件系统信息。当 mount 一个文件系统时如果给出的参数不全，系统会从/etc/fstab 文件中读取参数来补全，当正确的设置了该文件，则可以通过"mount Idirectoryname"命令来加载一个文件系统，每种文件系统都对应一个独立的行，每行中的字段都有空格或 tab 键分开。同时 fsck，mount，umount 等命令都利用该程序。

3.5.2 fstab 文件格式

下面是/etc/fatab 文件的一个示例行：

```
fs_spec  fs_file  fs_type  fs_options  fs_dump  fs_pass
/dev/hda1         / EXT2   defaults       1       t
```

- fs_spec：该字段定义希望加载的文件系统所在的设备或远程文件系统，对于一般的本地块设备情况来说：IDE 设备一般描述为/dev/hdaXN，X 是 IDE 设备通道（a，b or c）；N 代表分区号；SCSI 设备一般描述为/dev/sdaXN。
- fs_file：该字段描述希望的文件系统挂载的目录点，对于 swap 设备，该字段为 none；对于加载目录名包含空格的情况，用 40 来表示空格。
- fs_type：定义了该设备上的文件系统，一般常见的文件类型为 EXT2（Linux 设备的常用文件类型）、vfat（Windows 系统的 fat32 格式）、NTFS、iso9600 等。
- fs_options：指定加载该设备的文件系统是需要使用的特定参数选项，多个参数是由逗号分隔开来。对于大多数系统使用"defaults"可以满足需要。其他常见的选项见表 3-5。

表 3-5 常见的选项

选项	含 义
ro	以只读模式加载该文件系统
sync	不对该设备的写操作进行缓冲处理，这可以防止在非正常关机时情况下破坏文件系统，但是却降低了计算机速度
user	允许普通用户加载该文件系统
quota	强制在该文件系统上进行磁盘定额限制
noauto	不再使用 mount - a 命令（例如文件启动时）加载该文件系统

- fs_dump：该选项被“dump”命令使用来检查一个文件系统应该以多快频率进行转储。若不需要转储就设置该字段为 0。
- fs_pass：该字段被 fsck 命令用来决定在启动时需要被扫描的文件系统的顺序。根文件系统“/”对应该字段的值应该为 1，其他文件系统应该为 2。若该文件系统无需在启动时扫描则设置该字段为 0。
- quota：这个选项就是在编辑每一个“个人”或者是“群体’的磁盘配额数值时，通常我们以 edquota - u usermame 或者是 edquota - g groupname 来编辑个人与群体的磁盘配额设定值。不过，或许你会觉得一个一个分配似乎很慢，那么也可以直接 copy 一个人的设定值给其他人。磁盘配额指令的基本格式为：

```
quota[-guvs][user,group]
```

参数说明见表 3-6。

表 3-6 quota 指令的选项

参数	选项	参数	选项
-g	显示 group 群组	-v	显示 quota 的值
-u	显示 user	-s	选择 inode 或硬盘空间来显示

实例 3-8 quota 指令的使用

```
[root@ localhost root]# quota - guvs  //显示目前执行用户(就是 root)的 quota 值
[root@ localhost root]# quota -uvs test//显示 test 这个使用者的 quota 值
```

和磁盘配额有关的指令有下面几个。

- quotaon：这个指令用于启动磁盘配额限制。
- edquota：编辑用户或群组的磁盘配额。

edquota 命令常用的选项见表 3-7。

表 3-7 edquota 命令常用的选项

选项	说　明
-u	编辑 user 的 quota
-g	编辑 group 的 quota
-t	编辑宽限时间(就是超过 quota 数值后．还能使用硬盘的最长期限)
-p	copy 范本(以建立好的使用者或群组)到另一个使用者(或群组)

实例 3-9 edquota 命令的使用

```
[root @ localhost root]# edquota -p user_demo -u user
```

- quotacheck

这个指令主要的目的是扫描某一个磁盘的 quota 空间，会针对该磁盘进行扫描，并且由于该磁盘若持续运转时，可能扫描的过程中文件可能会增减，造成 quota 扫描的错误发生。因此。当使用 quotacheck 时，该磁盘将自动被设定成为只读磁盘(Read-only)；至于扫描后，扫描所得的磁盘空间结果会写入到磁道最顶端。

另外，Linux 也特别强调使用 quotacheck 的时候，需要特别注意在 reboot 时，先将 quota 关闭。此外，由于新版的 Linux 发行版在 quota 的设计上似乎有点小问题。有时无法完整的进行 quotacheck，发生类似情况，解决的方法就是主动的手动的建立 quotafile。

3.5.3 autofs 服务挂载文件系统

mount 是用来挂载文件系统的，可以在系统启动的时候挂载也可以在系统启动后挂载。对于本地固定设备，如硬盘可以使用 mount 挂载；而光盘、软盘、NFS、SMB 等文件系统具有动态性，即需要的时候才有必要挂载。光驱和软盘一般知道什么时候需要挂载，但 NFS 和 SMB 共享等就不一定知道了，即一般不能及时知道 NFS 共享和 SMB 什么时候可以挂载。而 autofs 服务就提供这种功能，好像 Windows 中的光驱自动打开功能，能够及时挂载动态加载的文件系统。免去我们手动挂载麻烦。要实现光驱，软盘等的动态自动挂载，需要进行相关的配置。后面给出配置的方法。

系统通过 autofs 服务自动的挂载文件系统，autofs 需要后台的 automount 进程，autofs 服务的开关由/etc/init. d/autofs 脚本来控制，它主要应用在软驱和光驱的场合，如果该设备在一段时间内没有被使用，那么 autofs 会自动卸载该设备。

一般通过更改/etc/auto. master 和/etc/auto. misc 文件来完成 automount 的设定。

实例 3-10 文件系统的自动挂载

```
[root@localhost root]#cat /etc/auto.master
# $ 1d:auto.master,v 1.2 1997/10/06 21:52:03 hpa Exp $
#Sample auto.master file
# Format of this file:
#mountpoint map options
#For details of the format look at autofs(8)
#/misc /etc/auto.misc -timeout = 60
[root@localhost root]#cat /etc/auto.misc
# $ 1d:auto.master,v 1.2 1997/10/06 21:52:03 hpa Exp $
#This is an automounter map and it has the following format
#key[-mount-options-separated-by-comma]location
#Details may be found in the autofs(5) manpage
cd -fatype = iso9660,ro,nosuid,nodev :/dev/cdrom
#the following eateries are samples to picture you imagination
#Linux -ro,soft,intr ftp.example.org:/pub/Linux
#boot -fstype = EXT2                :/dev/hdal
```

auto. master 文件每一行表示一个自动挂载集群。

每一行的格式为：

```
自动挂载目录集合 参考文件(默认为/etc/auto.misc )
```

auto.misc 文件中记录的则是每一个自动挂载的设备。

每一行的格式为：

```
挂载点(实际挂载点为“/自动挂载目录集合/挂载点”)自动卸载等待时间 设备文件名
```

3.6 查看当前挂载系统

学习目标

- mount 命令查看挂载文件系统
- /etc/mtab 文件命令查看挂载文件系统

查看当前挂载文件系统可以直接键入 mount 后回车来检查，可以查看/etc/mtab 文件来查看当前挂载中的文件系统。

1. 使用 mount 查看

实例 3-11 使用 mount 查看当前挂载中的文件系统

```
[root@localhost root]# mount
/dev/hda9 on / type EXT3 (rw)
none on /proc type pros (rw)
usbdevfs on /proc/bus/usb type usbdevfs (rw)
/dev/hda6 on/boot type EXT3 (rw)
none on /dev/pts type devpts (rw,gid = 5,mode = 620)
none on /dev/shm type tmpfs (rw)
```

2. 使用文件/etc/mtab 查看

实例 3-12 使用文件/etc/mtab 查看当前挂载中的文件系统

```
[root@localhost root]# cat /etc/mtab
/dev/hda9  /    EXT3 rw 0 0
none      /proc proc rw 0 0
usbdevfs       /proc/bus/usb   usbdevfs   rw 0 0
/dev/hda6      /boot            EXT3   rw 0 0
none   /dev/pts            devpts rw,gid = 5,mode = 620 0 0
none   /dev/shm            tmpfs rw 0 0
```

3. 使用内存映像文件/proc/mounts 查看

实例 3-13 使用内存映像文件/proc/mounts 查看当前挂载中的文件系统

```
[root@localhost root] cat   /etc/mounts
/dev/hda9   /          EXT3   rw
none       /proc        proc   rw
usbdevfs        /procl/bus/usb   usbdevfs   rw
/dev/hda6      /boot        EXT3   rw
none   /dev/pts          devpts   rw
none   /dev/shm          tmpfs   rw
```

3.7 卷标和卸载文件系统

学习目标

- 卷标的概述
- e2label 命令使用
- umount 命令使用

3.7.1 e2label 命令

由于设备的文件名可能在硬盘结构发生变化时而改变，因此 Linux 对 ext2 文件系统使用卷标来挂载和卸载，卷标记录在 ext2/ext3 文件系统的超级块中(superblock)。

e2label 命令可以查询和更改 ext2 文件系统的卷标名。在介绍 e2label 命令之前先看一下/etc/fstab 文件：

```
[root @ localhost root]# cat /etc/fstab·
label =                      //EXT3 defaults  1  1
/dev/hda7   /usr   EXT3   defaults   1   1
```

第二行的意思就是说，把/dev/hda7 这个分区挂载到/usr 这个目录上。第一行没有指明分区，意思是把 LABEL(卷标)为/的分区挂载到/分区上。这样写的好处就是当硬盘从主板上的 IDE0(hda)移动到 IDE2(hdc)上的时候，系统仍然可以自动的挂载正确的分区。

通常 Linux 安装的时候已经自动指定了卷标。如果是手动增加的新分区，可以用下边的命令为其指定卷标：

实例 3-14 为新分区指定卷标

```
[root@localhost root]# e2label /dev/hdax /new
[root@localhost root]# mkdir /new
```

然后在/etc/fstab 里加入下面的内容：

```
label = /new/new   EXT3   defaults   1   1
```

就可以了，下次重新启动机器的时候，就会把卷标为/new 的分区挂接到/new 上。

查询 EXT2/EXT3 文件系统的卷标使用下面的命令：

```
[root@localhost root]# e2label /dev/hda2       //查看
/boot                                          //系统返回信息
```

实例 3-15 更改 EXT2/EXT3 文件系统的卷标

```
[root@localhost root]# e2label /dev/hda2 data       //更改
[root@localhost root]# e2label /dev/hda2            //查看
    data                                            //系统返回信息
```

实例 3-16 用卷标名挂载文件系统

```
[root @localhost root]# mount -L data /data
[root @localhost root]# mount LABEL = data /data
```

3.7.2 umount 命令

umount 命令的作用是卸载一个文件系统，它的使用权限是超级用户或/etc/fstab 中允许的使用者。当一个文件系统使用完毕，用户应当卸载该文件系统，卸载文件系统用 umount 指令。umount 命令是 mount 命令的逆操作，它的参数和使用方法和 mount 命令是一样的。Linux 挂载 CD-ROM 后，会锁定 CD-ROM，这样就不能用 CD-R，请使用 umount 来卸载它。

umount 命令基本格式：

```
umount[参数]设备/挂载点
```

当用户想创建、删除分区或重新划分分区大小，分区所在的设备就不能是正在使用的（分区不能被挂载，并且交换空间也不能被启动）。达到这个目录的最简单的方法就是，进入救援模式中引导系统。由于已经加载的文件系统的信息会自动的写到/etc/msta 中，所以用户只需要给出设备或挂载点中的一个参数即可。

如果驱动器不包括任何正在使用的分区，可以使用 umount 来卸载分区，使用 swapoff 命令来关闭硬盘驱动器上的交换空间。

实例 3-17 用卷标名挂载文件系统

```
[root@localhost root]# umount /mntl/cdrom
```

有时候用户会发现无法卸载挂接点，可能是因为挂接点正在使用。正在使用的意思是有任何用户在挂载点下的目录内，有任何进程在使用挂载点下的目录或文件。

3.8 文件系统的维护命令

学习目标

- 文件系统维护概述
- 文件系统维护命令

无论 Linux 使用什么文件格式，它的物理基础还是建立在二进制文件上。对二进制文件的管理就显得非常重要。如果某些很重要的系统文件或用户的文件丢失了，将可能造成非常大的损失。可见维护文件系统是一件非常重要的工作，特别是对用户比较多的文件系统来说。下面就介绍如何检查文件系统、修改文件系统的属性及大小。

文件系统的维护命令如下：

- fsck/filesystem check：用于检查和修复文件系统；
- e2fsck：检查和修复 ext2/ext3 文件系统；
- tune2fs：更改 ext2 文件系统的属性；
- resize2fs：更改 ext2 文件系统的大小；
- parted：更改多种文件系统的大小。

由于 ext3 文件系统基于 ext2 文件系统，所以这些工具都能使用在 ext3 文件系统上。

Linux 下有许多用于检测现有 ext2 文件系统状态以及重新进行配置的工具。tune2fs 就是其中一个，它的-l 选项将列出指定 ext2 文件系统的各种属性。其中大多数属性的含义都非常明确，这些属性与可在 mke2fs 命令中指定的选项相对应。个别属性决定 fsck 何时对文件系统进行下一次检查。默认情况下，Linux 将每隔 20 次系统启动或者 30 天对文件系统进行检查(这里的时间间隔周期以秒指定)。这些文件系统属性中的很大一部分都可以用 tune2fs 的相应参数进行修改。

下面的命令通过设置两次检查的时间间隔秒数(-i)为 0 禁止了根据时间周期执行的检查。

实例 3-18 tune2fs 命令的使用

```
[root @localhost root]# tune2fs -i 0 /dev/hdb5
[root @localhost root]#tune2fs -j -e 0 /dev/hdax
```

Linux 有个 parted 工具可以调整分区，但它的使用有些限制。如果想增大一个分区，那么该分区后边必须有未使用的空间，而且这个分区没有 mount。

实例 3-19 增大一个分区的使用空间

```
[root @localhost root]# fdisk -l
Disk /dev/hda: 255 heads,fi3 sectors,2498 cylinders
Units = cylinders of 16065' * 512 bytes
Device Boot  Start  End  Blocks  ld  System-
/dev/hdal * 1       6    48163 +     83    Linux
…………………………………….
/dev/hda3        644    1159    4144770 - 83  Linux
```

含义是分区 3 从柱面 644 开始，至 1 159 结束。大小是 4 144 770 K。这时如果想加大分区 3，则使用下面的命令：

```
[root@localhost root]# parted /dev/hda resize 3 644 I = 1300
```

意思是把分区 3 调整为从柱面 844 至柱面 1 300 结束。重新启动机器，分区的改变就生效了。

3.9 文件系统访问控制列表(ACL)

学习目标

- ACL 概述
- 访问 ACL 级别

ACL 表示自定义访问控制(Discretionary Access Control，DAC)的一种增强机制，与传统的 UNIX 系统提供的技术相比，能提供更具有针对性的权限设置。每一个 ACL 为一个用户标识和组标识结合的整体。用户标识与组标识配合相对应的访问权限组成 user_group. mode。

访问级别：

- (u. g，rwx)特定的一个用户，特定的组；
- (u. %，rwx)特定的一个用户，任意一个组；
- (%. g，rwx]任意一个用户，特定的组；
- (%. %，rwx)任意一个用户，任意一个组。

每一个文件有 13 组访问权限模式。如果有多个类型的访问权限条目，较详细条目的优先级较高。在 ACL 中设置某一特定用户的读写权限，如果设置了 m(Umask)，那用户的权限还要受到 m 的限制。原来是要两个权限相与一下，才是用户的真正的权限。例如，设置 userA 的权限为 r+w，而 m 设置为 r，那么 userA 的权限为 r。

3.10 RAID

学习目标

- RAID 概念及分类
- Software RAID 特点
- RAID 级别介绍

3.10.1 什么是 RAID

RAID(Redundant Array of Inexpensive Disks)称为独立磁盘冗余阵列,RAID 的基本想法是把多个小磁盘组合到一起,成为一个磁盘组,使性能提升或容量增大或增加冗余。

RAID 可以充分发挥出多块硬盘的优势,可以提升硬盘速度,增大容量,提供容错功能确保数据安全性,易于管理的优点,例如,如果做了 RAID5 的阵列,在一块硬盘出现问题时,不会丢失数据。

3.10.2 Software RAID(软 RAID)

RAID 分为软阵列(Software RAID)和硬阵列(Hardware RAID)两种。软 RAID 通过 CPU 提供 IO 运算。由于软件实现不是一个完整系统,所以只能提供最基本的 RAID 容错功能。硬 RAID 是由独立操作的硬件提供整个磁盘阵列的控制和计算功能,较少依靠系统的 CPU 资源,硬阵列是一个完整的系统。

软 RAID 相对硬 RAID 来说没有太大的优势。

劣势:CPU 占用率;硬盘速度;总线速度;系统可维护性。

优势:不需要购买 RAID 卡;不用考虑硬盘的接口;灵活多样,对分区来做 RAID。

3.10.3 RAID 级别

主要包含 RAID0～RAID7,Linux Software RAID 支持级别 0、1、5,下面就介绍 Software RAID 支持级别。

1. RAID0

也称为分带(Stripe)模式。它与线性模式类似,只不过读取和写入是在设备上并行完成的,设备的大小应该大致相等,因为所有的访问都是并行完成的,所有设备都是同等填充的,如果一个设备比其他设备大的多,那么 RAID 设备中仍将使用额外的空间,但在写入 RAID 设备的高端部分时只能访问那个大的磁盘,会降低性能。

与线性模式一样,RAID0 也没有冗余。与线性模式不同的是,如果驱动器出现故障,那么将无法恢复任何数据,如果从 RAID0 中取出一个驱动器,那么 RAID 设备将不仅丢失一个连续的数据块,而是整个设备上都将充满小的空洞。因为读取和写入都是在设备上并行完成的。读取和写入性能都将会增加,这通常是运行 RAID0 的主要原因,如果磁盘总线足够快,可以非常接近 $N*$MB/s。

2. RAID1

一个真正具有冗余的模式，RAID1 可以用于两个或多个磁盘，拥有 0 块或多块备用磁盘，这种模式在其他一些磁盘上保留一块磁盘信息的准确镜像。当然磁盘大小必须相等，如果不等，设备将具有最小磁盘的大小。

如果最多驱除了 $N-1$ 块磁盘(或出现故障)，那么所有的数据仍然保持不变，如果有备用的磁盘，而且系统在故障中并没有被破坏，那么在检测到驱动器故障后，会立即在一块备用磁盘上开始重建镜像。

RAID1 的写入性能比在一个单独的设备上稍差一些，这是因为写入数据的相同副本必须发送到列中的每一个磁盘上，读取性能通常更为糟糕，但在 2.4 内核中已经得到大大的改进。

3. RAID5

在希望结合大量硬盘或分区，但是仍然希望提供一些冗余时，RAID5 可能是最有用的 RAID 模式，RAID5 可以用在 3 块或更多的磁盘、分区上，并使用 0 块或更多的备用磁盘得到的 RAID5 设备的大小是 $(N-1) * S$. RAID5 和 RAID4。最大的区别就是奇偶校验信息均匀分布在各个驱动器上，这样就避免了 RAID4 中出现的瓶颈问题(注：目前增强型的 RAID4 具有非常高的速度)，如果其中一块磁盘出现故障，那么由于奇偶校验信息。所有的数据仍可以保持不变。如果可以使用磁盘，那么在设备故障之后，将立即开始重建数据。如果两块硬盘同时出现故障，那么所有数据就会丢失。

RAID 可以经受一块磁盘/分区故障，但不能经受两块或多块磁盘/分区故障。读取和写入性能通常会很高，但很难预测其提高程度。

3.11 逻辑卷管理器(LVM)

学习目标

- 逻辑卷管理器(LVM)概念及作用
- PV/ VG/ LV /PE/ LE/ VGDA 的概念及特点
- 使用逻辑卷管理器
- 逻辑卷的管理

3.11.1 逻辑卷管理器(LVM)的基本概念

LVM(Logical Volume Manager)，即逻辑卷管理器，通常简称为逻辑卷管理，是强大的卷管理工具。通过使用逻辑卷管理器对硬盘存储设备进行管理，可以实现硬盘空间的动态划分和管理。从 Red Hat Linux 8.0 开始，逻辑卷管理器(LVM)可以在硬盘驱动器分配上使用。

LVM 是一种把硬盘驱动器空间分配成逻辑卷的方法，这样硬盘就不必使用分区而被简易地重划大小。虽然逻辑卷管理器的功能强大，但是相关的概念和命令相对较多。

其中主要分为以下这几个概念。

(1) 物理卷-PV(Physical Volume)：物理卷逻辑卷在管理器中处于最底层，它可以是实际物理硬盘上的分区，也可以是整个物理硬盘。

(2) 卷组-VG(Volume Group):卷组是建立在物理卷之上,一个卷组中至少要包括一个物理卷。在卷组建立之后可以动态添加物理卷到卷组中。一个逻辑卷管理系统中可以只有一个卷组,也可以拥有多个卷组。

(3) 逻辑卷-LV(Logical Volume):逻辑卷是建立在卷组之上,卷组中的未分配空间可以用于建立新的逻辑卷,逻辑卷建立后可以动态扩展或缩小空间。系统中的多个逻辑卷可以属于同一个卷组,也可以属于不同的多个卷组。

(4) 物理区域-PE(Physical Extent):物理区域是物理卷中可用于分配的最小存储单位,物理区域的大小可以根据实际情况在建立物理卷时指定。物理区域大小一旦被确定后就不能更改,同一卷中的所有物理卷的物理区域大小需要一致。

(5) 逻辑区域-LE(Logical Extent):逻辑区域是逻辑卷中可用于分配的最小存储单元,逻辑区域的大小取决于逻辑卷所在卷组中的物理区域大小。

(6) 卷组描述区域-VGDA(Volume Group Descripkor Area):卷组描述区域存在于每个物理卷中,用于描述该物理卷本身,物理卷所属卷组,卷组中的逻辑卷以及逻辑卷中物理区域的分配等所有的信息,卷组描述区域是在使用 pvcreate 建立物理卷时建立的。

需要注意的是,由于启动引导器程序不能从逻辑卷重读区系统地引导文件,所以/boot 分区不能放在逻辑卷中,需要建立单独的分区。除非重新编译内核。

使用 LVM,硬盘驱动器或硬盘驱动器集合就会分配给一个或多个物理卷(Physical Volumes),但是物理卷无法跨越一个以上驱动器。

物理卷被合并成逻辑卷组(Logical Volume Group),唯一的例外是/boot 分区。/boot 分区不能位于逻辑卷组,因为引导装载程序无法读取它。如果想把/分区放在逻辑卷上,需要创建一个分开的/boot 分区,它不属于卷组的一部分。

由于物理卷无法跨越一个以上驱动器,如果想让逻辑卷组跨越一个以上驱动器,就应该在驱动器上创建一个或多个物理卷。

逻辑卷组被分成逻辑卷,它们被分配了挂载点(如/home 和/),以及文件系统类型(如 EXT3)。当"分区"达到了它们的极限。逻辑卷组中的空闲空间就可以被添加给逻辑卷来增加分区的大小。当某个新的硬盘驱动器被添加到系统上,它可以被添加到逻辑卷组中。逻辑卷是可以扩展的分区。

另一方面,如果系统使用 EXT3 文件系统来分区,硬盘驱动器将被分隔成指定大小的分区。如果某分区被填满,要扩展该分区的大小并不那么容易。即便某分区被移到另一个硬盘驱动器上。原来的硬盘驱动器空间必须得被重新分配为不同的分区或不被使用。LVM 支持必须被编译入内核。

3.11.2 使用逻辑卷管理器

实例 3-20 使用逻辑卷管理器

步骤如下。

(1) 使用 vgscan 生成默认的配置文件,配置是/etc 下的 lvmconf 和 lvmtab 2 个文件。

(2) 为逻辑卷管理器分配物理卷。

例如:这里使用一个分区来作/dev/hda9。

```
[root @localhost root]# fdisk hda
>;t
>;9
>;8e(为 LVM 分区)
>;w
```

重新启动系统。

```
[root@localhost root]#pvcreate /dev/hda9        //使用
[root@localhost root]#pvdisplay /dev/hda9       //查看是否建立
```

(3) 在物理卷中建立卷组。

```
[root@localhost root]#vgcreate vg0 /dev/hda9
```

其中 vg0 为要建立的卷组名。这里的 PE 值使用默认的 4M,如需要增大可以使用-L 选项,记住一旦设定以后不可更改 PE 的值。

```
[root@localhost root]#vgdisplay  //查看是否建立成功
```

(4) 在卷组中建立逻辑卷。

```
[root@localhost root]#lvcreate -L 100M -n vg1 vg0
```

其中-L 选项表示你想要的逻辑卷的大小,以后可以用命令增减。-n 选项指定逻辑卷的名称和卷组的名称,也可以使用绝对路径来达到上述目的。

```
[root@localhost root]#lvdisplay /dev/vg0/vg1  //查看是否建立成功
```

(5) 为逻辑卷建立文件系统。

```
[root@localhost root]#mkfs.ext3 /dev/vg0/vg1
```

然后挂载,尝试是否建立成功。

```
[root@localhost root]#mount /dev/vg0/vg1 /home
```

这样一个逻辑卷就基本成型了。

3.11.3 逻辑卷的管理

1. 增加新的物理卷到卷组

如果卷组中没有足够的空间分配给逻辑卷时,可以用给卷组增加物理卷的方法来增加卷组的空间。

```
[root@localhost root]#vgextend vg0 /dev/hda8  //这里注意 hda8 必需为 LVM 分区
```

2. 扩充和减小逻辑卷的容量

```
[root@localhost root]＃e2fsadm -L ＋100M /dev/vg0/vg1
```

-L 表示增减空间＋表示加，一表示减。

```
[root@localhost root]＃e2fsadm -L -100M /dev/vg0/vg1
```

这里要注意文件系统必须是 ext2 或 ext3，而且需要卸载文件系统来执行，减小的时候需要知道减掉空间的大小，不然会造成丢失。在 reiserfs 文件系统中未作测试。

3. 删除逻辑卷-卷组-物理卷（必需按照先后顺序来执行删除）

```
[root@localhost root]＃lvremove /dev/vg0/vg1      //删除逻辑卷
[root@localhost root]＃vgremove /dev/vg0          //删除卷组
```

注 意

这里有一个问题，如果建立的卷组是活动的，它就不能删除。

[root@localhost root]＃vgchage -a n/dev/vg0 //-a 参数指定卷组是否是活动的，n 表示固定，y 表示活动。

[root@localhost root]＃vgremove/dev/vg0 //成功。

物理卷的删除，移除/etc 下的 lvmconf 和 lvmtab 的两个文件，然后将分区转换为 Linux 的就可以了。

3.12 本章小结

本章介绍了 Linux 文件系统，Linux 如何使用磁盘，各种 Linux 文件系统类型，EXT3 与 EXT2 文件系统类型之间转换，挂载和卸载文件系统命令及管理文件系统、分区等内容。通过本章的学习，希望用户能够熟悉掌握 Linux 文件系统。

课后习题

1. 选择题

(1) 在 ext2 文件系统中，目录数据块的指针指向(　　)

A. 目录中的子目录和文件　　B. 目录的其他数据块

C. 目录的 i-node　　D. 目录的上一级目录

(2) 系统当前已经加载的所有文件系统在(　　)文件中得到反映。

A. /usr/sbin/cfdisk　　B. /sbin/fdisk

C. /etc/mtab　　D. /etc/fstab

(3) Linux 操作系统在使用硬盘分区之前，会将分区格式化为特定类型的文件系统，在 Fedora 12 的安装过程中，使用(　　)作为缺省类型的文件系统。

A. FAT32　　B. NTFS　　C. EXT3　　D. s * * *

(4) 下面哪一个是/usr文件系统的标准说法？(　　)

A. 是用来安装附加的应用程序的

B. 是用来存储可执行程序，系统管理工具和库文件的

C. 是用来设立用户的根(Home)目录的

D. 是用来存储系统管理的配置文件的

(5) 给下面所列的/tmp目录设立冒险位(Sticky)将产生什么效果？(　　)

drwxrwxrwt 2 sys sys 512 May 26 11:02 /tmp

A. 它只允许超级用户访问

B. 它禁止所有的读写权限

C. 它允许文件或目录的所有者移动和重命名它的文件或目录

D. 因为任何用户能删除其他人的文件，它将引起安全问题

(6) Linux文件和目录的唯一标识符是什么？(　　)

A. maps　　B. stems　　C. keys　　D. inodes

(7) 当加载CDROM时缺省的文件系统类型是哪一个？(　　)

A. vfat　　B. ufs　　C. ext2　　D. iso9660

(8) 关于/etc文件系统哪一个是标准的用法？(　　)

A. 用来安装附加的应用程序

B. 用来存储可执行程序，系统管理工具和库文件

C. 用来建立用户的主目录

D. 用来存储系统管理的配置文件

(9) 请选择关于/etc/fstab的正确描述。(　　)

A. 系统启动后，由系统自动产生

B. 用于管理文件系统信息

C. 用于设置命名规则，是否使用可以用TAB来命名一个文件

D. 保存硬件信息

(10) When the system is mounted, all file systems in the /etc/fstab are mounted, except those with what in the option column? (　　)

A. nomount　　B. noauto　　C. noatime　　D. nohup

(11) 假定kernel支持vfat分区，下面哪一个操作是将/dev/had1，一个Windows98分区加载到/win目录(　　)。

A. mount -t windows /win /dev/hda1

B. mount -fs=msdos /dev/hda1 /win

C. mount -s win /dev/hda1 /win

D. mount -t vfat /dev/hda1 /win

(12) 下列哪一个关于卸载(Umount)的说法是不正确的？(　　)

A. 用户能在卸载前弹出软盘

B. 用户能在卸载前弹出光盘

C. 缺省条件下普通用户能使用这个命令

D. 缺省条件下 Root 用户能利用这个命令卸载任何路径下的文件系统

(13) 在 Linux 系统中,下列关于磁盘配额功能的说法,错误的是(   )。

A. 要实现磁盘配额,必须在系统中安装 quota 软件包

B. 对磁盘配额的限制一般是从一个用户占用的磁盘大小和用户拥有文件的数量两个方面来进行的

C. quota 可以对系统中的某个用户进行磁盘配额的设置,也可以对系统中某个用户组进行磁盘配额的设定

D. 当用户占用的磁盘空间或拥有的文件数量达到硬限制设置时,会接到警告信息,但仍可以继续正常使用系统

(14) 在使用 edquota 配置组用户磁盘定额内容时,需要加上(   )参数。

A. -u　　B. -t　　C. -a　　D. -g

(15) 通过修改文件 C,可以设定开机时候自动安装的文件系统(   )。

A. /etc/mtab　　B. /etc/fastboot　　C. /etc/fstab　　D. /etc/inetd. conf

(16) 在上述文件中,表示允许 Linux 将加载的文件系统可卸出的参数在第(   )列信息栏中。

A. 4　　B. 5　　C. 6　　D. 其他

2. 填空题

(1) 文件的逻辑结构可分为两大类:字节流式的________和记录式的________。

(2) Linux 文件系统目录结构最上层是________,存放 linux 内核的源代码的目录在________。

(3) EXT3 文件系统目前支持________个子目录,而 EXT4 目前支持________个子目录。

(4) ________命令可用于创建各种文件系统,此命令需要________权限。

3. 简答题

(1) EXT3 与 EXT4 文件系统有什么区别?

(2) 如何实现 FAT32 文件系统的自动挂载?

(3) 文件系统的维护命令有哪些,它们的功能分别是什么?

(4) 使用 RAID 进行分区有什么优点?

课 程 实 训

1. 实训目的:了解文件系统类型 EXT2 与 EXT3 之间的关系

2. 实训内容:ext2 和 ext3 文件系统类型之间的转换

3. 实训步骤

(1) ext2 转换成 ext3 文件系统

```
[root@localhost root]#tune2fs  - j /dev/sda2  //转换成 EXT3 文件系统类型
```

如果 sda2 在转换过程中被挂载,那么该命令执行完后会在根目录下出现一个“. journal”文件,机器重启或 umount,且 e2fsck 后该文件将被改变成隐藏的特殊日志文件 inode。

如果/dev/sda2 是启动时自动挂载的,那么还需手工修改/etc/fstab 中/dev/sda2 所对应

的文件系统类型，否则还是按 ext2 类型 mount 使用。

(2) ext3 转换成 ext2 文件系统

```
[root@localhost root]# umount /dev/sda2                          //卸载分区
[root@localhost root]# tune2fs - o ^has_journal /dev/sda2 //转换成 EXT2
[root@localhost root]# e2fsck - y /dev/sda2                       //检查分区是否错误
[root@localhost root]# mount - t ext2 /dev/sda2 /mnt          //重新挂载 EXT2 文件
                                                                    系统
```

最后对于自动 mount 的设备还需修改/etc/fstab。

项目实践

1. 实践项目：添加一个 Linux 文件系统

2. 实践目的：本方案的内容是要添加一个类似于 ext2 的自定义文件系统 myext2

3. 项目描述：实践的内容是要添加一个类似于 ext2 的自定义文件系统 myext2

对 myext2 文件系统的描述如下：

(1) myext2 文件系统的物理格式定义与 ext2 基本一致；

(2) myext2 是 ext2 的定制版本，它只支持原来 ext2 文件系统的部分操作，以及修改了部分操作。

文件系统的定义和操作是完成了，但不要忘了，这样的一个文件系统如何去创建呢？最后还要提供一个创建 myext2 文件系统的工具：mkfs. myext2。

提示：首先从添加一个完全和 ext2 相同的 myext2 开始，然后再对 myext2 进行雕琢：先修改 magic number，再修改 Linux 对 myext2 文件系统的一些操作。最后是创建文件系统的工具 mkfs. myext2 的完成。

第 4 章　Linux 系统用户管理详解

本章内容

- ☞ 回顾所有有关用户及组的命令及配置文件
- ☞ SUID SGID Sticky 三种权限的使用及实例
- ☞ POSIX ACL 的使用
- ☞ 磁盘配额的使用

4.1　检查用户身份

学习目标

- who：查询当前在线的用户
- groups：查询用户所属的组
- id：显示当前用户信息
- finger：查询用户信息

4.1.1　查询当前用户

Who 命令用来列出当前所有的在线用户。单一的 w 也可以达到相同的目的。who am I 可以用于查询当前用户是谁。

基本格式：

```
who - [husfV] [user]
```

显示系统中有哪些使用者，显示的资料包含了使用者 ID，使用的终端机，从哪个终端连上的，上线时间，闲置时间，CPU 使用量，动作等。

实例 4-1　who 命令的使用

```
[root@localhost~]# who
htz        tty1          2010-09-29 12:53(:0)
htz        pts/0         2010-09-29 12:54(:0.0)
[root@localhost~]# w
```

```
15:13:34 up 10:01, 2 users, load average:0.00,0.00,0.00
USER TTY        FROM            LOGIN@ IDLE JCPU PCPU WHAT
htz tty1        :0              Wed12 26:21m 43.18s 0.07s pam: gdm-passwo
htz pts/0       :0.0            Wed12 0.00s 0.33s 5.43s gnome-terminal
```

4.1.2 查询用户所属组

直接键入 groups,可以查询当前用户属于哪些组。

```
groups 用户名
```

可以查询某一指定用户属于哪些组。

```
[root@localhost~]# groups root
root:root bin daemon sys adm disk wheel
```

在刚才输出的消息中,可以知道当前的用户都属于哪些组,而且第一个输出的用户组为有效用户组(Effective Groups)。也就是说,该用户的有效组为 root。此时,如果以 touch 命令去建立一个新文件,如 touch test,则这个文件的拥有者为 root,而且用户组也是 root。

4.1.3 显示当前用户信息

id 命令可以查询某用户或自己的相关 UID/GID 信息,它的参数也不少,但不需要记忆,使用 id 就可以显示用户的系统标志,报告用户名、用户号(ID)、组名和组号(GID)。命令格式:

```
id [username]
```

实例 4-2 查看当前用户的相关信息

```
[root@localhost~]# id
uid=0(root)gid=0(root) 组=0(root),1(bin),2(daemon),3(sys),4(adm),6(disk),
10(wheel)
```

4.1.4 查询用户信息

finger 可以用来显示系统某一用户的详细信息,并且支持用户编辑说明档。finger 还可以作为一个网络服务,支持远程查询。它的查询方式如下:

```
finger[-s]username
```

参数:-s:使用长串数据输出格式。

实例 4-3 将 root 建立的一些用户信息调用出来查看

```
[root@localhost~]# finger root
```

```
Login:root      Name:root
Directory:/root                    Shell:/bin/Bash
Never logged in.
No mail.
No Plan.
```

注 意

finger 还可以用来查询其他主机的账号。不过，当前通常用在本机账号的查询。因为 finger 是比较危险的命令，所以，有些 Linux 版本默认是不安装它的。

4.2 用户管理

学习目标

- 用户指令添加用户
- 用户指令删除用户
- 系统指令用户的标准步骤
- usermod 使用

用户账号的管理工作主要涉及用户账号的添加、修改和删除。

添加用户账号就是在系统中创建一个新账号，然后为新账号分配用户号、用户组、主目录和登录 Shell 等资源。刚添加的账号是被锁定的，无法使用。

4.2.1 添加用户

添加用户的命令为 useradd，其格式如下：

```
useradd 选项 用户名
```

需要的选项见表 4-1。

表 4-1 useradd 命令的选项

-c comment	指定一段注释性描述
-d 目录	指定用户主目录，如果此目录不存在，则同时使用-m 选项，可以创建主目录
-g 用户组	指定用户所属的用户组
-G 用户组	指定用户所属的附加组
-s Shell	指定用户的登录 Shell
-u 用户号	指定用户的用户号，如果同时有-o 选项，则可以重复使用其他用户的标识号
用户名	指定新账号的登录名

实例 4-4 useradd 命令的使用

```
[root@localhost~]# useradd -d/usr/tom -m tom
[root@localhost~]# ls /usr
bin  games    kerberos  libexec  lost+found  share  tmp
etc  include  lib       local    sbin        src    tom
[root@localhost~]# grep tom /etc/passwd /etc/shadow /etc/group
/etc/passwd:tom:x:503:503::/usr/tom:/bin/Bash
/etc/shadow:tom:!!:14882:0:99999:7:::
/etc/group:tom:x:503:
```

此命令创建了一个用户 tom，其中-d 和-m 选项用来为登录名 tom 产生一个主目录/usr/tom(/usr 为默认的用户主目录所在的父目录)。

从这个例子中可以了解到，其实系统已经规范好了一些新增用户的参数了。此时，使用 useradd 时，系统会主动去修改/etc/passwd 与/etc/shadow，而这两个文件内的相关字段参考值，则会用一些设置文件的内容来规范。同时也要注意，使用 useradd 新增用户时，这个用户的/etc/shadow 密码栏会是不可登录的(以!! 为开头)，因此还需要使用 passwd 给 tom 密码后，才算是新增完毕。

4.2.2 删除用户

如果一个用户的账户不再使用，可以从系统中删除。删除用户账号就是要将/etc/passwd 等系统文件中的该用户记录删除，必要时还删除用户的主目录。删除一个已有的用户账号使用 userdel 命令，其格式如下：

```
userdel 选项 用户名
```

常用的选项是-r，它的作用是把用户的主目录一起删除。

实例 4-5 删除用户，把用户的主目录也删除了

```
[root@localhost~]# userdel -r tom
```

使用这个命令的时候要小心。通常要删除一个账号的时候，可以手动将/etc/passwd 与/etc/shadow 里的该账号取消。一般而言，如果该账号只是“暂时不启用”，那么将/etc/shadow 里面最后倒数一个字段设置为 0，就可以让该账号无法使用，但是，所有与该账号相关的数据都会留下来。如果确定不让该用户在主机上使用任何数据的时候就可以使用 userdel 来删除它。

另外，用户如果在系统上操作过一段时间，那么，该用户其实在系统内可能会含有其他文件。如果想要完整地将某个账号删除，最好可以在执行命令

```
[root@localhost~]#userdel - r username
```

之前，先以命令

```
[root@localhost~]#find /usr username
```

查出整个系统内属于 username 的文件，然后再删除。

4.2.3 修改用户账号

修改用户账号就是根据实际情况更改用户的有关属性，如用户号、主目录、用户组、登录 Shell 等。

修改已有用户的信息使用 usermod 命令，其格式如下：

```
usermod 选项 用户名
```

经常用的选项见表 4-2。

表 4-2 usermod 命令经常用的选项

选项	说 明
-c	后面接账号的说明，即/etc/passwd 第 5 栏的说明栏，可以加入一些账号的说明
-d	后面接账号的主目录，即修改/etc/passwd 的第 6 栏
-e	后面接日期，格式是 YYYY-MM-DD，也就是在/etc/shadow 内的第 8 个字段数据
-g	后面接 group name，修改/etc/passwd 的第 4 个字段，即 GID 的字段
-G	后面接 group name，修改这个用户能够支持的用户组，修改的是/etc/group
-l	后面接账号名称。即修改账号名称，/etc/passwd 的第一栏
-s	后面接 Shell 的实际文件，例如/bin/Bash 或/bin/dash 等
-u	后面接 UID 数字。即/etc/passwd 第 3 栏的数据
-L	暂时将用户的密码冻结，让他无法登录。其实仅改/etc/shadow 的密码栏
-U	密码栏的“1”号去掉，账户的状态变为“解冻”状态

实例 4-6 usermod 命令修改用户的信息

```
[root@localhost~]# usermod -s /bin/ksh -d /home/z tom
```

此命令将用户 tom 的登录 Shell 修改 ksh，主目录改为/home/z。

4.2.4 用户口令管理

用户管理的一项重要内容是用户口令的管理。用户账号刚创建时没有口令，但是被系统锁定，无法使用，必须为其指定口令后才可以使用，即使是指定空口令。

指定和修改用户口令的 Shell 命令是 passwd。超级用户可以为自己和其他用户指定口令，普通用户只能用它修改自己的口令。命令的格式为：

```
passwd 选项 用户名
```

passwd 命令常用的选项见表 4-3。

表 4-3 passwd 命令常用的选项

选项	说明	选项	说明
-l	锁定口令，即禁用账号	-d	使账号无口令
-u	口令解锁	-f	强迫用户下次登录时修改口令

如果默认用户名，则修改当前用户的口令。

例如：假设当前用户是 htz，则下面的命令修改该用户自己的口令：

实例 4-7 passwd 命令使用

```
[htz@localhost~]$ passwd
更改用户 htz 的密码。
为 htz 更改 STRESS 密码。
(当前)UNIX 密码：
新的密码：
重新输入新的密码：
如果是超级用户，可以用下列形式指定任何用户的口令：
[root@localhost~]# passwd htz
更改用户 htz 的密码。
新的密码：
重新输入新的密码：
```

普通用户修改自己的口令时，passwd 命令会先询问原口令，验证后再要求用户输入两遍新口令，如果两次输入的口令一致，则将这个口令指定给用户；而超级用户为用户指定口令时，就不需要知道原口令。

为了系统安全起见，用户应该选择比较复杂的口令，例如最好使用 8 位长的口令，口令中包含有大写、小写字母和数字，并且应该与姓名、生日等不相同。

4.3 用户账号 passwd 和 shadow 文件

学习目标

- passwd
- Home directory
- /etc/shadow

账号管理中最重要的两个文件就是“/etc/passwd”与“/etc/shadow”，这两个文件可以说是 Linux 里最重要的文件了。如果没有这两个文件的话，就无法登录 Linux。下面针对这两个文件来进行说明。

4.3.1 /etc/passwd

Linux 系统中的每个用户都在/etc/passwd 文件中有一个对应的记录行，它记录了这个用户的一些基本属性。这个文件对所有用户都是可读的。

实例 4-8 passwd 文件的分析

```
[root@localhost~]# cat /etc/passwd
root:x:0:0:root:/root:/bin/Bash
bin:x:1:1:bin:/bin:/sbin/nologin
daemon:x:2:2:daemon:/sbin:/sbin/nologin
adm:x:3:4:adm:/var/adm:/sbin/nologin
lp:x:4:7:lp:/var/spool/lpd:/sbin/nologin
sync:x:5:0:sync:/sbin:/bin/sync
    …
jetty:x:489:469::/usr/share/jetty:/bin/sh
gdm:x:42:468::/var/lib/gdm:/sbin/nologin
htz:x:500:500:htz:/home/htz:/bin/Bash
```

从上面的例子可以看到，/etc/passwd 中一行记录对应着一个用户，每行记录又被冒号分隔成几个字段。其格式和字段的具体含义如下：

```
注册名:口令:用户标识号:组标识号:用户名:用户主目录:命令解释程序
```

(1) 注册名(login_name)：用于区分不同的用户。在同一系统中注册名是唯一的。在很多系统上，该字段被限制在 8 个字符(字母或数字)的长度之内；并且要注意，通常在 Linux 系统中对字母大小写是敏感的。这与 MSDOS/Windows 是不一样的。

(2) 口令(passwd)：系统用口令来验证用户的合法性。超级用户 root 或某些高级用户可以使用系统命令 passwd 来更改系统中所有用户的口令，普通用户也可以在登录系统后使用 passwd 命令来更改自己的口令。现在的 Unix/Linux 系统中，口令不再直接保存在 passwd 文件中，通常将 passwd 文件中的口令字段使用一个“x”来代替，将/etc/shadow 作为真正的口令文件，用于保存包括个人口令在内的数据。当然 shadow 文件是不能被普通用户读取的，只有超级用户才有权读取。此外，需要注意的是，如果 passwd 字段中的第一个字符是“*”的话，那么，就表示该账号被查封了，系统不允许持有该账号的用户登录。

(3) 用户标识号(UID)：UID 是一个数值，是 Linux 系统中唯一的用户标识，用于区别不同的用户。在系统内部管理进程和文件保护时使用 UID 字段。在 Linux 系统中，注册名和 UID 都可以用于标识用户，只不过对于系统来说 UID 更为重要；而对于用户来说注册名使用起来更方便。在某些特定目的下，系统中可以存在多个拥有不同注册名、但 UID 相同的用户，事实上，这些使用不同注册名的用户实际上是同一个用户。

(4) 组标识号(GID)：这是当前用户的缺省工作组标识。具有相似属性的多个用户可以被分配到同一个组内，每个组都有自己的组名，且以自己的组标识号相区分。像 UID 一样，用户的组标识号也存放在 passwd 文件中。在现代的 Unix/Linux 中,每个用户可以同时属于多个组。除了在 passwd 文件中指定其归属的基本组之外,还在/etc/group 文件中指明一个组所包含的用户。

(5) 用户名(user_name):包含有关用户的一些信息,如用户的真实姓名、办公室地址、联系电话等。在 Linux 系统中,mail 和 finger 等程序利用这些信息来标识系统的用户。

(6) 用户主目录(home_directory):该字段定义了个人用户的主目录,当用户登录后,他的 Shell 将把该目录作为用户的工作目录。在 Unix/Linux 系统中,超级用户 root 的工作目录为/root;而其他个人用户在/home 目录下均有自己独立的工作环境,系统在该目录下为每个用户配置了自己的主目录。个人用户的文件都放置在各自的主目录下。

(7) 命令解释程序(Shell):Shell 是当用户登录系统时运行的程序名称,通常是一个 Shell 程序的全路径名,如/bin/Bash。用户的登录 Shell 也可以指定为某个特定的程序(此程序不是一个命令解释器)。利用这一特点,可以限制用户只能运行指定的应用程序,在该应用程序运行结束后,用户就自动退出了系统。有些 Linux 系统要求只有那些在系统中登记了的程序才能出现在这个字段中。

系统中有一类用户称为伪用户(Psuedo Users),这些用户在/etc/passwd 文件中也占有一条记录,但是不能登录,因为它们的登录 Shell 为空。它们的存在主要是方便系统管理,满足相应的系统进程对文件属主的要求。常见的伪用户见表 4-4。

表 4-4　系统中常见的伪用户

伪用户	含义	伪用户	含义
bin	拥有可执行的用户命令文件	uucp	uucp 使用
sys	拥有系统文件	lp	lp 或 lpd 子系统使用
adm	拥有账户文件	nobody	NFS 使用

拥有账户文件除了上面列出的伪用户外,还有许多标准的伪用户,例如:audit,cron,mail,usenet 等,它们也都各自为相关的进程和文件所需要。

由于/etc/passwd 文件是所有用户都可读的,如果用户的密码太简单或规律比较明显的话,一台普通的计算机就能够很容易地将它破解,因此对安全性要求较高的 Linux 系统都把加密后的口令字分离出来,单独存放在一个文件中,这个文件是/etc/shadow 文件。只有超级用户才拥有该文件读权限,这就保证了用户密码的安全性。

4.3.2　/etc /shadow

/etc/shadow 中的记录行与/etc/passwd 中的一一对应,它由 pwconv 命令根据/etc/passwd 中的数据自动产生。它的文件格式与/etc/passwd 类似,由若干个字段组成,字段之间用":"隔开。这些字段是:

登录名:加密口令:最后一次修改时间:最小时间间隔:最大时间间隔:警告时间:不活动时间:失效时间:标志

(1)"登录名"是与/etc/passwd 文件中的登录名相一致的用户账号。

(2)"口令"字段存放的是加密后的用户口令字,长度为 13 个字符。如果为空,则对应用户没有口令，登录时不需要口令；如果含有不属于集合{./0-9A-Za-z}中的字符，则对应的用户不能登录。

(3)“最后一次修改时间”表示的是从某个时刻起，到用户最后一次修改口令时的天数。时间起点对不同的系统可能不一样。例如在 SCO Linux 中，这个时间起点是 1970 年 1 月 1 日。

(4)“最小时间间隔”指的是两次修改口令之间所需的最小天数。

(5)“最大时间间隔”指的是口令保持有效的最大天数。

(6)“警告时间”字段表示的是从系统开始警告用户到用户密码正式失效之间的天数。

(7)“不活动时间”表示的是用户没有登录活动但账号仍能保持有效的最大天数。

(8)“失效时间”字段给出的是一个绝对的天数，如果使用了这个字段，那么就给出相应账号的生存期。期满后，该账号就不再是一个合法的账号，也就不能再用来登录了。

实例 4-9：shadow 文件的分析

```
[root@localhost~]# cat /etc/shadow
root: $6 $RsTYyFpMUxM6H9Nw $3. yoTocc9HUerbVL3bNxsmtTGEKfFjOOCwBmLWEgsrDhDrnVe.
vx9HfXpuRirqbyDmTLtXSBIxV50sGDLDzXN1:14879:0:99999:7:::
bin: * :14495:0:99999:7:::
daemon: * :14495:0:99999:7:::
adm: * :14495:0:99999:7:::
lp: * :14495:0:99999:7:::
sync: * :14495:0:99999:7:::
shutdown: * :14495:0:99999:7:::
halt: * :14495:0:99999:7:::
…
jetty:!!:14879::::::
gdm:!!:14879::::::
htz: $6 $590. NwII $/k4zbxLV5XsFIwFYZiRa. NDmBrK5GLF4pELG4puE/hZpWCqiI8xWQoCaxk3g
YpzRoaZWo5pzTAZLHl9WseJiB1:14882:0:99999:7:::
```

4.4 用户组管理

学习目标

- 组账号维护管理
- 组文件

将用户分组是 Linux 系统中对用户进行管理及控制访问权限的一种手段。每个用户都属于某个用户组；一个组中可以有多个用户，一个用户也可以属于不同的组。当一个用户同时是多个组中的成员时，在/etc/passwd 文件中记录的是用户所属的主组，也就是登录时所属的默认组，而其他组称为附加组。用户要访问属于附加组的文件时，必须首先使用 newgrp 命令使自己成为所要访问的组中的成员。

用户组的管理涉及用户组的添加、删除和修改。组的增加、删除和修改实际上就是/etc/group 文件的更新。

4.4.1 新增用户组

增加一个新的用户组使用 groupadd 命令。其格式如下：

```
groupadd 选项用户组
```

groupadd 命令常用的选项见表 4-5。

表 4-5 groupadd 命令常用的选项

选项	说明
-g	GID 指定新用户组的组标识号(GID)
-o	一般与-g 选项同时使用，表示新用户组的 GID 可以与系统已有用户组的 GID 相同
-r	建立系统用户组。与/etc/login.defs 内的 GID_MIN 有关

实例 4-10 groupadd 添加用户组

```
[root@localhost~]# groupadd group1
[root@localhost~]# grep group1 /etc/group /etc/gshadow
/etc/group:group1:x:504:
/etc/gshadow:group1:!::
在/etc/gshadow 里可以发现，密码是不允许登录的。
[root@localhost~]# groupadd -r group2
[root@localhost~]# groupadd group2 /etc/group /etc/gshdow
```

现在我们可以清楚的看到，是否加-r 的区别了。结果与/etc/login.defs 中的设置有关。而且以 groupadd 新增的账号，默认都不能用密码方式登录。也就是说，默认是私有用户组，无法使用 newgrp 来登录。

4.4.2 删除用户组

如果要删除一个已有的用户组，使用 groupdel 命令，其格式如下：

```
groupdel 用户组
```

实例 4-11 groupdel 命令删除用户组

```
[root@localhost~]# groupdel group1
此命令式从系统中删除刚刚创建的组 group1。
[root@localhost~]# groupdel htz
groupdel:cannot remove the primary group of user 'htz'
```

从以上例子可以发现，为什么 group1 可以删除，htz 就不能删除？原因很简单，“有某个账号(/etc/passwd)的初始用户组使用该用户组”。如果查看一下，你会发现在/etc/passwd 内的 htzi 用户登录系统后，找不到 GID，会造成很大的困扰。如果要删除 htz 用户组，“必须要确认/etc/passwd 内的账号没有任何人使用该用户组作为初始用户组”。所以可以：

(1) 修改 htz 的 GID；

(2) 删除 htz 用户。

最后还可以通过

```
[root@localhost~]#grep allgroup /etc/group
```

来检验 allgroup 用户组是否删除。

4.4.3 修改用户组

修改用户组属性使用 groupmod 命令。其格式如下：

```
groupmod 选项 用户组
```

groupmod 命令常用的选项见表 4-6。

表 4-6 groupmod 命令常用的选项

选项	说明
-g	GID 为用户组指定新的组标识号
-o	与-g 选项同时使用，用户组的新 GID 可以与系统已有用户组的 GID 相同
-n	修改已有的用户组名称

实例 4-12 groupmod 命令修改用户组

```
[root@localhost~]# groupmod -g 102 group2
此命令将组 group2 的组标识号修改为 102。
[root@localhost~]# groupmod -g 10000 -n group3 group2
[root@localhost~]# grep group3 /etc/group /etc/shadow
/etc/group:group3:x:10000:
```

此命令将组 group2 的标识号改为 10000，组名修改为 group3。

注 意

不要随意修改 GID，否则容易造成系统资源的混乱。

4.4.4 添加用户到组

如果要添加用户到组的话，可以使用 gpasswd 命令。其格式如下：

```
gpasswd 选项用户组
```

如果系统管理员太忙，无法针对每个用户组来管理，那么系统管理员还可以将某位用户设置为该用户组的“组长”。

gpasswd 命令常用的选项见表 4-7。

表 4-7　gpasswd 命令常用的选项

选项	说　明
	若没有任何参数，表示给 groupname 一个密码(/etc/gshadow)
-A	将 groupname 的控制权交给后面的用户管理(该用户组的管理员)
-M	将某些账号加入这个用户组中
-r	将 groupname 的密码删除
-R	让 groupname 的密码栏失效，所以 newgrp 就不能使用了
-a	将某用户加入到 groupname 用户组中
-d	将某用户从 groupname 用户组中删除

实例 4-13　为组设置密码

```
[root@localhost~]# gpasswd htz
Changing the password for group htz
New Password：
Re-enter new password：
```

实例 4-14　为组设置管理员

```
[root@localhost~]# groupadd testgroup
[root@localhost~]# gpasswd testgroup
Changing the password for group testgroup
New Password：
Re-enter new password：
[root@localhost~]# gpasswd - A htz testgroup
```

建立一个新用户组 testgroup，并且交给 htz 来管理，此时的 htz 就拥有了 testgroup 的控制权。

4.4.5　/etc/group

用户组的所有信息都存放在/etc/group 文件中。此文件的格式也类似于/etc/passwd 文件，由冒号隔开若干个字段，这些字段有：

```
组名:口令:组标识号:组内用户列表
```

- “组名”是用户组的名称，由字母或数字构成。与/etc/passwd 中的登录名一样，组名不应重复。

- “口令”字段存放的是用户组加密后的口令字。一般 Linux 系统的用户组都没有口令，即这个字段一般为空，或者是 * 。
- “组标识号”与用户标识号类似，也是一个整数，被系统内部用来标识组。
- “组内用户列表”是属于这个组的所有用户的列表，不同用户之间用逗号分隔。这个用户组可能是用户的主组，也可能是附加组。

实例 4-15 group 文件分析

```
[root@localhost~]# cat /etc/group
root:x:0:root
bin:x:1:root,bin,daemon
daemon:x:2:root,bin,daemon
sys:x:3:root,bin,adm
adm:x:4:root,adm,daemon
```

4.4.6 newgrp

newgrp 会额外以另外一个 login 来让用户登录到另一个 Shell 中，并且将有效用户组改为 newgrp 后面接的那个用户组，若没有接用户组，则默认用户组为初始用户组。

4.5 强制位和冒险位详解

学习目标

- 强制位对文件的作用
- Set gid 对目录的作用
- 冒险位对目录的作用
- 设置强制位和冒险位

4.5.1 强制位和冒险位

除了读写执行权限以外，Linux ext2、ext3 文件系统还支持强制位（setuid 和 setgid）与冒险位（sticky）的特别权限。针对 u，g，o 分别有 set uid，set gid 一级 sticky。

强制位与冒险位添加在执行权限的位置上：如果该位置上原已有执行权限，则强制位与冒险位以小写字母的方式表示；否则，以大写字母表示。强制位 set uid 与 set gid 在 u 和 g 的 x 位置上各采用一个 s，冒险位（sticky）使用一个 t。

suid 意味着如果某个用户对属于自己的程序设置了这种属性，那么其他普通用户在执行这程序时也会具有其文件拥有者相应权限。于是，如果超级用户（root）的某个程序设置了这样的权限，那么其他普通用户在执行它的期间也同样具有超级用户的权限。同样的原则也适用于 sguid，想要执行程序的用户将具有该文件所属用户组的权限。

默认情况下，用户执行一个指令，会以该用户的身份来运行进程。指令文件上的强制位，可以让用户执行的指令，以指令文件的拥有者或所属组的身份运行进程。

这里有一个很好的例子，你管理着几个大型的数据库系统，而对它们进行备份需要有系统管理权限。你写了几个脚本，并设置了它们的 suid，这样你指定的一些用户只要执行这些脚本就能够完成相应的工作，而无须以数据库管理员的身份登录，以免不小心破坏了数据库服务器。通过执行这些脚本，它们可以完成数据库备份及其他管理任务，而且在这些脚本运行结束之后，它们就又回复到他们作为普通用户的权限。

另一个例子是/bin/passwd 文件，要读写/etc/passwd 文件需要超级用户权限，但一般用户也需要随时可以改变自己的密码，所以/bin/passwd 命令就设置了 suid，当用户改自己密码的时候就拥有了超级用户权限。

4.5.2 强制位的作用

当用户最初登录时，将启动一个新的 Shell 进程。这个新的 Shell 进程(通常是 Bash)使用用户的标识运行。照这样，Bash 程序可以访问所有属于该用户的文件和目录。事实上，作为用户，完全依靠其他程序来代表大家执行操作。因为启动的程序继承了该用户标识，因此它们不能访问任何不允许该用户访问的文件系统对象。

例如，一般用户不能直接修改 passwd 文件，因为写操作已经对除“root 用户”以外的每个用户关闭：

```
$ ls - l/etc/passwd
-rw-r--r--.1  root  root  2477 9 月 17  15:03  /etc/passwd
```

如果一般用户确实需要在他们需要改变其密码的任何时候，能够修改/etc/passwd(至少间接地)文件。但是，如果用户不能修改该文件，究竟怎样完成这相应的工作呢?

幸好，Linux 权限有两个专门的位，叫做“suid”和“sgid”。当设置了一个可执行程序的“suid”这一位时，它将代表可执行文件的所有者运行，而不是代表启动程序的人运行。

现在，回到/etc/passwd 问题。如果看一看 passwd 命令，可以看到它属于 root 用户：

```
-rwsr-xr-x.  1  root  root  22648 9 月 14  2009  /usr/bin/passwd
```

用户还将注意到，这里有一个 s 取代了用户权限三元组中的一个 x。这表明，对于这个特殊程序，设置了 suid 和可执行位。由于这个原因，当 passwd 运行时，它将代表 root 用户执行(具有完全超级用户访问权)，而不是代表运行它的用户运行。又因为 passwd 以 root 用户访问权运行，所以能够修改/etc/passwd 文件，而没有什么问题。

我们看到了 suid 怎样工作，sgid 也以同样的方式工作。它允许程序继承程序的组所有权，而不是当前用户的程序所有权。这里有一些关于 suid 和 sgid 的其他的但是很重要的信息。首先，suid 和 sgid 占据与 ls-l 清单中 x 位相同的空间。如果还设置了 x 位，则相应的位表示为 s(小写)。但是，如果没有设置 x 位，它将表示为 S(大写)。

另一个很重要的提示：在许多环境中，suid 和 sgid 很管用，但是不恰当地使用这些位可能使系统的安全遭到破坏。最好尽可能地少用“suid”程序。passwd 命令是为数不多的必须使用“suid”的命令之一。

到此为止,从常规文件的角度来看权限。当从目录的角度看权限时,情况有一点不同。目录使用同样的权限标志,但是它们被解释为表示略微不同的含义。

对于一个目录,如果设置了“read”标志,可以列出目录的内容;“write”表示可以在目录中创建文件,“execute”表示可以进入该目录并访问内部的任何子目录。没有“execute”标志,目录内的文件系统对象是不可访问的。没有“read”标志,目录内的文件系统对象是不可查看的,但是只要有人知道磁盘上对象的完整路径,就仍然可以访问目录内的对象。

如果启用了目录的“sgid”标志,在目录内创建的任何文件系统对象将继承目录的组。当需要创建一个属于同一组的一组人使用的目录时,这种特殊的功能很管用。只需要这样做:

```
#groupadd mygroup
# mkdir /home/groupspace
# chgrp mygroup /home/groupspace
#ls - al /home/groupspace
drwxr-xr-x.  2  root mygroup40969 月 18  09:44
#chmod g + s /home/groupspace
#ls - al /home/groupspace
drwxr-sr-x.  2  root mygroup40969 月 18  09:44
```

现在,mygroup 组中的所有用户都可以在/home/groupspace 内创建文件或目录,同样,他们也将自动地分配到 mygroup 的组所有权。根据用户的 umask 设置,新文件系统对象对于 mygroup 组的其他成员来说,可以或不可以是可读、可写或可执行的。

缺省情况下,Linux 目录以一种不是在所有情况下都很理想的方式表现。一般来说,只要对一个目录有写访问权,任何人都可以重命名或删除该目录中的文件。对于个别用户使用的目录,这种行为是很合理的。但是,对于很多用户使用的目录来说,尤其是/tmp 和/var/tmp,这种行为可能会产生麻烦。

因为任何人都可以写这些目录,任何人都可以删除或重命名任何其他人的文件,即使是不属于他们的。显然,当任何其他用户在任何时候都可以输入“rm-rf/tmp/ * ”并损坏每个人的文件时,很难把/tmp 用于任何有意义的文件。

4.5.3 冒险位的作用

要删除一个文件,不一定要有这个文件的写权限,但一定要有这个文件的上级目录的写权限。也就是说,即使没有一个文件的写权限,但有这个文件的上级目录的写权限,也可以把这个文件给删除,而如果没有一个目录的写权限,也就不能在这个目录下创建文件。

如何才能使一个目录既可以让任何用户写入文件,又不让用户删除这个目录下他人的文件,sticky 就能起到这个作用。sticky 一般只用在目录上,用在文件上起不到什么作用。

在一个目录上设了 sticky 位后,(如/home,权限为 1777)所有的用户都可以在这个目录下创建文件,但只能删除自己创建的文件(root 除外),这就对所有用户能写的目录下的用户文件起到了保护的作用。sticky位典型的应用便是在/tmp目录中，防止用户删除彼此的文件。

继续上节所提到的问题。当给/tmp设置了sticky位(用chmod+t)，唯一能够删除或重命名/tmp中文件的是该目录的所有者(通常是root用户)、文件的所有者或root用户。事实上，所有Linux分发包都缺省地启用了/tmp的sticky位，而用户还可以发现sticky位在其他情况下也很管用。

4.5.4 强制位和冒险位的权限设置

默认情况下，用户建立的文件属于用户当前所在的组。目录上设置了setgid，表示在此目录中，任何人建立的文件，都会属于目录所属的组。如果一个目录上有w和x权限，则任何人可以在此目录中建立与删除文件。一旦目录上设置了冒险位，则表示在此目录中，只有文件的拥有者、目录的拥有者与系统管理员可以删除文件。

在可执行文件上，用户可以添加set uid和set gid。用户执行一个指令，会以该用户的身份来运行进程。指令文件上的强制位，可以让用户执行的指令，以指令文件的拥有者或所属组的身份运行进程。

用户可以用chmod指令来为文件设置强制位与冒险位。

```
- set uid:chmod u+s 文件名
- set gid:chmod g+s 文件名
- sticky:chmod o+t 文件名
- 4(set uid)
- 2(set gid)
- 1(sticky)
```

强制位与冒险位也可以通过一个数字加和，放在读写执行的三位数字前来指定。见表4-8。

表4-8 设置suid/guid

命令	结果	含义
chmod 4755	-rwsr-xr-x	suid、文件属主具有读、写和执行的权限，所有其他用户具有读和执行的权限
chmod 6711	-rws-s-x	suid、sgid、文件属主具有读、写和执行的权限，所有其他用户具有执行的权限
chmod 4511	-rwS-s-x	suid、文件属主具有读、写的权限，具有其他用户具有执行的权限

上面的表中具有这样权限的文件：rwS --x -- x，其中S为大写。它表示相应的执行权限位并未被设置，这是一种没有什么用处的suid设置，可以忽略它的存在。

注意

注意，chmod命令不进行必要的完整性检查，可以给某一个没用的文件赋予任何权限，但chmod命令并不会对所设置的权限组合做什么检查。因此，不要看到一个文件具有执行权限，就认为它一定是一个程序或脚本。

4.6 磁盘配额

学习目标

- Linux 内核支持基于文件系统的磁盘配额
- 每组或用户，可单独设置其磁盘配额
- 磁盘配额包括对 block 限制与对 inode 限制
- 配置 quota
- Quota 的配置与使用

4.6.1 什么是磁盘配额

所谓磁盘配额就是管理员可以对本域中的每个用户所能使用的磁盘空间进行配额限制，即每个用户只能使用最大配额范围内的磁盘空间。

磁盘配额监视个人用户卷的使用情况，因此，每个用户对磁盘空间的利用都不会影响同一卷上其他用户的磁盘配额。

但 Linux 系统由于是多用户、多任务的环境，所以会有很多人共同使用一个硬盘空间，如果其中少数几个用户占用大量硬盘空间，势必影响其他用户的使用。因此管理员应该给用户适当开放硬盘的权限，以妥当分配系统资源。

磁盘配额包括对 block 限制与对 inode 限制，每种限制又分为软限制与硬限制。软限制被突破后，经过一段时间(grace time)，会自动变成硬限制。软限制即在达到此限制后，系统会警告用户，但仍允许用户继续占用硬盘空间。而硬限制不允许普通用户突破。

磁盘配额(quota)对硬盘配额的限制项目如下。

- soft：这是最低限制容量的意思，使用者在宽限期间之内，他的容量可以超过 soft，但必须要宽限时间之内将磁盘容量降低到 soft 的容量限制之下！
- hard：这是绝对不能超过的容量。hard limit 会比 soft limit 更高。好比给与使用者的 hard 是 30 M，soft 是 25 M，那么当用户占有空间为 25 M 的时候，系统就会提醒用户，但是用户可以一直使用到 30 M，只要在宽限时间内降低到 25 M 以内就没事了。
- 宽限时间：也就是当使用者使用的空间超过了 soft limit，就会激活这个宽限时间。在这个宽限时间内，就必须要请使用者将使用的磁盘容量降低到 soft limit 之下。否则在宽限时间内如果还没降低使用空间，就会做出进一步的动作。

4.6.2 基本磁盘配额命令

在开始进行磁盘配额的学习之前，先了解一下磁盘配额要使用的命令。这些命令可以分为两种，一种是查询功能(quota、quotacheck、quotastats、warnquota、repquota)，另一种则是编辑磁盘配额的内容(edquota、setquota)。下面来讨论这些基本命令。

1. /etc/mtab 文件

/etc/mtab 文件是文件系统实际载入的记录文件。当使用 quota 的时候，系统会去搜寻具有 quota 参数的 partition，所以要使用 quota 的功能时，filesystem 必须要已经支持 quota 的标志才行。一般是以编辑/etc/fstab 文件后，再重新挂载 filesystem 的方法来让系统的 filesystem 支持 quota。

2. quota 命令

命令的格式：

```
quota [-uvsl] [username]
quota [-gvsl] [groupname]
```

使用的选项见表 4-9。

表 4-9　quota 命令的参数

选项	说　明
-u	后面接 username，表示显示出该用户的磁盘配额限制值。若不接 username，表示显示出当前用户的磁盘配额限制值
-g	后面可接 groupname，表示显示出该用户组的磁盘配额限制值
-v	显示每个文件系统磁盘配额值
-s	可选择用 inode 或磁盘容量的限制值来显示
-l	仅显示出当前本机文件系统的次磁盘配额值

实例 4-16　quota 命令的使用

```
[root@localhost~]#quota - guvs
```

此例子是显示出当前 root 自己的磁盘配额限制值。

注　意

在这个例子中，如果系统上尚未有任何磁盘配额支持的文件系统，使用这个例子的时候，不会显示任何信息。此时，不要以为是发生错误。

3. quotacheck 命令

命令的格式：

```
quotacheck [-avug] [/mount_point]
```

使用的选项见表 4-10。

表 4-10　quotacheck 命令使用的选项

选项	说　明
-a	扫描所有在/etc/mtab 内含有磁盘配额支持的文件系统，加上次参数后，/mount_point 可不必写，因为扫描所有的文件系统了
-u	针对用户扫描文件与目录的使用情况，会建立 aquota. user
-g	针对用户组扫描文件与目录的使用情况，会建立 aquota. group
-v	显示扫描过程的信息
-M	“强制”进行 quotacheck 的扫描

实例 4-17 quotacheck 命令的使用

```
[root @localhost ~]#quotacheck - avug
quotacheck:Can't find filesystem to check or filesystem not mounted with quota option.
```

此例子是将所有在/etc/mtab 文件内含有磁盘配额支持的分区进行扫描。出现上述问题也是属于正常现象,因为您尚未启用磁盘配额的参数。

这个命令的主要目的是扫描某个磁盘的配额空间,它会针对分区进行扫描,并且,由于该磁盘持续运行,可能扫描过程中文件会增减,造成磁盘错误。因此,当使用 quotacheck 时,该磁盘将自动被设置成为只读扇区(Read-only);扫描完毕之后,扫描所得的磁盘空间结构会写入该区最顶端。另外,Linux 也特别强调在使用磁盘配额的时候,要特别注意在重新引导时,需要先关闭磁盘配额。

4. edquota 命令

命令格式:

```
edquota [-u username] [-g groupname]
edquota -t <- 修改宽限时间
edquota -p username_demo -u username
```

使用的选项见表 4-11。

表 4-11 edquota 命令使用的选项

选项	说明
-u	后接账号名称。可以进入磁盘配额的编辑画面(vi)去设置 username 的限制值
-g	后接用户组名称。可以进入磁盘配额的编辑画面(vi)去设置 groupname 的限制值
-t	可以修改宽限时间(就是超过磁盘配额的最低限制值后,还能使用硬盘的宽限期限)
-p	复制范本。username_demo 为已经存在并且已设置好磁盘配额的用户,表示将 username_demo 这个人的磁盘配额限制值复制给 username

这个命令就是编辑每一个用户或者是用户组的磁盘配额数值。通常以 edquota -u username或者是 edquota -g groupname 来编辑用户与用户组的磁盘配额设置值,不过,这样一个个分配很慢。也可以直接复制一个人的设置给其他人,这样的话,速度也就会提高很多了。

5. quotaon 命令

命令格式:

```
quotaon [-avug]
quotaon [-vug] [/mount_point]
```

使用的选项见表 4-12。

表 4-12　quotaon 命令使用的选项

选项	说　明
-u	针对用户启动磁盘配额(aquota. user)
-g	针对用户组启动磁盘配额(aquota. group)
-v	显示启动过程的相关信息
-a	根据/etc/mtab 内的文件系统设置启动有关的磁盘配额

实例 4-18　quotaon 命令的使用

```
[root @localhost~]#quotaon -auvg
```

这个命令表示启动磁盘配额。不过由于这个命令式启动 aquota. group 与 aquota. user 的,所以必须要先完成 quotacheck 的工作,然后执行 quotaon -a 即可启动。

6. quotaoff

```
quotaoff[-a]
quotaoff[-ug][/mount_point]
```

使用的选项见表 4-13。

表 4-13　quotaoff 命令选项

选项	说　明
-a	全部文件系统的磁盘配额都关闭(根据/etc/mtab)
-u	仅针对后面的/mount_point 关闭用户磁盘配额
-g	仅针对后面接的/mount_point 关闭用户组磁盘配额

实例 4-19

```
[root @localhost~]#quotaoff -a
```

这个命令式关闭此案配额的限制。

4.7　本章小结

本章节首先介绍用户和用户组,然后又详细介绍了强制位和冒险位的使用,还介绍了磁盘配额。通过本章节的学习,希望读者能熟练掌握用户和用户组的管理,熟悉强制位和冒险位的使用,以及基本的磁盘配额命令。

课后习题

1. 选择题

(1) 关于/etc/group 文件的描述下列哪些是正确的?(　　)

A. 用来分配用户到每个组

B. 给每个组 ID 分配一个名字

C. 存储用户的口令

D. 详细说明哪些用户能访问网络资源,比如打印机资源

(2) 下列的哪些命令可以用来检测用户 lisa 的信息?( )

A. finger lisa　　B. grep lisa /etc/passwd

C. find lisa /etc/passwd　　D. who lisa

(3) 下列的哪些命令可以用来检测用户 lisa 的信息?( )

A. find/lisa　　B. grep lisa /etc/passwd

C. find lisa /etc/passwd　　D. who

(4) 请选出创建用户 ID 是 200,组 ID 是 1000,用户主目录为/home/user01 的新用户 user01 的正确命令。( )

A. adduser -u:200 -g:1000 -h:/home/user01 user01

B. adduser -u=200,-g=1000,-d=/home/user01 user01

C. useradd -u 200 -g 1000 -d /home/user01 user01

D. useradd -u 200 -g 1000 -h /home/user01 user01

(5) 哪个目录存放用户密码信息?( )

A. /etc　　B. /var　　C. /dev　　D. /boot

(6) 如果文件/usr/bin/passwd 的属性为-r -s - -x- -x,则 s 代表( )

A. SUID　　B. SGID　　C. Sticky　　D. Excutable

(7) 如果需要设置一个文件,使它们作为可执行文件运行时,该进程是作为文件所有者的权限,此时需要额外设置该文件的( )。

A. seg-GID 位　　B. 粘滞位　　C. set-UID 位　　D. UMASK

(8) 为了临时禁止 jerry 用户的登录系统,可以采用如下( )方法。

A. 修改 jerry 用户的登录 Shell 环境

B. 删除 jerry 用户的主目录

C. 修改 jerry 用户的账号到期日期

D. 将口令文件/etc/passwd 中用户名 jerry 的一行前加入"#"

(9) 为了保证系统的安全,Linux 系统一般将/etc/passwd 密码文件加密后,保存为( )文件。

A. /etc/group　　B. /etc/netgroup

C. /etc/libsafe. notify　　D. /etc/shadow

2. 填空题

(1) Linux 中所有用户的信息保存于________和________文件,而且用户信息保存于________和________文件中。

(2) Linux 把用户分为三类:________、________和________。

(3) 使用 useradd term 命令将新建一名为________的普通用户,并且新建一个________,该用户的主要组群是________。

(4) 在 etc/passwd 中某一行信息为"linux01:x:505:/home/linux12:/bin/bash",那么由此可知:用户名为________,UID 为________,用户的主目录为________,用户登录成功后使用的 Shell 是________。

(5) /etc/group 文件的格式为________。

3. 简答题

(1) Linux 是如何验证用户账户的?

(2) 下面记录摘自/etc/shadow 文件,请解释每个字段的作用。

adm:*:14495:0:99999:7:::

(3) 什么是强制位和冒险位?

(4) 什么是磁盘配额,Linux 下有哪些配额方法?

(5) 配置磁盘配额的基本过程是什么?

课 程 实 训

1. 实训目的

(1) 掌握为 root 用户修改密码的方法。

(2) 掌握创建新用户的方法。

(3) 掌握用户组的管理方法。

(4) 掌握为用户授权的方法。

2. 实训内容

Linux 用户和用户组管理。

3. 实训步骤

(1) Linux 的用户管理

1) 创建新用户

创建新用户命令:useradd。

例如,创建新用户 user01 的命令如下:

```
useradd -c "normal user" -d /home/user1 -g users\ -G student,computer -s /bin/Bash user1
```

其中:

-c "normal user":"normal user"是对该用户的注释。

-d /home/user1:指定用户的工作目录(宿主目录)为/home/user1。

-g users\:定义 user1 所属的组为 users。

-G student,computer:同时将 user1 归属于 student 和 computer 组。

-s /bin/Bash:指定用户所启动的 Shell 为/bin/Bash。

在 Linux 中,创建用户后,必须为用户设置密码。

例如,为 user01 设置密码的命令如下:

passwd user1

为安全起见,密码的设置不要过于简单。

在实际使用中,系统可以根据当前的运行情况自动确定用户的参数。

例如,创建一个用户 user1,可以用如下命令:

useradd user1

系统创建用户 user1,在/home 目录下建立新目录 user1,并将 user1 的宿主目录指向该目录,用户启动的 Shell 为当前系统所运行的 Shell。

2）删除用户

删除用户命令：userdel。

例如，删除用户 user1 的命令：userdel user1。

用户被删除以后，该用户宿主目录仍然存在，系统不会在删除用户的同时也删除宿主目录，主要是防止误操作删除该目录中还有价值的资料。如果确认也可以删除宿主目录了，需要用 rm 命令手工删除。

例如：rm - rf /home/user1。

（2）Linux 的用户组管理

1）创建组

在 Linux 中可以创建一个组，然后将成员添加到这个组的列表中。可以以组为单位来分配资源。隶属于同一个组的成员可以访问同一资源。

创建组的命令：groupadd。

例如，命令 groupadd student 将创建一个名为"student"的没有任何成员的组。组存放于/etc/group 文件中。每一个组由单独的一行列出，例如：student：x：527：

其中，第一列是组的名字。第二列是一个密码。真正的密码存放在/etc/gshadow 映像文件中。第三列是组的一个数字索引。在第三列之后将是以逗号隔开的组成员的用户 ID。

2）管理组成员

可以编辑/etc/group 文件，将成员添加到相应的组里面。也可以用 gpasswd 命令向组中添加成员。该命令中带参数-a，后面是要添加的用户名和所属组名。例如：gpasswd -a user1 student。

若删除组的成员，该命令带参数-d，例如：gpasswd -d user1 student。

项 目 实 践

1. 制作 Quota

用户可以限制某一群组所能使用的最大磁盘配额，而且可以再限制某一使用者的最大磁盘配额，好比做一个收费的应用，vip 可以得到空间更大一些。另外，以 Link 的方式，来使邮件可以作为限制的配额（更改/var/spool/mail 这个路径），需要重新再规划一个硬盘。直接使用 Link 的方式指向/home（或者其他已经做好的 quota 磁盘）就可以。这通常是用在原本规划不好，但是却又不想要更动原有主机架构的情况中。

2. 实践要求

Linux 主机里面主要针对 quser1 及 quser2 两个使用者来进行磁盘配额，且这两个使用者都是挂在 qgroup 组里面的。每个使用者总共有 50 MB 的磁盘空间（不考虑 inode）限制。并且 soft limit 为 45 MB；而宽限时间设定为 1 天，但是在一天之内必须要将多余的文件删除掉，否则将无法使用剩下的空间；gquota 这个组考虑最大限额，所以设定为 90 MB（注意，这样设置的好处是富有弹性，好比现在的邮件服务，那么多用户，承诺给用户每人最大空间为数 GB，然而人们不可能每人都会使用那么大的空间，所以邮件服务的总空间，实际上肯定不是注册客户数乘以数 GB，否则邮件服务器会很大）。

由于系统中没有 quser1 和 quser2 这两个账号，所以需要先设置下。

```
[root @localhost~]# groupadd qgroup
[root@localhost~]# useradd -m -g qgroup quser1
[root@ localhost ~]# useradd -m -g qgroup quser2
[root@ localhost ~]# passwd quser1
[root@ localhost ~]# passwd quser2
```

找一个合适的分区来做实验,这里用/home

```
[root @localhost~]#df
```

文件系统	1K-块	已用	可用	已用%	挂载点
/dev/sda3	2064208	620132	1339220	32%	/
tmpfs	319476	420	319056	1%	/dev/shm
/dev/sda1	2064208	85192	1874160	5%	/boot
/dev/sda6	20642424	177480	19416372	1%	/home
/dev/sda7	33026924	6158712	25190544	20%	/usr
/dev/sda5	20642428	391624	19202228	2%	/var

```
[root @localhost~]#vi /etc/fstab
UUID=a37918bb-66c5-4e53-9767-a8713aa2228d/          ext3     defaults     1 1
UUID=6a76fdf7-b245-4f7a-8d05-67ba0cc8df06 /boot     ext3     defaults     1 2
UUID=84a4cdbd-15b8-4981-8337-3243cf719aa7 /home     ext3
defaults,usrquota,grpquota                                                1 2
UUID=d1957fc6-110a-4f71-8303-5a7eb204421d /usr      ext3     defaults     1 2
UUID=959078a1-f185-4cc2-97f9-d82f9824ff74 /var      ext3     defaults     1 2
UUID=2bbed836-528a-4b40-9be2-d0b80151839a swap      swap     defaults     0 0
```

注 意

在第三个字段,多了 usrquota,grpquota,在『defaults,usrquota,grpquota』之间都没有空格,务必正确书写。

这样就算加入了 quota 的磁盘格式了。不过,由于真正的 quota 在读取的时候是读取/etc/mtab这个文件的,而该文件需要重新开机之后才能够以/etc/fstab 的新数据进行改写。所以这个时候可以选择:

(1) 重新开机(Reboot);

(2) 重新 remount filesystem 来驱动设定值。

如果不想重启的话,也可以这么做:

```
[root @localhost~]#umount /dev/sda6
[root @localhost~]#mount - a
[root @localhost~]#grep '/home' /etc/mtab
```

事实上,也可以利用 mount 的 remount 的功能。

```
[root @localhost~]#mount - o remount /home
```

这样就已经成功的将 filesystem 的 quota 功能加入了。

扫描磁盘的使用者使用状况，并产生重要的 aquota. group 与 aquota. user：

```
[root@localhost~]# quotacheck -avug
quotacheck:Your kernel probably supports journaled quota but you are not using it.
Consider switching to journaled quota to avoid running quotacheck after an unclean
shutdown.
quotacheck:Quota for users is enabled on mountpoint /home so quotacheck might dam-
age the file.
Please turn quotas off or use -f to force checking.
[root@localhost~]# ll /home
总用量 48
-rw-------.  1 root  root    7168  9月   29 22:06 aquota.group
-rw-------.  1 root  root    7168  9月   29 22:06 aquota.user
```

使用 quotacheck 就可以轻易的将所需要的数据输出了。但奇怪的是，在某些 Linux 版本中，不能够以 aquota. user(group)来启动 quota，可能是因为旧版 quota 的关系，所以就另外做了一个 link 文件来欺骗 quota，这个动作不是必要。（主要是学习这个思维很重要）

```
[root @localhost~]#cd /home
[root @localhost home]#ln - s aquota.user quota.user
[root @localhost home]#ln - s aquota.group quota.group
```

启动 quota 的限额：

```
[root @localhost~]#quotaon -avug
                    /dev/sda6[/home];group quotas turned on
                    /dev/sda6[/home];user quotas turned on
```

注 意

要看到上面有一个 turned on 出现，才能算是成功。

编辑使用者的可使用空间：

```
[root @localhost~]#edquota - u quser1
Disk quotas for user quser1 (uid 501):
filesystem       blocks      soft      hard      inodes      soft      hard
/dev/sda6            36         0         0           9         0         0
```

然后将 quser1 的设置之直接复制给 quser2。

```
[root@localhost~]#edquota - p quser1 quser2
```

接下来要来设定下宽限时间，还是使用 edquota。

```
[root@localhost~]#edquota - t
Grace period before enforcing soft limits for users:
Time units may be: days,hours,minutes,or seconds
  Filesystem            Block grace period     Inode grace period
  /dev/sda6                     7days                  7days
```

使用 quota - v 来查询：

```
[root @localhost~]#quota - vu quser1 quser2
Disk quotas for user quser1 (uid 501):
  Filesystem  blocks  quota  limit  grace  files  quota  limit  grace
  /dev/sda6       36      0      0             9      0      0
Disk quotas for user quser2(uid 502):
  Filesystem  blocks  quota  limit  grace  files  quota  limit  grace
  /dev/sda6       36      0      0             9      0      0
```

注 意

由于使用者尚未超过 45 MB，所以 grace(宽限时间)就不会出现。

编辑群组可使用的空间：

```
[root @localhost~]#edquota - g qgroup
Disk quotas for group qgroup (gid 501):
  Filesystem  blocks  soft  hard  inodes  soft  hard
  /dev/sda6       72     0     0      18     0     0
[root@localhost~]#quota - vg qgroup
Disk quotas for group qgroup (gid 501):
  Filesystem  blocks  quota  limit  grace  files  quota  limit  grace
  /dev/sda6       72      0      0            18      0      0
```

设定开机时启动 quota：

因为 FC4 与 Fedora 系列的开机 script(/etc/rc. d/rc. sysinit)已经将 quota 的侦测写入在里头，因此，在预设的情况下，quota 是会主动的被启动的。不过，如果想要手动的强制 quota 再次开机启动一遍，那么可以使用 vi 去编辑/etc/rc. d/rc. local，在里面加入一行(直接加在最后一行即可)：

```
[root @localhost~]#vi /etc/rc.d/rc.local
/sbin/quotaon - avug
```

如果要关闭磁盘配额。就使用 quotaoff 命令，这样就将磁盘配额设置完毕了。

```
[root @localhost~]#quotaoff - a
```

第 5 章　Linux 系统开机与启动详解

本章内容

☞ 系统启动通用过程

☞ 充分理解 bootloader 的概念及 Linux 主流 bootloader-grub

☞ Linux 系统启动过程的详细描述及相关配置文件

☞ 了解 Linux 系统启动与安全相关内容

☞ 详细学习启动相关的 troubleshooting

☞ 详细学习 init 启动机制及服务的启动脚本等

5.1　开机流程详解

学习目标

- 熟悉 Linux 开机流程
- 了解开机中每个程序的内容

在 Intel i386 体系结构下，不同发行版本的 Linux 的启动过程有很多相似之处。BIOS 读取位于第一个扇区（硬盘或光盘的主引导记录，简称 MBR）的 Linux 内核加载器。内核加载器加载内核。新的发行版本使用的大多是 2.6 系列的内核，不过 2.4 系列的内核仍然得到广泛的应用。运行 init 进程并执行多个脚本。如果从硬盘启动 Linux，内核加载器（Intel 兼容体系结构）主要使用的是 Lilo 或 Grub。如果从光盘引导 Linux，比如：Live CD 或安装盘，则常选择 SysLinux 作为内核加载器。

在配置文件 etc/lilo.conf 和/boot/grub/grub.conf 中可以设置：

(1) 内核加载器安装在哪里（主引导记录还是单个分区的引导记录）；

(2) 指定系统根文件系统（/）所在的分区；

(3) 内核 image 和 initrd 的路径；

(4) 可以配置启动不同的操作系统（Linux 或是其他的操作系统）和不同版本的内核。

每一个发行版本的 Linux 内核都源自 Linus Torvalds 内核，但是可能会具有不同的版本机制，或由版本的维护者加入的非 Linus 补丁。可以重新并编译安装官方的内核代码或不同发行版本的内核源码包。

Unix 系统启动的第一个进程总是 init 进程，它的配置文件总是/etc/inittab。分析/etc/inittab 和所有被它 source 的脚本，就可以完全地了解系统的启动过程。

Linux/Unix 的主要区别大多是 Shell（初始化）脚本的不同。很多的 Linux 发行版使用 Unix System V 的启动方法。基于 rc 脚本，根据不同的运行级别启动/etc/init.d/目录下相应的脚本。

以下主要来介绍 Fedora 的启动。

Fedora 采用 RedHat 的方式来启动系统。以下是它的启动流程。

1. 加载 BIOS

BIOS(Basic Input Output System)，是固化到计算机内主板上一个 ROM 芯片上的程序。保存 CPU 相关信息、设备启动顺序信息、硬盘信息、内存信息等。

打开计算机电源第一项工作即加载 BIOS，进行 POST(Power On Self Test 自检)，对硬件进行检测；第二步进行本地设备的枚举和初始化。

2. 读取 MBR

MBR(Master Boot Record)，位于硬盘第 0 磁道第一扇区，大小 512 字节，存放预启动信息、分区表信息。

要引导一个操作系统，BIOS 运行时会按照 CMOS 的设置定义的顺序，搜索处于活动状态可以引导的设备。通常 Linux 都从硬盘上引导，而 MBR 中包含主引导加载程序。当 MBR 被加载到 RAM 以后，BIOS 将控制权交给 MBR。

查看 MBR 内容，可以使用以下语句：

```
[root@localhost~]# dd if = /dev/sda of = mbr.bin bs = 512 count = 1
记录了 1+0 的读入
记录了 1+0 的写出
512 字节(512 B)已复制,0.0159149 秒,32.2 kB/秒
[root@localhost~]# od -ax mbr.bin|tail -n 10
          0000    0000    0000    0000    2c75    0008    0000    0180
0000700  soh nul etx syn   P enq   ? nul nul nul nul nul   @ nul nul syn
          0001    1683    0550    003f    0000    0000    0040    1600
0000720   Q enq stx   y    k  cr   ?  nul  @ nul nul   0 del nul nul   y
          0551    f982    0deb    003f    0040    b000    007f    f900
0000740   l  cr etx   ~  del del   ?   0   ? nul nul nul   @ nul nul   ~
          0dec    fe83    ffff    b03f    00bf    0000    0040    fe00
0000760  del del enq ~  del del dc4   k del nul   w del del  bs   U   *
          ffff    fe05    ffff    eb14    00ff    fff7    08ff    aa55
0001000
001000 = 0d512 Byte,512B 为一个扇区的大小。aa55 是 MBR 结束标志。
```

3. 运行 Boot Loader

GRUB 引导程序不能由仅有 512 B 的 MBR 完整表示，因此 MBR 引导程序开始加载第二

阶段的引导程序，然后读取/boot/grub/menu. lst组织文件里的数据，menu. lst中列出了所有可用的操作系统和启动参数，grub按照配置信息来启动不同的操作系统。

4. 加载内核

Linux不能直接加载内核，需要首先加载initrd文件。

initrd初始RAM磁盘(initial RAM disk)，是在系统引导过程中挂载的一个临时根文件系统。文件中包含各种可执行程序和驱动程序，与内核绑定并作为内核引导过程的一部分进行加载，然后再将initrd卸载释放内存。

根据grub设定的内核映像所在路径，系统读取内核映像，并进行解压缩操作。系统将解压后的内核放置在内存之中，并调用start_kernel()函数来启动一系列的初始化函数并初始化各种设备，完成Linux内核环境的建立。至此，Linux内核已经建立起来了，基于Linux的程序应该可以正常运行了。在start_kernel()的最后调用init()函数，进入下一步设定运行等级。

5. 用户层init依据inittab文件来设定运行等级

init进程是系统中所有进程的父进程，init进程繁衍出完成通常操作所需的子进程，这些操作包括：设置机器名、检查和安装磁盘及文件系统、启动系统日志、配置网络接口并启动网络和邮件服务，启动打印服务等。Linux中init进程的主要任务是按照inittab文件所提供的信息创建进程，由于进行系统初始化的那些进程都由init创建，所以init进程也称为系统初始化进程。

内核被加载后，第一个运行的程序便是/sbin/init，该文件会读取/etc/inittab文件，并依据此文件来进行初始化工作。其实/etc/inittab文件最主要的作用就是设定Linux的运行等级，其设定形式是"：id：5：initdefault："，这就表明Linux需要运行在等级5上。Linux的运行等级设定如下：

- 0：关机；
- 1：单用户模式；
- 2：无网络支持的多用户模式；
- 3：有网络支持的多用户模式；
- 4：保留，未使用；
- 5：有网络支持有X-Window支持的多用户模式；
- 6：重新引导系统，即重启。

6. Init进程执行rc. sysinit

在设定了运行等级后，Linux系统执行的第一个用户层文件就是/etc/rc. d/rc. sysinit脚本程序，它做的工作非常多，包括设定PATH、设定网络配置(/etc/sysconfig/network)、启动swap分区、设定/proc等。

7. 执行不同运行级别的脚本程序

根据运行级别的不同，系统会运行rc0. d到rc6. d中的相应的脚本程序，来完成相应的初始化工作和启动相应的服务。

8. 执行etc/rc. d/rc. local程序

让用户在初始化完成之后，登录之前个性化设置启动的东西。

9. 建立终端，Mingetty启动操作系统的登录

10. 登录Shell，建立用户与操作系统的交互

可以将上面的步骤简化为如图5-1所示的过程。

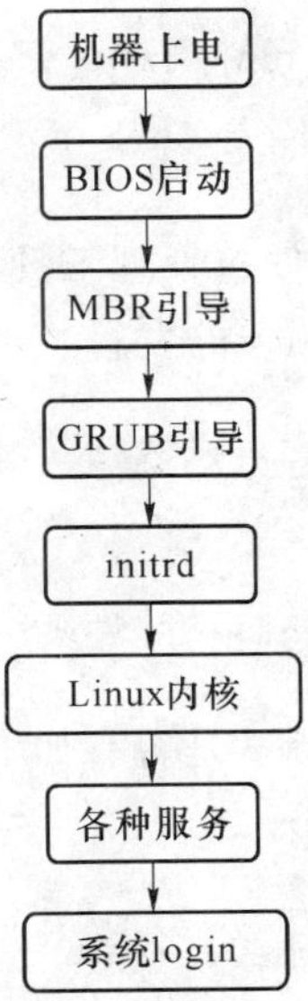

图 5-1　系统的启动过程

5.2　引导加载程序:GRUB、LILO 详解

学习目标

- GRUB 详解
- LILO 详解

引导加载程序(Boot Loader)会引导操作系统。当机器引导它的操作系统时,BIOS 会读取引导介质上最前面的 512 字节,即人们所知的主引导记录(Master Boot Record,MBR)。在单一的 MBR 中只能存储一个操作系统的引导记录,当需要多个操作系统时就会出现问题。所以需要更灵活的引导加载程序。

5.2.1　GRUB 详解

1. GNU GRUB

GNU GRUB 是一个多重操作系统启动管理器。GNU GRUB 是由 GRUB(GR and Unified Bootloader)派生而来。GRUB 最初是由 Erich Stefan Boleyn 设计和应用。

2. GRUB 的 Linux 版本软件包的安装

其实对于 Linux 的 GRUB,几乎所有的 Linux 主流发行版都有打包,如果你安装了 Linux,并且在开机后出现 GRUB 字样的,证明已经安装了 GRUB,则无需再次安装。

如果 Linux 系统没有安装 GRUB,或者采用的是 LILO,而想用 GRUB,可以用系统安装盘自带 GRUB 软件包来安装,或者下载相关发行版本的软件后安装。

GRUB 的 Linux 版本目前在各大发行版中都有打包。比如:Fedora/Red hat/Centos/Mandrive/SuSE 等以 RPM 包管理机制的系统,可以通过如下的命令来安装。

```
[root @localhost~]#rpm-ivh grub*.rpm
[root @localhost~]#installpkg grub*.tgz
```

其他的发行版本请用自己特色的软件包管理工具来安装。

当然也可以通过源码包，在任何 Linux 的发行版上安装，关于源码包的安装方法如下：

```
[root @localhost~]#tar zxvf grub*.tar.gz
[root @localhost ~]#cd grub-xxx
[root @localhost ~]#./configure;make;make install
```

确认是否成功安装了 GRUB，可以测试是否有如下两个命令。

```
[root @localhost ~]#grub
[root @localhost ~]#grub -install
```

如果不能找到这两个命令，可能可执行程序的路径没有设置。当然可以用绝对路径，比如下面的：

```
[root @localhost ~]#/usr/sbin/grub
[root @localhost ~]#/usr/sbin/grub-install
```

如果还是找不到 GRUB 软件包安装在哪了，可以用下面的命令来解决和查找。

```
[root @localhost ~]#updatedb          //这个要花很长的时间，是索引 slocate 的
                                        库，然后再通过 locate 来查找。
[root @localhost ~]#locate grub
```

比如找到的是有类似如下的：

```
[root @localhost ~]#locate grub
/sbin/grub-md5-crypt
/sbin/grub
/sbin/grub-install
/sbin/grub-terminfo
```

在一般情况下，在路径中带有 bin 或 sbin 中字样的，这些路径下都是可执行程序，sbin 是超级权限用户才能使用的管理命令。

3. GRUB 的配置安装和写入硬盘的 MBR

(1) GRUB 配置过程中的安装 grub-install

grub-install 命令有何用呢？其实就是把前面已经安装的软件包中的一些文件复制到/boot/grub中。对于新安装 GRUB 软件包后，也是一个必经的过程。前面所说的 GRUB 软件包的安装，而现在说的是 GRUB 配置的过程中的安装。

首先要运行 fdisk-l 来确认到底是不是硬盘的标识。

这个过程主要是确认硬盘的标识是哪个设备，到底是/dev/sda、是/dev/had、是/dev/hdb或是其他的。

```
[root@localhost~]# fdisk-l
Disk/dev/sda:85.9 GB,85899345920 bytes
255 heads,63 sectors/track,10443 cylinders
Units = cylinders of 16065 * 512 = 8225280 bytes
Disk identifier:0x00082c75
   Device Boot     Start       End       Blocks   Id  System
/dev/sda1    *         1       262      2097152   83  Linux
Partition 1 does not end on cylinder boundary.
/dev/sda2            262       782      4184064   82  Linux swap / Solaris
Partition 2 does not end on cylinder boundary.
/dev/sda3            782      1044      2097152   83  Linux
/dev/sda4           1045     10443     75497467 +  5  Extended
/dev/sda5           1045      3655     20971520   83  Linux
/dev/sda6           3655      6266     20971519 + 83  Linux
/dev/sda7           6266     10443     33553407 + 83  Linux
```

如果通过 fdisk-l 出现有/dev/sda 字样的，就用下面的命令来安装。

```
[root@localhost ~]# grub-install /dev/sda
Installation finished. No error reported.
This is the contents of the device map /boot/grub/device.map.
Check if this is correct or not. If any of the lines is incorrect,
fix it and re-run the script ´grub-install´.

# this device map was generated by anaconda
(hd0)     /dev/sda
```

如果 fdisk -l 出现的有/dev/had 呢？那就用如下运行：

```
[root @localhost ~]#grub-install /dev/hda
```

如果出现的是/dev/hdb 同理。

如果有/dev/sda 和/dev/hda 就安装到/dev/sda 中。

值得注意的是如果有一个/boot 分区，应该用如下的办法来安装：

```
[root @localhost ~]#grub-install --root-directory = /boot /dev/sda
```

注 意

具体是/dev/sda 还是/dev/hda，请以 fdisk -l 为准；如果两个都有，就看把/boot 分区是放在第一块硬盘还是第二块硬盘上了，以实际情况为准。

(2) 设定 GRUB 的/boot 分区并写入 MBR

在 Linux 中，GRUB 软件包的安装，及在配置过程中安装 GRUB 到/boot 中还是不够的，还要把 GRUB 写入 MBR 才行。有时我们重新安装了 Windows，Windows 会把 MBR 重写，这样 GRUB 就消失了。如果出现这样的情况，就要进行这个过程。

```
[root @localhost ~]#grub
```

会出现 grub>提示符，这是 GRUB 命令行模式，如果能在开机中出现提示符，没有引导不起来的系统，除非系统破坏的极为严重。如果仅仅是 GRUB 被破坏了，GRUB 命令行是能让操作系统引导起来的。

接着看例子，找到/boot/grub/stage1 的，在 grub>后面输入：

```
grub>find/boot/grub/stage1
(hd0,6)
(fd0)
```

注 意

(hd0,6)这是/boot 所在的分区；不要误解为是 Linux 的/所在的分区，这是值得注意的。(fd0)这个是软驱，现在很少会用软驱了。上面这步骤是根据 find/boot/stage1 而来的，仔细看一下就明白了。现在一般安装很少会把/boot 分区列为一个单独的分区，不过有的人可能会喜欢这么做，所以还是有必要说一下的。

4. GRUB 的配置文件的 menu. lst 的写法

对于 GRUB 来说，如果没有配置 menu. lst，无论是 Linux 版本的 GRUB，还是 WINGrub，都会有命令行可用，通过命令行是一样能把操作系统引导起来的。有些人总以为 menu. lst 配置错了，或者在机器启动后出现 grub>命令行模式就要重新安装系统，其实根本没有这个必要。只要学会 GRUB 的命令行的用法，根本没有必要重装系统。

menu. lst 位于/boot/grub 目录中，也就是/boot/grub/menu. lst 文件。可以用 vi 或喜欢的编辑器来编辑它。

有的人可能会说，如果没有 menu. lst 怎么办呢？那就创建一个，用下面的命令：

```
[root @localhost ~]#touch /boot/grub/menu.lst
```

然后再做一个/boot/grub/menu. lst 的链接/boot/grub/grub. conf。

```
[root @localhost ~]# cd /boot/grub
[root @localhost ~]# ln -s menu.lst grub.conf
```

现在来写 GRUB 的 menu. lst 了,因为/boot/grub/grub. conf 是/boot/grub/menu. lst 的链接文件,改哪个都行。链接文件相当于 Windows 的快捷方式,这样可能能更好的理解。

menu. lst 的写法。首先来看下介绍 Fedora 12 中的/boot/grub/menu. lst 的内容:

```
default = 0
timeout = 0
splashimage = (hd0,0)/grub/splash.xpm.gz
hiddenmenu
title Fedora(2.6.31.5-127.fc12.i686.PAE)
        root(hd0,0)
        kernel /vmlinuz-2.6.31.5-127.fc12.i686.PAE ro root = UUID = a37918bb-
        66c5-4e53-9767-a8713aa2228d LANG = zh_CN.UTF-8 KEYBOARDTYPE = pc
        KEYTABLE = us rhgb quiet
 initrd /initramfs-2.6.31.5-127.fc12.i686.PAE.img
```

在 menu. lst 文件中,default=0 是默认启动哪个系统,从 0 开始,每个操作系统的启动的定义都从 title 开始的,第一个 title 在 GRUB 的启动菜单上显示为 0,第二个启动为 1,以此类推。timeout=0 表示在开机后,GRUB 画面出现几秒后开始以默认启动。如果在启动时,移动上下键,则解除这一规则。

注 意

隐藏 GRUB 的启动菜单,这项也是可选的,也可以用 # 号注掉。

一般的情况下对 Linux 操作系统的启动,要包括四行:title 行、root 行、kernel 行、initrd 行。

1) 在 menu. lst 中,通过 root(hd[0-n],y)来指定/boot 所在的分区。

title×××××:title 后面加一个空格,title 是小写的,后面可以自己定义。比如 FC 12,自己定义一个名字就行。

root(hd[0-n],y),在本例中,大家看到的是 root(hd0,0)。root(hd[0-n],y)表示的是/boot所在的分区。有时安装 Linux 的时候,大多是不设置/boot 的,这时/boot 和/所在的同一个分区。这个 root(hd[0-n],y)很重要,因为/boot 目录中虽然有 GRUB 目录,最为重要的是还有 kernel 和 initrd 文件,这是 Linux 能启动起来最为重要东西。

2) 在 menu. lst 中,kernel 命令行的写法。

kernel 一行,是通指定内核及 Linux 的/分区所在位置。例如:

```
kernel /boot/vmlinuz-2.6.31.5-127.fc12.i686.PAE ro root = LABEL = /
```

在这里以 kernel 起始,指定 Linux 的内核的文件所处的绝对路径。因为内核是处在/boot

目录中的，如果/boot 是独立的一个分区，则需要把 boot 省略。

如果/boot 是独立的分区，这行要写成：

```
/boot/vmlinuz-2.6.31.5-127.fc12.i686.PAE ro root = LABEL = /
```

因为/boot 所处的分区已经在 title 下一行 root(hd[0-n],y)中指定了，所以就无需要再指明内核处在哪个分区了；另外 Linux 系统的硬盘分区的挂载配置文件在/etc/fstab，原理是通过 mount/dev/hd[a-z]X/boot 来进行的。

ro 表示只读；root=LABEL=/来表示 Linux 的根所处的分区。LABEL=/ 这是硬盘分区格式化为相应文件系统后所加的标签。如果不了解什么是标签，也可以直接以/dev/hd[a-z]X 或者/dev/sd[a-z]X 来表示。就看 Linux 的根分区是在哪个分区了。比如如果是在/dev/sda3，那这里就可以写成 root=/dev/sda3。

如果查看系统运行所挂载的分区，请用 df-lh 来查看，就能明白/boot 是不是独立的分区，或者查看/etc/fstab 也能知道。

```
[root@localhost ~]# df -lh
文件系统      容量    已用    可用    已用%   挂载点
/dev/sda3     2.0G    613M    1.3G     33%    /
tmpfs         312M    420K    312M      1%    /dev/shm
/dev/sda1     2.0G     84M    1.8G      5%    /boot
/dev/sda6      20G    174M     19G      1%    /home
/dev/sda7      32G    5.9G     25G     20%    /usr
/dev/sda5      20G    371M     19G      2%    /var
```

也可以在/boot 中查看下内核的版本。

```
[root@localhost ~]# ls /boot/vmlinuz*
/boot/vmlinuz-2.6.31.5-127.fc12.i686.PAE
```

于是就可以这样来写了：

```
kernel/boot/vmlinuz-2.6.31.5-127.fc12.i686.PAE ro root = /dev/sda3
```

3) initrd 命令行的写法。

如果/boot 独立一个分区，initrd 一行要把/boot 中省略。如果/boot 不是处于一个分区，而是和 Linux 的/分区处于同一分区，不应该省略。

比如在 2)中用的例子，现在拿到这里，应该首先查看/boot 中的 initra 的文件名到底是什么。

```
[root@localhost ~]# ls/boot/init*
/boot/initramfs-2.6.31.5-127.fc12.i686.PAE.img
```

如果是通过 df-lh 得知或查看/etc/fstab 也行，得知/boot 是独立的分区，这时 initra 应该写成：

```
initra  /initramfs-2.6.31.5-127.fc12.i686.PAE.img
```

如果/boot 不是独处一个分区，而是与/同一处一个分区，则要写成：

```
Initra  /boot/initramfs-2.6.31.5-127.fc12.i686.PAE.img
```

5.2.2 LILO 详解

Linux Loader(LILO)已经成为所有 Linux 发行版的标准组成部分。作为一个最老的 Linux 引导加载程序，不断壮大的 Linux 社区支持使它能够随时间的推移而发展，并始终能够充当一个可用的现代引导加载程序。有一些新的功能，比如增强的用户界面，以及对能够突破原来 1024 柱面限制的新 BIOS 功能的利用。

虽然 LILO 仍在不断地发展，但 LILO 工作原理的基本概念保持不变。

1. 使用 LILO 作为引导加载程序

要使用 LILO 作为引导加载程序，需要做的事情取决于是要进行全新安装还是要让已经安装的 Linux 改为使用 LILO。如果是要进行全新安装，那么直接跳转到配置 LILO 那一节。如果已经安装了某个 Linux 发行版，那么通常可以选择安装并配置 LILO(并可以将机器引导到新的 Linux 安装)。

要将现有的 Linux 迁移到 LILO，首先必须获得最新版本的 LILO。在做任何其他事情之前，建议确保在手边拥有一张 Linux 引导盘——如果偶而弄错了某些地方，它可以提供很大的帮助，能够恢复到初始的 Linux 配置。将 LILO 安装到系统中之后，让它接管 MBR 非常简单。以 root 用户身份输入：

```
[root@localhost ~]#/sbin/lilo -v -v
```

这将使用当前的 LILO 默认值，抹去 MBR 中当前所有内容。不过，请阅读配置 LILO，以确保能够按预期引导起来。也要注意，如果想要在同一机器上运行 Windows 和 Linux，那么应该先安装 Windows 系统，然后再安装 Linux 系统，这样，在 Linux 安装中所选择的引导加载程序就不会被 Windows 引导加载程序所覆盖。与 Linux 引导加载程序不同，多数 Windows 引导加载程序不支持引导 Linux。如果已经先安装了 Linux，那么只需要自己创建一张 Linux 引导盘，这样就可以在安装完 Windows 之后，回到 Linux 安装中并重写 MBR。

注 意

现在比较新的 Fedora 版本中已经没有 LILO 了，在这部分中本书以 Red Hat Linux 来讲解，如果要在 Fedora 12 中用 LILO 的话，可以去网上下载安装。

2. 配置/etc/lilo.conf

LILO 的配置都是通过位于/etc/lilo.conf 的一个配置文件来完成的。

实例 5-1　lilo.conf 文件分析

```
boot = /dev/had
map = /boot/map
install = /boot/boot.b
prompt
timeout = 100
default = w
message = /etc/message-file
image = /boot/vmlinuz-2.4.18-14
label = l
read-only
root = /dev/hdb3
other = /dev/hda1
label = w
other = /dev/fda4
label = m
other = /dev/fd0
label = f
```

- boot=行告诉 LILO 在哪里安装引导加载程序。在上面的示例中,将把它安装到第一块硬盘的 MBR。也可以选择将 LILO 安装到/dev/hdb3(示例中的 Linux 分区),这样需要向/dev/hda 安装另一个引导加载程序,并令其指向 LILO 引导加载程序;然后只需要让 LILO 作为二级引导加载程序。通常,引导加载程序应该位于/dev/hda。还可以将这个参数指向软盘驱动器(最常见的是/dev/fd0),来制做 LILO 软盘引导磁盘。
- map=指向引导期间 LILO 内部使用的映射文件。当使用/sbin/lilo 命令安装 LILO 时,它会自动生成这个文件,其中包含有描述符表(还有其他内容)。建议不要改动这个文件。
- install=是 LILO 在引导过程中内部使用的文件之一。它同时包含有引导加载程序的主要部分和二级部分。boot.b 文件的一个片段被写入到 MBR(引导加载程序的主要部分),它会指向那个映射,接下来指向二级引导加载程序。同样,不要改动它。
- prompt=告诉 LILO 使用用户界面。除了使用 prompt/user 界面以外,在适当情况下还可以为 Linux 内核等指定具体的参数。如果不在配置文件中指定此选项,那么 LILO 将引导到默认的 OS,不发生任何用户交互,也不会等待。(但是请注意,如果在引导时按下了 shift 键,那么还是可以得到提示,当不想把引导加载程序暴露给普通用户时,这非常有用)
- timeout=是引导提示在自动引导默认 OS 之前的等待时间(以十分之一秒为单位)。如果在 lilo.conf 没有指定 prompt,那么这个参数就会被忽略。
- default=选项告诉 LILO 默认使用哪个映像进行引导,比如在等待超时之后。这与 lilo.conf 文件中的某个映像的标签相关联。如果没有在配置文件中指定此选项,那么它将引导文件中指定的第一个映像。

- image=选项指定希望引导到的内核版本。对于允许用户引导到的每一个 Linux 版本，都应该指定 image 及以下三个选项。
- label=标明了在运行期间希望能够从用户界面引导的不同 OS。另外，这个标签用于指定引导的默认 OS。

注 意

标签名称中避免出现空格。否则，引导那个文件时会出现无法预期的错误。

- root=告诉 LILO OS 文件系统实际所在的位置。在实例 5-1 中为/dev/hdb3，即第二块硬盘上的第三个分区。
- read-only=告诉 LILO 以只读的方式初始引导到文件系统。OS 一旦完全引导起来，就会以读写方式挂载。
- other=的动作类似于 image 和 root 选项的组合，但是用于除了 Linux 以外的其他操作系统。
- label=与所有其他 label 选项相同。

如果不完成此步骤就重新引导，那么对 lilo.conf 的修改不会在启动中反映出来。与先前将 LILO 写入 MBR 类似，需要运行：

```
[root@localhost ~]# /sbin/lilo -v -v
```

-v -v 标记会给出非常详细的输出。当像那样运行 LILO 时，有很多参数可以指定。参阅手册页以获得更进一步的信息(man lilo)。

3. LILO 启动问题详解

当 LILO 初始引导时，它会按次序打印出每个字母—L-I-L-O。如果所有字母都显示出来，那么第一阶段引导就成功了。缺少任何内容都表示出现了问题。

(1) LILO 输出无休止的 0101010101…

内核或启动图像文件位于 BIOS 不可访问的驱动器上。

(2) LILO 在 L 处停止了

第一阶段引导加载程序已经被加载。如果 LILO 停止在这里，那么是在引导第二阶段引导加载程序时出现了问题。这通常会伴随有一个错误代码。在这个阶段的常见问题是介质问题，或者在 lilo.conf 文件中指定了不正确的磁盘参数。

(3) LILO 在 LI 处停止了

第二阶段引导加载程序已经被加载。LILO 在此处停止表示第二阶段引导加载程序不能被执行。同样，这可能是因为出现了与只显示 L 类似的问题：正在加载，或者因 boot.b 文件被破坏、移动或删除而不能加载。

(4) LILO 在 LIL 处停止了

第二阶段引导加载程序正在被执行。此时，可能会再次出现介质问题，或者映射文件(如 lilo.conf 文件中所指定的)在寻找描述符表时可能会出现问题。

(5) LILO 在 LIL_停止了

系统映像文件中的说明符表出了问题，可能是/boot/map 文件坏了或被移动了(前面四种情况，都可以利用安装 Linux 时建立的 Linux 引导盘启动 Linux，然后键入 lilo 来恢复，有出现不能恢复的，请使用 dos 的 fdisk/mbr 来试一试，否则就只能重装了)。

(6) First boot sector doesn′t have a valid LILO signature

通常是/boot/boot. b 文件遭到破坏或者是/etc/lilo. conf 文件中的 install＝指令指向一个 lilo 认为不是启动程序的事务。

(7) Chain loader doesn′t have a valid LILO signature

说明/boot/chain. b 文件被破坏或者/etc/lilo. conf 中的 loader＝指令指向了 LILO 认为不是一个链接加载程序的事务。

boot. b 辅助启动程序代码是由 MBR 的主启动程序代码调用的，并使用它来启动一个 Linux 内核映像。lilo. conf 文件中的所有 image＝指令都默认使用此加载程序。

chain. b 启动程序代码的作用是引导 DOS 和其他类似的操作系统，它的使用形式是 lilo. conf 文件中 other＝节，可以为指定的节使用 loader＝指令来设置单个的启动程序。

为避免大部分的 LILO 问题，通常总是在安装新的内核或更改驱动器时重新运行 LILO，一定要注意该命令更新 MBR 及其引导映像文件时产生的出错或警告信息。使用-v 选项可以在运行的时候获得更多的细节内容。

在 LILO 映像文件遭到破坏的情况下(包括病毒摧毁了分区表和 MBR)，要随时保留一张启动盘，将驱动器的 MBR 及分区表的内容做备份。将/etc/lilo. conf 的副本、上述 MBR 备份以及别的一些很小但重要的系统文件保存在紧急恢复盘上，并且要使它们随系统的变化而保持更新。

备份 MBR：

```
dd if = /dev/hda of = /backup_mbr bs = 512 count = 1
```

恢复 MBR：

```
dd if = /backup_mbr of = /dev/hda bs = 512 count = 1
```

当然，对 SCSI 硬盘/dev/hda 就变成了/dev/sda 了。

对于后面的两种情况，除了备份之外，可以通过软盘启动修改 lilo. conf 配置文件，不行的话就只有重新安装系统了。

5.3 Linux 内核模块

学习目标

- 内核模块的加载

5.3.1 模块的加载

本节主要描述 Linux 内核动态加载功能模块(如文件系统的工作原理)。Linux 内核是一种 monolithic 类型的内核，即单一的大程序，内核中所有的功能部件都可以对其全部内部数据结构和例程进行访问。内核的另外一种形式是微内核结构，此时内核的所有功能部件都被拆成独立部分，这些部分之间通过严格的通信机制进行联系。这样通过配置进程将新部件加入内核的方式非常耗时。比如说用户想为一个 NCR 810 SCSI 卡配置 SCSI 驱动，但是内核中没有这个部分。那么我们必须重新配置并重构内核。Linux 可以让用户随意动态的加载与卸载操作系统部件。Linux 模块就是这样一种可在系统启动后的任何时候动态连入内核的代码块。当不再需要它时又可以将它从内核中卸载并删除。Linux 模块多指设备驱动、伪设备驱动，如网络设备和文件系统。

Linux 为用户提供了两个命令：使用 insmod 来显式加载内核模块，使用 rmmod 来卸载模块。同时内核自身也可以请求内核后台进程 kerneld 来加载与卸载模块。

动态可加载代码的好处在于可以让内核保持很小的尺寸同时非常灵活。在 Intel 系统中由于使用了模块，整个内核仅为 406 KB 长。由于只是偶尔使用 VFAT 文件系统，所以将 Linux 内核构造成当 mount VFAT 分区时自动加载 VFAT 文件系统模块。当卸载 VFAT 分区时系统将检测到不再需要 VFAT 文件系统模块，将把它从系统中卸载。模块同时还可以让用户无需重构内核并频繁重新启动来尝试运行新内核代码。尽管使用模块很自由，但是也有可能同时带来与内核模块相关的性能与内存损失。可加载模块的代码一般有些长并且额外的数据结构可能会占据一些内存。同时对内核资源的间接使用可能带来一些效率问题。

一旦 Linux 模块被加载则它和普通内核代码一样都是内核的一部分。它们具有与其他内核代码相同的权限与职责；换句话说 Linux 内核模块可以像所有内核代码和设备驱动一样使内核崩溃。

模块为了使用所需内核资源所以必须能够找到它们。例如模块需要调用内核内存分配例程 kmalloc()来分配内存。模块在构造时并不知道 kmalloc()在内存中何处，这样内核必须在使用这些模块前修改模块中对 kmalloc()的引用地址。内核在其内核符号表中维护着一个内核资源链表，这样当加载模块时它能够解析出模块中对内核资源的引用。Linux 还允许存在模块堆栈，它在模块之间相互调用时使用。例如 VFAT 文件系统模块可能需要 FAT 文件系统模块的服务，因为 VFAT 文件系统多少是从 FAT 文件系统中扩展而来。某个模块对其他模块的服务或资源的需求类似于模块对内核本身资源或服务的请求。不过此时所请求的服务是来自另外一个事先已加载的模块。每当加载模块时，内核将把新近加载模块输出的所有资源和符号添加到内核符号表中。

当试图卸载某个模块时，内核需要知道此模块是否已经没有被使用，同时它需要有种方法来通知此模块将被卸载。模块必须能够在从内核删除之前释放其分配的所有系统资源，如内核内存或中断。当模块被卸载时，内核将从内核符号表中删除所有与之对应的符号。

可加载模块具有使操作系统崩溃的能力，而编写较差的模块会带来另外一种问题。当你在一个或早或迟构造的内核而不是当前你运行的内核上加载模块时将会出现什么结果？一种可能的情况是模块将调用具有错误参数的内核例程。内核应该使用严格的版本控制来对加载模块进行检查以防止这种情况的发生。

内核模块的加载方式有两种。首先一种是使用 insmod 命令手工加载模块；另外一种则是在需要时加载模块，称它为请求加载。当内核发现有必要加载某个模块时，如用户安装了内核中不存在的文件系统时，内核将请求内核后台进程(Kerneld)准备加载适当的模块。这个内核后台进程仅仅是一个带有超级用户权限的普通用户进程。当系统启动时它也被启动并为内核打开了一个进程间通信(IPC)通道。内核需要执行各种任务时用它来向 kerneld 发送消息。

kerneld 的主要功能是加载和卸载内核模块，但是它还可以执行其他任务，如通过串行线路建立 PPP 连接并在适当时候关闭它。kerneld 自身并不执行这些任务，它通过某些程序如 insmod 来做此工作。它只是内核的代理，为内核进行调度。

insmod 程序必须找到要求加载的内核模块。请求加载内核模块一般被保存在/lib/modules/kernel-version 中。这些内核模块和系统中其他程序一样是已链接的目标文件，但是它们被连接成可重定位映像。即映像没有被连接到在特定地址上运行。这些内核模块可以是a.out或ELF文件格式。insmod将执行一个特权级系统调用来找到内核的输出符号。这些都以符号名以及数值形式,如地址值成对保存。内核输出符号表被保存在内核维护的模块链表的第一个module结构中,同时module_list指针指向此结构。只有特殊符号被添加到此表中,它们在内核编译与连接时确定,不是内核每个符号都被输出到其模块中。例如设备驱动为了控制某个特定系统中断而由内核例程调用的"request_irq"符号。在有的系统中,其值为0x0010cd30。用户可以通过使用ksyms工具或者查看/proc/ksyms来观看当前内核输出符号。ksyms工具既可以显示所有内核输出符号也可以只显示那些已加载模块的符号。insmod将模块读入虚拟内存并通过使用来自内核输出符号来修改其未解析的内核例程和资源的引用地址。这些修改工作采取由insmod程序直接将符号的地址写入模块中相应地址来修改内存中的模块映像。

当insmod修改完模块对内核输出符号的引用后,它将再次使用特权级系统调用来申请足够的空间来容纳新内核。内核将为其分配一个新的module结构以及足够的内核内存来保存新模块,并将它放到内核模块链表的尾部。然后将其新模块标志为UNINITIALIZED。图5-2给出了一个加载两个模块:VFAT和FAT后的内核链表示意图。不过图中没有画出链表中的第一个模块:用来存放内核输出符号表的一个伪模块。lsmod可以帮助我们列出系统中所有已加载的内核模块以及相互间依赖关系。它是通过重新格式化从内核module结构中建立的/proc/modules来进行这项工作的。内核为其分配的内存被映射到insmod的地址空间,这样它就能访问内核空间。insmod将模块拷贝到已分配空间中,如果为它分配的内核内存已用完,则它将再次申请。不过不要指望多次将加载模块到相同地址,更不用说在两个不同Linux系统的相同位置。另外此重定位工作包括使用适当地址来修改模块映像。

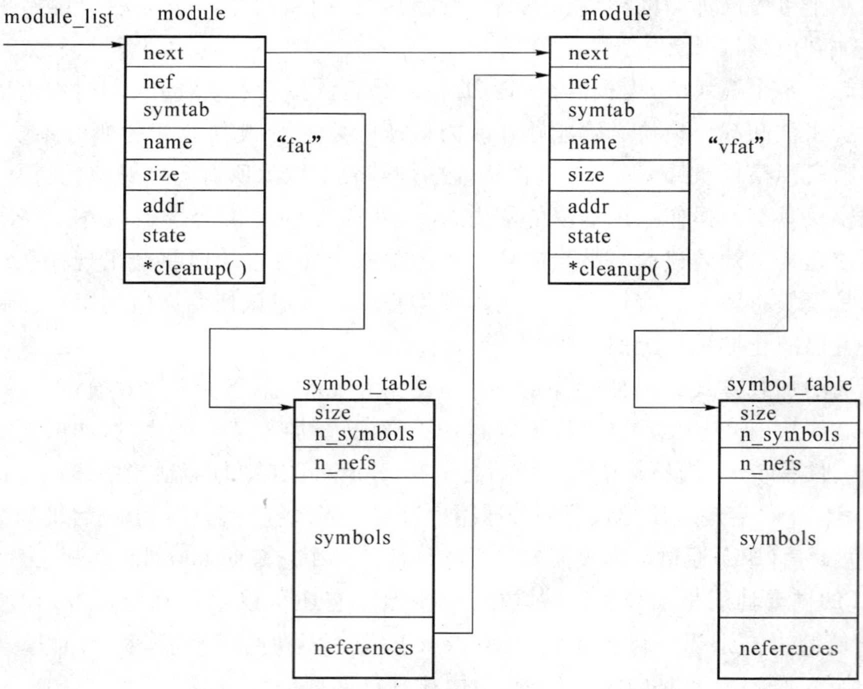

图5-2 内核模块链表s

这个新模块也希望将其符号输出到内核中，insmod 将为其构造输出符号映像表。每个内核模块必须包含模块初始化和模块清除程序，它们的符号被设计成故意不输出，但是 insmod 必须知道这些地址，这样它可以将它们传递给内核。所有这些工作做完之后，insmod 将调用初始化代码并执行一个特权级系统调用将模块的初始化与清除程序地址传递给内核。

当将一个新模块加载到内核中间时，内核必须更新其符号表并修改那些被新模块使用的老模块。那些依赖于其他模块的模块必须维护在其符号表尾部维护一个引用链表并在其 module 数据结构中指向它。图 5-2 中 VFAT 依赖于 FAT 文件系统模块。所以 FAT 模块包含一个对 VFAT 模块的引用；这个引用在加载 VFAT 模块时添加。内核调用模块的初始化例程，如果成功，它将安装此模块。模块的清除程序地址被存储在其 module 结构中，它将在模块卸载时由内核调用。最后模块的状态被设置成 RUNNING。

5.3.2 模块的卸载

模块可以通过使用 rmmod 命令来删除，但是请求加载模块将被 kerneld 在其使用记数为 0 时自动从系统中删除。kerneld 在其每次 idle 定时器到期时都执行一个系统调用以将系统中所有不再使用的请求加载模块从系统中删除。这个定时器的值在启动 kerneld 时设置。这样如果安装一个 iso9660 CDROM 并且 iso9660 文件系统是一个可加载模块，则在卸载 CDROM 后的很短时间内此 iso9660 模块将从内核中删除。

如果内核中的其他部分还在使用某个模块，则此模块不能被卸载。例如，如果系统中安装了多个 VFAT 文件系统则不能卸载 VFAT 模块。执行 lsmod 将看到每个模块的引用记数。如：

```
[root@localhost ~]#lsmod
Module:        #pages:          Used  by:
msdos              5                1
vfat                4                 1(autoclean)
fat                 6     [vfat msdos]  2(autoclean)
```

此记数表示依赖此模块的内核实体个数。在上例中 VFAT 和 msdos 模块都依赖于 fat 模块，所以 fat 模块的引用记数为 2。vfat 和 msdos 模块的引用记数都为 1，表示各有一个已安装文件系统。

如果安装另一个 VFAT 文件系统则 vfat 模块的引用记数将为 2。模块的引用记数被保存在其映像的第一个长字中。这个字同时还包含 AUTOCLEAN 和 VISITED 标志。请求加载模块使用这两个标志域。

如果模块被标记成 AUTOCLEAN 则内核知道此模块可以自动卸载。VISITED 标志表示此模块正被一个或多个文件系统部分使用；只要有其他部分使用此模块则这个标志被置位。每次系统被 kerneld 要求将没有使用的请求模块删除时，内核将在所有模块中扫描可能的候选者。但是一般只查看那些被标志成 AUTOCLEAN 并处于 RUNNING 状态的模块。如果某模块的 VISITED 标记被清除则它将被删除出去。

如果某模块可以卸载，则可以调用其清除程序来释放掉分配给它的内核资源。它所对应的 module 结构将被标记成 DELETED 并从内核模块链表中断开。其他依赖于它的模块将修改它们各自的引用域来表示它们间的依赖关系不复存在。此模块的内核内存都将被回收。

5.4 init 详解

学习目标

- 熟悉 init
- 掌握运行级别
- 了解运行级别的设置
- 了解/etc/inittab 中的特殊配置
- 了解在单用户模式下的引导

5.4.1 什么是 init

init 是 Linux 系统中不可缺少的程序之一。所谓的 init 进程，它是一个由内核启动的用户级进程。内核自行启动(已经被载入内存，开始运行，并已初始化所有的设备驱动程序和数据结构等)之后，就通过启动一个用户级程序 init 的方式，完成引导进程，所以，init 始终是第一个进程(其进程编号始终为 1)。

内核会在过去曾使用过 init 的几个地方查找它，它的正确位置(对 Linux 系统来说)是/sbin/init。如果内核找不到 init，它就会试着运行/bin/sh，如果运行失败，系统的启动也会失败。

5.4.2 运行级别

那么，到底什么是运行级别呢？简单地说，运行级别就是操作系统当前正在运行的功能级别。这个级别从 1 到 6，具有不同的功能。

不同的运行级别定义如下：(可以参考 Fedora 里面的/etc/inittab)

＃0：停机(千万不能把 initdefault 设置为 0)；

＃1：单用户模式；

＃2：多用户、没有 NFS；

＃3：完全多用户模式(标准的运行级)；

＃4：没有用到；

＃5：X11(Xwindow)；

＃6：重新启动(千万不要把 initdefault 设置为 6)。

这些级别在/etc/inittab 文件里指定。这个文件是 init 程序寻找的主要文件，最先运行的服务时放在/etc/rc.d 目录下的文件。在大多数的 Linux 发行版本中，启动脚本都是位于/etc/rc.d/int.d 中的。这些脚本被用 In 命令连接到/etc/rc.d/rcn.d 目录(这里的 n 就是运行级 0～6)。

5.4.3 运行级别的特殊设置

运行级别的配置是在/etc/inittab 行内进行的，如下所示：

```
12:2:wait:/etc/init.d/rc2
```

- 第一个字段是一个任意指定的标签。
- 第二个字段表示这一行适用于运行那个级别(这里是 2)。
- 第三个字段表示进入运行级别时,init 应该运行第四个字段内的命令一次,而且 init 应该等待该命令介绍。/etc/init. d/rc 命令运行启动和终止输入以便进入运行级别 2 时所需的任何命令。
- 第四个字段中的命令执行设置运行级别时的一切“杂活”。它启动已经没有运行的服务,终止不应该再在心运行的级别内运行的服务。根据 Linux 版本的不同,采用的具体命令也不同,而且运行级别的配置也是有差别的。

init 启动时,它会在/etc/inittab 内查找一个代码行,这一行指定了默认的运行级别:

```
id:2:initdefault:
```

可以要求 init 在启动时,进入非默认运行级别,这是通过为内核指定一个“single”或“emergency”命令行参数来实现的。比如说,内核命令行参数的指定可通过 LILO 来执行。这样一来,就可以选择单用户模式了(即运行级别 1)。

系统正在运行时,telinit 命令可更改运行级别。运行级别发生变化时,init 就会从/etc/inittab 运行相应的命令。

5.4.4 /etc /inittab 中的特殊配置

/etc/inittab 中,有几个特殊的特性,允许 init 重新激活特殊事件。这些特殊特性都是用第三个字段中的特殊关键字标记出来的。例如:

(1) powerwait:允许 init 在电源被切断时,关闭系统。其前提是具有 UPS 和监视 UPS 并通知 init 电源已被切断的软件。

(2) ctrlaltdel:允许 init 在用户于控制台键盘上按下 Ctrl+Alt+Del 组合键时,重新启动系统。注意,如果该系统放在一个公共场所,系统管理员可将 Ctrl+Alt+Del 组合键配置为别的行为。比如忽略等。

(3) sysinit:系统启动时准备运行的命令。

上面列出的特殊关键字尚不完整。其他的关键字及使用详情,可参考 inittab 手册页。

5.4.5 在单用户模式下引导

一个重要的运行级别就是单用户模式(运行级别 1),该模式中,只有一个系统管理员使用特定的机器,而且尽可能少地运行系统服务,其中包括登录。单用户模式对少数管理任务(比如在/usr 分区上运行 fsck)而言,是很有必要的。因为这需要卸载分区,但这是不可能的,除非所有的服务系统已被杀死。

一个正在运行的系统可以进入单用户模式,具体做法是利用 init,请求运行级别 1。内核启动时,在内核命令行指定 single 或 emergency 关键字,就可进入运行级别 1 了。内核同时也为 init 指定命令行,init 从关键字得知自己不应该采用默认的运行级别(内核命令行的输入方式和启动系统的方式有关)。

有时,以单用户模式进行启动是必要的。这样一来,用户在装入分区之前,或至少在装入分散的/usr 分区之前，能手工运行 fsck（在分散的文件系统上，任何活动都可能使其更为分散，所以应该尽可能地运行 fsck）。

如果自动化的 fsck 在启动时失败了，启动脚本 init 的运行将自动进入单用户模式。这样做是为了防止系统使用不连贯的文件系统，这个文件系统是 fsck 不能自动修复的。文件系统不连贯的现象极为少见，而且通常会导致硬盘的不连贯或实验性的内核释放，但最好能做到防患于未然。

由于安全上的考虑，在单用户模式下，启动外壳脚本之前，配置得当的系统会要求用户提供 root 密码。否则，它会简单地为 LILO 输入合适的一行代码，以 root 的身份登录（当然，如果/etc/passwd 已经由于文件系统的问题而不连贯了，就不适合这里的原则了，为对付这种情况，最好随时准备一张启动盘）。

不同的运行级有不同的用处，也应该根据自己的不同情形来设置。

例如，如果丢失了 root 口令，那么可以让机器启动进入单用户状态，在启动后的 init 提示符下输入：

Init＝/bin/sh rw 使机器进入运行级 1，并把 root 文件系统挂为读写。它会跳过所有的系统认证，让用户可以使用 passwd 程序来改变 root 口令，然后启动一个新的运行级。

5.5 虚拟控制台

学习目标

- 了解什么是虚拟控制台
- 了解 minigetty 命令

5.5.1 虚拟控制台概述

Linux 中的所有管理任务都可以在控制台中完成。许多情况下，使用控制台比使用图形化的程序更快捷，而且还可实现额外的功能。此外，所有的控制台任务都可以写到脚本中，这样就可以自动执行。为了真正地驾驭 Linux 环境，必须掌握在控制台环境下工作的方法。

虚拟控制台可使用户同时在多个控制台上工作，真正感受到 Linux 系统多用户的特性。用户可以在某一虚拟控制台上进行的工作尚未结束时，切换到另一虚拟控制台开始另一项工作。例如，开发软件时，可以在一个控制台上进行编辑，在另一个控制台上进行编译，在第三个控制台上查阅信息。

5.5.2 进入控制台

如果系统引导进入文本模式（为了降低服务开销，服务器通常是这样配置的），那么在以文本形式登录后就已经在控制台中了。

在 Linux 系统中，通常可使用组合键 Alt＋（F1-F6）切换到另外的控制台。每一个控制台是系统中一个完全独立的会话，每一个控制台可以分别由完全不同的用户来控制。

例如，某用户可能在控制台 1 中以 root 身份登录，而在控制台 2 中以 joeuser 身份登录。两个控制台在各自的用户空间中运行不同的程序。用户可以在某一虚拟控制台上进行的工作尚未结束时，切换到另一虚拟控制台开始另一项工作。虚拟控制台可使用户同时在多个控制台上工作，真正体现 Linux 系统多用户的特性。

5.5.3 mingetty 命令详解

下面介绍 mingetty 的用法。

功能：mingetty 是一个最小化的用于虚拟控制台的 getty 工具。

基本格式：mingetty[--long-hostname][--noclear][tty]

常用选项：mingetty 常用选项见表 5-1。

mingetty 适用于本机上的登录程序。并不适用串口登录的情况，推荐使用 mgetty 工具来使用该情况。

表 5-1 mingetty 常用选项

选项	说 明
--long-hostname	显示完整的主机名称
--noclear	表示在提示登录前不清屏。默认是清屏的
--nonewline	表示在输出/etc/issue 文件的内容之前不先打印一个空行
--noissue	表示不输出/etc/issue 文件的内容。/etc/issue 的内容一般显示在“login:”提示符之前，包括内核版本、发行版本名称等
--nohostname	表示在打印 login 提示符之前不打印主机名。默认是打印的
--loginprog	表示使用哪个程序来作为登录程序。默认是/bin/login
--nice	表示通过调用 nice()改变优先级
--delay	表示在 sleep 多少秒后启动 mingetty
--chdir	表示在调用 login 程序之前先进入那个目录，默认是/home
--chroot	表示调用 chroot
--autologin	表示自动使用指定用户登录，而不用询问密码。具体请看/bin/login-f 选项

5.6 启动过程问题的解决方案

学习目标

- 了解系统启动过程中遇到的问题
- 掌握系统启动问题的解决方案

5.6.1 硬盘扇区错乱

Linux 在启动过程中会出现一些故障，导致系统无法正常启动。下面来谈一谈如何处理几个常见的问题。

在启动过程中最容易遇到的问题就是硬盘可能有坏道或扇区错乱(数据损坏)的情况，这种情况多由于异常断电、不正常关机导致。

此种问题发生，在系统启动的时候，屏幕会显示：

```
Press root password or ctrl + D:
```

此时输入 root 密码系统自动进入单用户模式，输入：

```
fsck -y /dev/hda6
```

fsck 为文件系统检测修复命令，“-y”设定检测到错误自动修复，/dev/hda6 为发生错误的硬盘分区，请依据具体情况更改此参数，系统修复完成后，用命令“reboot”重新启动即可。

5.6.2 root 密码忘记

在单用户模式中，Linux 不需要 root 密码，这使更改 root 密码非常容易。了解当系统引导进入多用户模式失败时，如何进入单用户模式，非常重要。

实例 5-2 root 密码忘记问题的解决

(1) 在系统启动过程中，按任意键进入 GRUB 菜单选项。若希望以后无此提示，可以直接进入 GRUB 菜单选项，删除配置文件的 grub. conf 中的“hiddenmenu”项即可。

(2) 按“e”键可以编辑 GRUB 引导菜单选项，图 5-2 显示为按“e”键后的 GRUB 屏幕。

图 5-2 进入 GRUB

通过箭头下移到 kernel 行，并按下“e”键，得到图 5-3 中显示的编辑界面：

图 5-3 编辑 GRUB

在尾行光标处添加 single，按回车键返回前一个屏幕，按“b”键进行引导，则系统启动进入单用户模式，如果要改变 root 密码，则执行命令：

```
[root @localhost/]# passwd root
```

更改成功后，执行命令 exit 退出重启即可。

可以在单用户模式中去纠正阻止系统正常启动的很多问题，比如：

1. 禁用可能中止系统运行的服务

如禁用 Samba 服务，则执行：

```
[root @localhost/]#chkconfig smb off
```

下次系统引导就不会启动 Samba 服务了。

2. 更改系统缺省运行级

如果 X Window 无法启动或者出现故障，可以编辑/etc/inittab 文件，采用文本方式登录，更改 initdefault 引导级别为 3：

```
id:3:initdefault:
```

5.6.3 GRUB 选项设置错误

图 5-4 是一个系统管理员不希望看到的控制台信息，“Error 15”显示系统无法找到 grub.conf 中指定的内核。

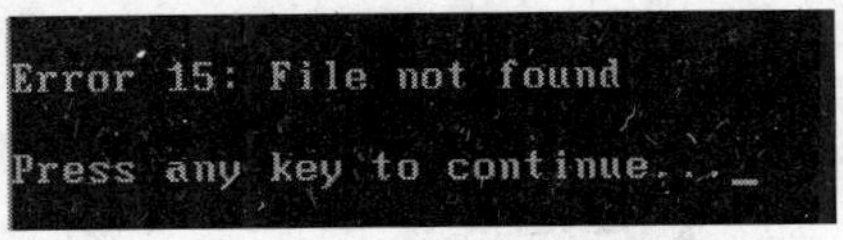

图 5-4 GRUB 的错误信息

按任意键回到 GRUB 编辑界面，还是进入 kernel 那一行，从图 5-5 中可以看到内核文件的“vmlinuz”打成了“vmLinux”，所以系统无法找到内核的可执行文件。修改此错误后，回车保存后按“b”键即可正常引导，当然不要忘记进入系统后修改 grub.conf 文件中此处错误。

图 5-5 修改 GRUB 错误

这是很多初学 Linux 的用户在修改 GRUB 设置时很容易犯的错误，出现此黑屏提示时注意观察报错信息，即可针对性修复。

5.7 本章小结

本章介绍了 Linux 系统开机的启动流程，开机中的一些重要的程序及虚拟控制台和启动过程问题的解决方案。通过对本章节的学习，将清楚的了解到 Linux 开机启动的流程，同时也会对开机中的一些重要的程序有所了解。

课后习题

1. 选择题

(1) 下列哪一个目录下存储的脚本用来在重启系统时被 init 进程执行？（　　）

A. /etc/rc.d/rc0.d　　B. /etc/rc.d/rc1.d

C. /etc/rc.d/rc3.d　　D. /etc/rc.d/rc6.d

(2) 下面关于 fsck 的说法哪一个是正确的？(　　)

A. 需要每天执行它

B. 需要在单用户模式下执行它

C. 需要在进行整个文件系统备份前执行它

D. 需要在文件系统加载前执行它

(3) Linux 系统中使用数字代表系统的运行级别，不同的系统运行级别具有不同的含义，而系统启动后的运行级别叫做系统的缺省运行级别，Linux 系统的缺省运行级别不能设置为(　　)。

A. 0　　B. 3　　C. 5　　D. 6

(4) 关于/etc/inittab 的描述下面哪一个是错误的？(　　)

A. 可以用来设定 Ctrl＋Alt＋Del 的功能

B. 可以用来设定引导系统后的运行级别

C. 可以用来设定控制台

D. 可以用来在相应的运行级别上加载文件系统

(5) 在何种状况下，可以安全地运行 fsck 工具？(　　)

A. 当文件系统正忙时

B. 当根文件系统运行在 level 2 时

C. 当文件系统没有被加载时

D. 当一个文件系统已经被加载，但只读时

(6) Lilo 可以用来双引导 Linux 和哪些操作系统(　　)?

A. Windows 95/98　B. Windows NT　C. OS/2　D. MS-DOS

(7) 当 Linux 内核执行硬件的检测和激活交换分区后，运行下列哪一个程序？(　　)

A. /sbin/reboot　B. /sbin/init　C. /sbin/startup　D. /bin/sh

(8) 通常，哪一个 Linux 实用程序负责装载核心？(　　)

A. boot　B. lilo　C. loadin　D. vmlinuz

(9) Linux 操作系统有(　　)个启动级别，按启动级别重启系统用(　　)。

A. 7，init 0　B. 6，init 3　C. 7，init 6　D. 4，init 4

(10) 以下选项中，哪个命令可以关机？(　　)

A. init 0　B. init 1　C. init 5　D. init 6

(11) Lilo 可以被安装到什么位置？(　　)

A. root 目录　B. 引导分区的第一个扇区

C. 引导分区的最后一个扇区　D. 主引导扇区(MBR)

(12) What lilo.conf parameter will cause the root file system to be mounted read only? (　　)

A. no-write　B. read　C. no-right　D. read-only

2. 填空题

(1) 从硬盘启动 Linux 时，主要使用________或________等内核的加载器，而从光盘引导 Linux 则常用________作为内核加载器。

(2) 类 Unix 系统启动时第一个开启的进程是________，同时，它也是所有进程的________，要对它进行配置需要更改________文件。

(3) Linux 需要运行在运行等级________上。

(4) Linux 进入单用户模式后，只有一个________能使用机器，且将尽可能少地运行系统服务。

3. 简答题

(1) 结合流程图简述 Linux 的启动过程。

(2) Linux 系统的运行等级有哪几个,分别具有哪些功能?

(3) 结合自己的计算机基础,解释什么是 GRUB,LILO,BootLoader,MBR,BIOS,uBoot,DPT 及 PBR,并说明它们之间的关系。

(4) 配置 Linux,使其从终端打开。

(5) Linux 下的单用户模式有什么特点?

课 程 实 训

实训需要:安装好由 GRUB 启动的 Linux 系统,这里使用的是 Fedorea 12。

实验目的:学会使用 GRUB 提供的三种交互界面进行系统的启动、管理。

实验内容一:要求实验者先熟悉好 Linux 系统 GRUB 的不同功能界面,能按步骤认真操作。

实验步骤:使用 GRUB 控制启动级别

(1) 重启动进入 GRUB 界面,如果在 grub. conf 文件中设置了 timeout 选项,可以看到画面中的倒数。

(2) 在倒数结束之前,按方向键可以停止计数。

(3) 注意显示下方的提示,使用上下键选择启动的内核,按 e 选择编辑 GRUB 显示条目的内容。

(4) 根据下方提示,使用上下键选择有 kernel 字样的行并按 e 编辑。

(5) 现在进入了 GRUB 编辑模式,在选择的 kernel 行的结尾处输入空格 S,然后回车(或者输入空格 1,代表 runlevel 状态 1,和 s 作用相同)。可以看到返回了前一画面,kernel 行结尾处添加 s 字符,如果不想保存更改,可以按 ESC 返回前一画面。

(6) 按 b 使用更改选项启动,在上例中将进入单用户模式(Single User)。

(7) 重启后检查 grub. conf 文件,你将发现所有的更改并没有保存在文件中,这说明启动的时候 GRUB 菜单的修改只保存在内存里,并没有写回到文件中。

(8) 重复以上步骤,试验其他 runlevel。

实验内容二:熟悉 GRUB 选项

(1) 重新启动进入 GRUB 界面,按 c 键进入 GRUB 的命令模式。可以看到 grub>的提示符。

(2) 在提示符下键入两次 Tab 键,将显示 GRUB 提示符下所有可以的命令。

(3) 首先使用 root(hd0,0)命令/boot 分区。

(4) 然后使用 kernel 命令挂接 vmlinuz,并配置将传递给 vmlinuz 的启动参数。

(5) 之后使用 initrd 命令挂接 initrd。

(6) 最后使用 boot 命令启动系统。

项 目 实 践

1. 实践项目:针对 Linux 系统的破解与防破解。

2. 实践目的：由于现在所使用的 Linux 系统的 BootLoader 大部分为 GRUB，所以需要使用由 GRUB 引导的 Linux 系统。

3. 项目描述：

第一部分 使用单用户模式修改 Linux 系统密码

(1) 先设置下 GRUB 引导启动时的倒计时时间：

```
[root@solin ~]#vi/etc/grub.conf      //编辑 grub 的启动配置文件
```

将启动倒计时时间修改为 5 秒，timeout=0 改为 timeout=5。

(2) 重启系统，当看到 GRUB 启动画面时马上按下 e，然后使用上下键选中平时所使用的 Linux 系统，然后按 e 键(如图 5-6 所示)。如果按的时候过快，可以按 Esc 键取消回到上一界面，再次用上下键选中平时启动的 Linux 系统(如图 5-7 中的那项)，然后按 e 键，进入编辑模式(如图 5-8 所示)。

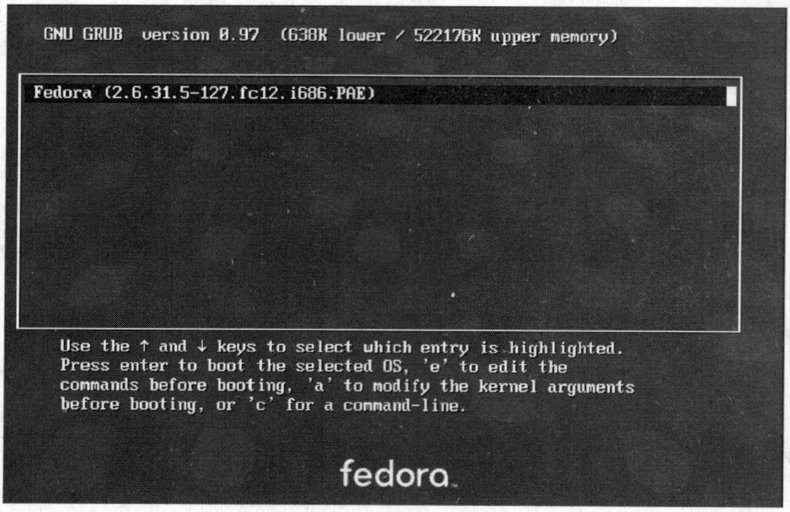

图 5-6 进入 GRUB

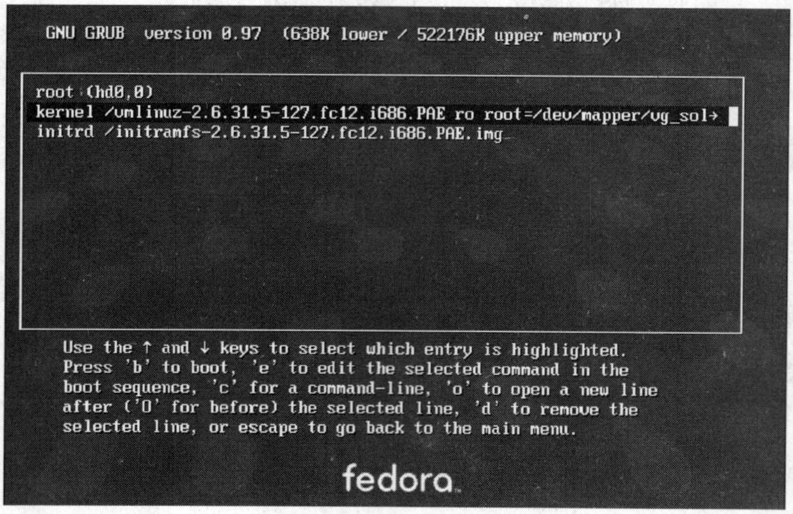

图 5-7 编辑 GRUB 选项

(3) 然后，按方向键左移，移到“ro”之前，输入 single 使用单用户模式，效果如图 5-8 所示。按回车键，再按“b”，启动进入命令行编辑界面。

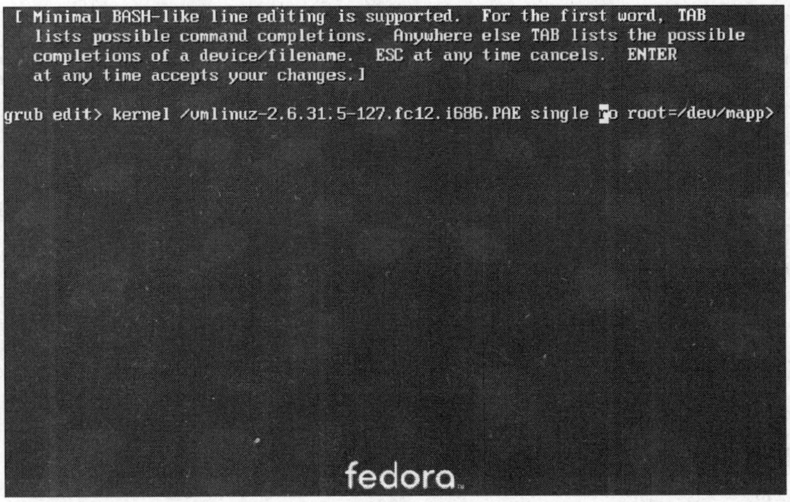

图 5-8　修改 GRUB 为单用户模式

(4) 进入命令界面后，使用两种办法修改密码：第一种，用 passwd 命令修改密码，然后输入 reboot 重启，进入后，用 root 用户登录，然后输入刚才修改的密码，回车就可以了。第二种，利用 vi 或 vim 修改/etc/passwd 文件里的 root 开头的那行，将 x 删去(过程如图 5-9 所示)，保存退出，然后输入 reboot 命令重新启动，切换到 root 用户登录，不用输入密码直接回车就可以进入系统了。

图 5-9　修改 Root 密码

第二部分　如何防止别人通过单用户模式修改密码

由于想引导单用户模式就需要在 GRUB 的不同模式下进行编辑，所以只要通过对 GRUB 进行加密，不让别人修改 GRUB 就可以了。

方法有如下几点。

(1) GRUB 有一个配置文件，在/etc 这个文件夹中，名称是“grub. conf”，找到这个文件，用

vi、vim 或其他的编辑器编辑如下。先看下文件中的内容：

```
# grub.conf generated by anaconda
#
# Note that you do not have to rerun grub after making changes to this file
# NOTICE:  You have a/boot partition. This means that
#          all kernel and initrd paths are relative to/boot/,eg.
#          root(hd0,0)
#          kernel/vmlinuz-version ro root = /dev/sda2
#          initrd/initrd-[generic-]version.img
#boot = /dev/sda
default = 0
timeout = 5
splashimage = (hd0,0)/grub/splash.xpm.gz
hiddenmenu
title Fedora(2.6.31.5-127.fc12.i686.PAE)
        root(hd0,0)
        kernel/vmlinuz-2.6.31.5-127.fc12.i686.PAE ro root = UUID = 8f916929-
        1d09-46cc-b285-cf59d9ee4aab LANG = zh_CN.UTF-8 KEYBOARDTYPE = pc
        KEYTABLE = us rhgb quiet
        initrd/initramfs-2.6.31.5.img
```

具体含义查看下 GRUB 的相关文档，这里共有两个地方可以添加 GRUB 的使用密码。

(2) 第一处是“timeout＝5”的下面，在这里加上“password＝123456”(123456 是自己设定的密码)。保存后退出再重启，可以看到，在 GRUB 的界面上已经不可以按“e”进行修改了，想修改必须按“p”输入密码后进行修改。

(3) 第二处是“initrd/initramfs-2.6.31.5.img”的下面。在这里加上“password＝123456”(123456 是自己设定的密码)。同样保存后退出再重启，可以看到，Linux 启动(也就是通过了 GRUB，要进入 Linux 之前)前又多了一个密码。值得注意的是：这个密码是可以防止单用户模式进入的。也就是说，即使通过编辑 GRUB 启动单用户模式，还是要输入这个密码的。

到这里本项目的实践已基本讲解完了，请认真练习，以便在忘记密码等各种情况下，利用 GRUB 所提供的功能来为自己提供方便。当然了，以上所讲解的不是固定的，还是要以实际情况为前提，综合其他的办法来达到所需要的目的。

第6章 Linux 驱动程序及模块详解

本章内容

- 理解 Linux 内核与模块机制
- 学习模块相关的系列命令
- 模块及驱动常见的操作及原理
- 内核模块相关配置文件

6.1 内核与驱动模块

学习目标

- 了解模块机制
- 了解内核与模块
- 了解驱动模块
- 了解驱动程序的作用

6.1.1 什么是模块

接触 Linux 到现在,不知道你是否还认为 Linux 是个操作系统?其实,它只是个内核,一体化的内核。由于内核中的各部件联系紧密,因此这种内核最重要的特点就是运行效率较高。但也就是由于内核中各部件联系紧密,也给它带来了一个致命的缺点:当因某种原因需要增加、扩充时,用户必须对内核全部重新编译一次。所以,为了弥补这个缺点,Linux 建立了模块机制。

从代码的特征上来看,模块就是可完成一项独立功能的一组函数的集合。

从使用特征上来看,它在被需要时可以随时被安装,而在不需要时又可以随时被卸载。总之,模块是一个为内核(从某种意义上来说,内核也是一个模块)或其他内核模块提供使用功能的代码块。

准确地说,模块就是一个已编译但未连接的可执行文件,一个模块提供了一个功能。

6.1.2 内核与模块

从内核的角度来看,模块在运行时可连接并删除的,包含了至少 2 个函数的代码段。这个代码段一旦被连接到内核，它就可以是内核的一部分，所以它也被叫做内核模块。

从用户的角度来看，模块是内核的一个外挂的配件：需要时可将其挂接到内核上，以完成用户所要求的任务；不需要时即可将其删除。它给用户提供了扩充内核功能的手段。

6.1.3 驱动模块

操作系统是通过各种驱动程序来驾驭硬件设备，它为用户屏蔽了各种各样的设备，驱动硬件是操作系统最基本的功能，并且提供统一的操作方式。正如查看屏幕上的文档时不用去管到底使用 nVIDIA 芯片，还是 ATI 芯片的显示卡，只需知道输入命令后，需要的文字显示在屏幕上。硬件驱动程序是操作系统的最基本组成部分，在 Linux 内核源程序中也占有较高的比例。

Linux 内核中采用可加载的模块化设计(Loadable Kernel Modules，LKMs)一般情况下编译的 Linux 内核是支持可插入式模块的，也就是将最基本的内核代码编译在内核中。其他的代码可以选择是在内核中，还是编译为内核的模块文件。如果需要某种功能，比如需要访问一个 NTFS 分区，就加载相应的 NTFS 模块。这种设计可以使内核文件不至于太大，但是又可以支持很多的功能，必要时同时动态的加载。这是一种跟微内核设计不太一样，但是却是切实可行的内核设计方案。

模块化的思想已经被广泛接受，主要的原因在于它可以扩展系统的功能，用户可以灵活的配置系统。

6.1.4 驱动程序的作用

Linux 驱动程序提供软件访问硬件的机制：

(1) 应用软件通过驱动程序安全高效的访问硬件；

(2) 驱动程序文件节点可以方便的提供访问权限控制；

(3) 驱动程序作为一个隔离的中间层软件，将底层细节隐藏起来，提高了软件的可移植性和可重用性；

(4) 接口鲜明的 Linux 驱动程序便于将软件划分开，并隔离有缺陷的代码，对于项目的管理有积极贡献。

6.2 加载内核模块

学习目标

- 学会加载内核模块

加载内核模块的方法有两种。

第一种使用 insmod 命令手工把它插入到内核。

另一个更智能的方法是在需要的时候加载这个模块：这叫做按需加载(Demand Loading)。当内核发现需要一个模块的时候，例如当用户安装一个不在内核的文件系统的时候，内核会请求内核守护进程(Kerneld)试图加载合适的模块。

说到这里就不能不提到内核守护进程 kerneld 了,它非常的聪明,能够主动地把需要的 modules 自动插入 kernel,将没用到的 module 从 kernel 中清退。kerneld 由两个独立的部分构成:一部分工作于 Linux 的内核,负责向 daemon 发送请求;另一部分工作于系统的用户数据区,负责调入由内核请求指定的 modules。若少了这个 kerneld,就只能通过手工的方式,用 insmod 或 modeprobe 命令进行加载。

常见的驱动程序就是作为内核模块动态加载的。比如声卡驱动和网卡驱动等,而 Linux 最基础的驱动,如 CPU、PCI 总线、TCP/IP 协议、APM(高级电源管理)、VFS 等驱动程序则编译在内核文件中。有时也把内核模块就叫做驱动程序,只不过驱动的内容不一定是硬件罢了,比如 EXT3 文件系统的驱动,理解这一点很重要。因此,加载驱动时就是加载内核模块。

6.3 内核模块的相关命令

学习目标

• 学会使用内核模块的相关命令

6.3.1 lsmod 命令

功能:列出已经被内核调入的模块。

基本格式:lsmod

lsmod 命令运行的结果如图 6-1 所示。

```
[root@localhost root]# lsmod
Module                  Size  Used by    Not tainted
ide-cd                 35772   0  (autoclean)
cdrom                  34176   0  (autoclean) [ide-cd]
parport_pc             19204   1  (autoclean)
lp                      9188   0  (autoclean)
parport                39072   1  (autoclean) [parport_pc lp]
autofs                 13684   0  (autoclean) (unused)
pcnet32                18592   0  (unused)
mii                     4124   0  [pcnet32]
ipt_REJECT              3928   6  (autoclean)
iptable_filter          2412   1  (autoclean)
ip_tables              15864   2  [ipt_REJECT iptable_filter]
microcode               5184   0  (autoclean)
keybdev                 2976   0  (unused)
mousedev                5656   1
hid                    22308   0  (unused)
input                   6208   0  [keybdev mousedev hid]
usb-uhci               27404   0  (unused)
ehci-hcd               20456   0  (unused)
usbcore                82592   1  [hid usb-uhci ehci-hcd]
ext3                   73376   2
jbd                    56336   2  [ext3]
mptscsih               39408   3
mptbase                43040   3  [mptscsih]
sd_mod                 13452   6
scsi_mod              110488   2  [mptscsih sd_mod]
```

图 6-1 lsmod 命令的结果

图 6-1 显示了当前系统中加载的模块，左边数第一列是模块名(Module)，第二列是该模块大小(Size)，第三列则是该模块使用的数量(Used by)。如果后面为 unused，则表示该模块当前没在使用。如果后面有 autoclean，则该模块可以被 rmmod -a 命令自动清洗。rmmod -a 命令会将目前有 autoclean 的模块卸载，如果这时候某个模块未被使用，则将该模块标记为 autoclean。如果在行尾的[]括号内有模块名称，则括号内的模块就依赖于该模块。

例如：

```
cdrom 34176 0(autoclean)[ide-cd]
```

其中 ide-cd 模块就依赖于 cdrom 模块。

6.3.2 modinfo 命令

功能：用来查看模块信息。可以使用命令：modinfo-h 深入了解。

基本格式：

```
modinfo [-0] [-F field] [modulename|filename… ]
```

系统的模块文件保存在/lib/modules/2.4.×××/kernel 目录下，根据分类分别在 fs，net 等子目录中，它们的互相依存关系则保存在/lib/modules/2.4.×××/modules.dep 文件中。需要注意该文件不仅写入了模块的依存关系，同时内核查找模块也是在这个文件中，使用 modprobe 命令，可以智能插入模块：它可以根据模块间依存关系，以及/etc/modules.conf 文件中的内容智能插入模块。

6.3.3 modprobe 命令

功能：智能添加删除内核模块。可以使用命令：modprobe-h 深入了解。

基本格式：

```
modprobe [-a -n -v] [-C config ] [-t type ] pattern OR module1 module2 …
modprobe [-l ] [-C config ] [-t type ] pattern
```

例如：加载 ide 的光驱驱动，则可运行下面命令：

```
#modprobe ide-cd
```

此时会发现，cdrom 模块也会自动插入。

6.3.4 insmod 命令

功能：向内核插入模块的命令，但是它不会自动解决依存关系，所以一般加载内核模块时使用的命令为 modprobe。可以使用命令：insmod -h 深入了解。

基本格式：

```
insmod [-fhkLmnpqrsSvVxXyYN] [-e persist_name] [-o module_name] [-O blob_name]
[-P prefix] module [ symbol = value …]
```

6.3.5 rmmod 命令

功能：从内核中删除模块，但是它只可以删除没有使用的模块。可以使用命令：rmmod -h 深入了解。

基本格式：

```
rmmod [-aehrsvV] module
```

6.3.6 depmod 命令

功能：depmod 可检测模块的相依性，供 modprobe 在安装模块时使用。可以使用命令：depmod -h 详细了解。

基本格式：

```
depmod -[aA] [-n -e -v -q -V -r -u] [-C configfile] [-F kernelsyms] [-b basedirecto-ry] [forced_version]
depmod [-n -e -v -q -r -u] [-F kernelsyms] module1.o module2.o …
```

6.4 设备文件

学习目标

- 了解设备文件

当加载了设备驱动模块后，应该怎样访问这些设备呢？Linux 是一种类 UNIX 系统，UNIX 的一个基本特点是“一切皆为文件”，它抽象了设备的处理，将所有的硬件设备都像普通文件一样看待，也就是说硬件可以跟普通文件一样来打开、关闭和读写。

系统中的设备都用一个设备特殊文件代表，叫做设备文件，设备文件又分为 block（块）型设备文件、character（字符）型设备文件和 socket（网络插件）型设备享件。block 设备文件常常指定哪些需要以块（如 512 字节）的方式写入的设备，比如 IDE 硬盘、SGSI 硬盘、光驱等。而 character 型设备文件常指定直接读写，没有缓冲区的设备，比如并口、虚拟控制台等。socket（网络插件）型设备文件指定的是网络设备访问的 BSD socket 接口，如图 6-2 所示。

```
[root@localhost /]# ls -l /dev/hda /dev/video0 /dev/log
brw-rw----    1 root     disk      3,   0 2003-01-30  /dev/hda
srw-rw-rw-    1 root     root           0  9月  16 11:10 /dev/log
crw-------    1 root     root     81,   0 2003-01-30  /dev/video0
```

图 6-2 设备文件

上面显示的是三种设备文件，注意它们最前面的字符，block 型设备为 b，character 型设备为 c，socket 设备为 s。

由此可以看出，设备文件都放在/dev 目录下，比如硬盘就是用/dev/hd * 来表示，/dev/hda 表示第一个 IDE 接口的主设备，/dev/hda1 表示第一个硬盘上的第一个分区；而/dev/hdc 表示第二个 IDE 接口的主设备。

对于 block 和 character 型设备，使用主(Major)和辅(Minor)设备编号来描述设备。主设备编号来表示某种驱动程序。同一个设备驱动程序模块所控制的所有设备都有一个共同的主设备编号，而辅设备编号用于区分该控制器下不同的设备，比如/dev/hda1(block 3/1) /dev/hda2(block 3/2) /dev/hda3(block3/3)都代表着同一块硬盘的三个分区，它们的主设备号都是 3，辅设备号分别为 1，2，3。这些设备特殊文件用 mknod 命令来创建：

```
[root@localhost /]#mknod harddisk b 3 0
```

就在当前位置创建出一个与/dev/hda 一样的，可以访问第一个 IDE 设备主硬盘的文件，文件名叫做 harddisk。

例如：使用下面命令可以查看设备编号：

```
[root@localhost /]file /dev/hda
/dev/hda:block special(3/0)
```

block 代表/dev/hda 是系统的 block 型(块型)设备文件，它的主设备编号为 3，辅设备编号为 0。

使用下面命令，显示结果如图 6-3 所示：

```
[root@localhost /]#ls -l /dev/hda /dev/hdb
```

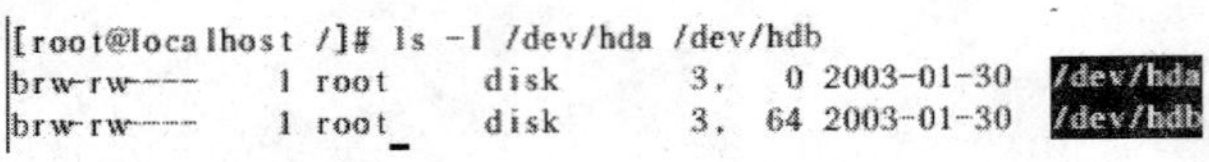

```
[root@localhost /]# ls -l /dev/hda /dev/hdb
brw-rw----    1 root     disk      3,   0 2003-01-30 /dev/hda
brw-rw----    1 root     disk      3,  64 2003-01-30 /dev/hdb
```

图 6-3 设备编号

看到设备编号，/dev/hdb 代表第一个 IDE 接口的从设备(Slave)也是 block 设备，编号为(3/64)。

还有另外一种设备文件是/dev/tty *。tty 设备包括虚拟控制台，串口以及伪终端设备。/dev/tty 代表当前 tty 设备，来使用下面的命令，显示结果如图 6-4 所示：

```
[root@localhost /]#echo “Hey girl! My name is Brian. May I have a dance with u.”>/
dev/tty
```

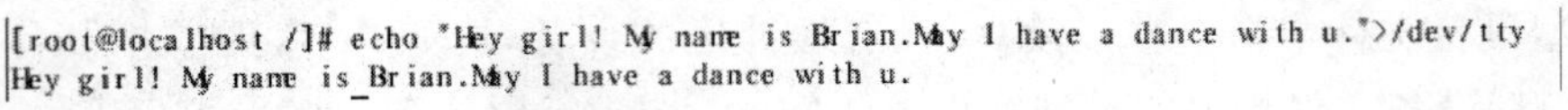

```
[root@localhost /]# echo "Hey girl! My name is Brian.May I have a dance with u.">/dev/tty
Hey girl! My name is Brian.May I have a dance with u.
```

图 6-4 虚拟控制台

从上图就能看出了，该命令将双引号里的字符串输出到当前终端上了。再来使用下面的命令：

```
#file /dev/tty1
/dev/tty1:character special(4/1)
```

由上可以看到，它的类型为 character 型(字符型)设备文件，主设备号为 4，辅设备号为 1。

同样,/dev/tty2 代表着第二个虚拟控制台,是 character 设备,编号为(4/2)。

有关设备文件的编号可以看内核文档/usr/Linux-2. * /Documentation/devices. txt 文件(在 Kernel 的源文件解包后的 Documentation 目录中),其中详细叙述了各种设备文件编号的意义。

6.5 proc 文件系统

学习目标

- 了解 proc 文件系统

通过设备文件怎样访问到相应的驱动程序呢?中间有一个桥梁,那就是 proc 文件系统, proc 文件系统是一个伪文件系统,它只存在内存当中,而不占用外存空间。它以文件系统的方式为访问系统内核数据的操作提供接口。用户和应用程序可以通过 proc 得到系统的信息,并可以改变内核的某些参数。由于系统的信息,如进程,是动态改变的,所以用户或应用程序读取 proc 文件时,proc 文件系统是动态从系统内核读出所需信息并提交的。如果 proc 文件系统没有加载,访问设备文件时就会出现错误。

Linux 系统中 proc 文件系统是内核虚拟的文件系统,其中所有的文件都是内核中虚拟出来的,各种文件实际上是当前内核在内存中的参数。它就像是专门为访问内核而打开的一扇门,比如访问/proc/cpuinfo 文件,实际上就是访问目前的 CPU 的参数,每一次系统启动时系统都会通过/etc/fstab 中设置的信息自动将 proc 文件系统加载到/proc 目录下,如图 6-5 所示。

```
[root@localhost /]#grep proc /etc/fstab
```

```
none          /proc          proc    defaults        0 0
```

图 6-5 proc 文件系统

此外,也可以通过 mount 命令手动加载:

```
[root@localhost /]#mount -t proc none /proc
```

通过/proc 目录下的文件可以访问或更改内核参数,可以通过/proc 目录查询驱动程序信息。下面先来看一下/proc 目录中的信息,如图 6-6 所示:

```
[root@localhost /]#ls /proc
```

```
[root@localhost /]# ls /proc
1      2420  2907  3068  3377  3416  80           fs          mdstat      self
10     2464  2916  3069  3379  3422  9            ide         meminfo     slabinfo
11     2709  2926  3070  3390  3425  bus          interrupts  misc        stat
12     2713  2937  3071  3395  3569  cmdline      iomem       modules     swaps
13     2723  2948  3104  3402  3570  cpuinfo      ioports     mounts      sys
13081  2732  3     3105  3404  3571  devices      irq         mpt         sysvipc
13419  2751  3034  3303  3406  4     dma          kcore       mtrr        tty
13734  2847  3052  3318  3408  5     driver       kmsg        net         uptime
2      2862  3065  3321  3411  6     execdomains  ksyms       partitions  version
22     2888  3066  3365  3413  7     fb           loadavg     pci
2236   2897  3067  3375  3415  8     filesystems  locks       scsi
```

图 6-6 proc 目录中的内容

这些目录及内容见表 6-1。

表 6-1　proc 目录中的内容

目录名称	目录内容	目录名称	目录内容
cmdline	内核命令行	Locks	内核锁
Cpuinfo	关于 CPU 信息	Meminfo	内存信息
Devices	可以用到的设备(块设备/字符设备)	Modules	加载模块列表
Dma	使用的 DMA 通道	Mounts	加载的文件系统
Filesystems	支持的文件系统	Partitions	系统识别的分区表
Interrupts	中断的使用	Slabinfo	池信息
Ioports	I/O 端口的使用	Stat	全面统计状态表
Kcore	内核印象	Swaps	交换空间的利用情况
Kmsg	内核消息	Version	内核版本
Ksyms	内核符号表	Uptime	系统正常运行时间
Loadavg	负载均衡		

还有更多的内容,你可以再去深入了解,需要知道的是,这些文件都是实时产生的虚拟文件,访问它们就是访问内存中真实的数据。这些数据是实时变化实时产生的,用户如果要查看系统信息,可以用 cat 命令来查看文件的具体值,如图 6-7 所示。

```
[root@localhost /]# cat /proc/interrupts
           CPU0       CPU1
  0:    3152842          0    IO-APIC-edge   timer
  1:        269       1846    IO-APIC-edge   keyboard
  2:          0          0          XT-PIC   cascade
  8:          1          0    IO-APIC-edge   rtc
 12:      10045      26386    IO-APIC-edge   PS/2 Mouse
 15:       5341     279945    IO-APIC-edge   ide1
 17:      10740      61409   IO-APIC-level   ioc0, ehci-hcd
 18:         38          0   IO-APIC-level   usb-uhci
NMI:          0          0
LOC:    3140862    3143244
ERR:          0
MIS:          0
```

图 6-7　查看 proc 文件信息

用户还可以实现修改内核参数。在/proc 文件系统中有一个有趣的目录:/proc/sys。它不仅提供了内核信息,而且可以通过它修改内核参数,来优化系统。但是必须很小心,因为可能会造成系统崩溃。最好是先找一台无关紧要的机子,调试成功后再应用到你的系统上。

再来看个例子,如图 6-8 所示:

```
[root@localhost root]# cat /proc/sys/net/ipv4/ip_forward
0
[root@localhost root]# echo "1" > /proc/sys/net/ipv4/ip_forward
[root@localhost root]# cat /proc/sys/net/ipv4/ip_forward
1
[root@localhost root]#
```

图 6-8　虚拟文件进行读写的过程

这个例子展示了对/proc 中的一个虚拟文件进行读写的过程。当输入命令:

```
[root@localhost root]#cat /proc/sys/net/ipv4/ip_forward
```

查看了内核的 TCP/IP 栈中当前的 IP 转发的设置，0 为关闭状态，再使用命令：

```
[root@localhost root]# echo "1">/proc/sys/net/ipv4/ip_forward
```

将该设置改为 1，开启转发功能。

另外，Linux 系统中提供一些命令来查询系统的状态，如 free 可以查看目前的内存使用情况，ide_info 可以查看 ide 设备的信息。

例如：

```
[root@localhost /]# ide_info /dev/had
```

类似的命令还有 scsi_info，可以查询 SCSI 设备的信息。这些命令一般也是查询/proc 目录下文件，并返回结果。

6.6 本章小结

本章主要学习了内核模块的相关知识，了解 Linux 的模块机制以及如何加载使用内核模块，关于这部分知识，需要大家动手去实践，然后觉得内核模块其实并没有那么神秘。

课后习题

1. 选择题

(1) 选择对/proc 文件系统正确的描述。(　　)

A. /proc 文件系统可以提供系统核心的许多参数

B. 可以得到系统中运行的进程的一些信息

C. 通常情况下，不提供中断、IO 端口、CPU 等信息

D. /proc 是一个虚拟的文件系统

(2) Linux 中设备文件的主要内容包括(　　)。

A. 设备权限　　B. 设备类型　　C. 主设备号　　D. 子设备号

(3) 以下(　　)命令可用于检测模块的依赖性。

A. depmod　　B. lsmod　　C. rmmod　　D. modprobe

2. 填空题

(1) 当想删除本系统用不上的设备驱动程序时必须________内核，当内核不支持系统上的设备驱动程序时，必须对内核________。

(2) 内核模块的加载方式有两种，分别是________和________，驱动程序是以________方式进行加载的。

(3) 查看当前系统的模块，查看模块信息，加载模块，卸载模块的命令分别是________、________、________及________。

3. 简答题

(1) 如何理解类 UNIX 系统的“一切皆文件”。

(2) 什么是/proc 文件系统，应如何理解它？

课 程 实 训

实践内容：内核模块编程的简单实现：hello world 程序

实践目的：对本章学习知识通过实践加以巩固并应用

实践步骤：

步骤一：

编写代码如下：

```
#include <linux/init.h>   //注意如果没有包含这个头文件，则编译时产生警告，
                          //insmod hello.ko 后也没有输出
#include <linux/module.h>
MODULE_LICENSE("Dual BSD/GPL");
static int hello_init(void)
{
    printf("Hello,world\n");
    return 0;
}
static void hello_exit(void)
{
    printf("Goodbye,cruel world\n");
}
module_init(hello_init);
module_exit(hello_exit);
```

步骤二：

编写 makefile，在 makefile 文件编写的时候必须制定一些变量，如下：

```
obi-m = hello.o
KERNELDIR:= /usr/local/arm/k9Linux/linux-2.6.13/images_dir/lib/modules/2.6.13/build
/* 这边需要指定 build 的目录，因为在编译的时候会用到该目录下的文件 */
KERNELHEAD:= /usr/local/arm/k9Linux/linux-2.6.13/include
/* hello word 的头文件都是内核的头文件，所以我们也必须在这边指定，这是针对交叉编译来说的，如果是对本机的话，本机上的 GCC 在编译的配置上已经指定了内核头文件的地址 */
# The current directory is passed to sub-makes as argument
    PWD := $(Shell pwd)
modules:
    $(MAKE)-C $(KERNELDIR)-I $(KERNELHEAD) M= $(PWD) modules
```

```
modules_install:
	$(MAKE)-C $(KERNELDIR) M=$(PWD) modules_install
clean:
	rm-rf *.o *~ core .depend .*.cmd *.ko *.mod.c .tmp_versions
.PHONY:modules modules_install clean
```

步骤三：

在交叉编译 Linux 内核的时候，make zImage 后就直接去制作镜像 uImage。如果进行内核模块的动态加载的时候，在 make zImage 之后还需要编译以及安装内核模块。

```
#make modules        //编译内核配置时，被配置成内核模块的所有模块
#make INSTALL_MOD_PATH=/usr/local/Linux/linux-2.6.13/images_dir modules_install
/*这边是进行模块的安装，命令会将上面编译生成的模块.ko 文件传递到 INSTALL_MOD_PATH/lib/modules/linux-version/kernel/derives/……的相应文件夹下面的。这边生成的这个 INSTALL_MOD_PATH/lib/modules/目录就是前面 hello world 模块 makefile 中需要用到的*/
```

步骤四：

运行内核模块，在运行自己的内核模块的时候，只要通过 nfs 将内核模块×××.ko 拷贝到目标板中：

#insmod ×××.ko

#lsmod

这样就可以看到内核模块已经加载到内核中了。

项 目 实 践

1. 实践项目：字符驱动程序编程
2. 实践目的：通过字符驱动的编程，了解驱动程序编程的一般模式
3. 项目描述：

(1) 头文件

```
#ifndef _MEMDEV_H_
#define _MEMDEV_H_
#ifndef MEMDEV_MAJOR
#define MEMDEV_MAJOR 254        /*预设的mem的主设备号*/
#endif
#ifndef MEMDEV_NR_DEVS
#define MEMDEV_NR_DEVS 2        /*设备数*/
#endif
#ifndef MEMDEV_SIZE
```

```c
#define MEMDEV_SIZE 4096
#endif
/*mem 设备描述结构体*/
struct mem_dev
{
  char *data;
  unsigned long size;
};
#endif /* _MEMDEV_H_ */
```

(2) 驱动源程序

```c
#ifndef _KERNEL_
#define _KERNEL_
#endif
#ifndef _MODULE_
#define _MODULE_
#endif
#include <linux/config.h>
#include <linux/kernel.h>
#include <linux/slab.h>
#include <linux/proc_fs.h>
#include <linux/module.h>
#include <linux/types.h>
#include <linux/fs.h>
#include <linux/errno.h>
#include <linux/mm.h>
#include <linux/sched.h>
#include <linux/init.h>
#include <linux/cdev.h>
#include <asm/io.h>
#include <asm/system.h>
#include <asm/uaccess.h>
#include "memdev.h"
MODULE_LICENSE("GPL");
static mem_major = MEMDEV_MAJOR;
bool have_data = false;          /*表明设备是否有足够数据可读,false 表示没有
                                   足够数据可读*/
```

```
module_param(mem_major,int,S_IRUGO);
struct mem_dev *mem_devp;/*设备结构体指针*/
struct cdev cdev;
Mem_Dev *mem_devices;
int memdev_major = MEMDEV_MAJOR;
/*文件打开函数*/
int mem_open(struct inode *inode,struct file *filp)
{
    struct mem_dev *dev;
    /*获取次设备号*/
    int num = MINOR(inode->i_rdev);
    if(num>= MEMDEV_NR_DEVS)
            return -ENODEV;
    dev = &mem_devp[num];
    /*将设备描述结构指针赋值给文件私有数据指针*/
    filp->private_data = dev;
    return 0;
}
/*文件释放函数*/
int mem_release(struct inode *inode,struct file *filp)
{
  return 0;
}
/*读函数*/
static ssize_t mem_read(struct file *filp,char __user *buf,size_t size,loff_t *ppos)
{
  unsigned long p = *ppos;
  unsigned int count = size;
  int ret = 0;
  struct mem_dev *dev = filp->private_data;     /*获得设备结构体指针*/
  /*判断读位置是否有效*/
  if(p>= MEMDEV_SIZE)
    return 0;
  if(count>MEMDEV_SIZE - p)
    count = MEMDEV_SIZE-p;
while(!have_data)                                /*没有数据可读*/
{
 if(filp->f_flags & O_NONBLOCK)                  /*判断是否是阻塞方式*/
  return -EAGAIN;
wait_event_interruptible(dev->inq,have_data);
```

```
    }
    /*读数据到用户空间*/
    if(copy_to_user(buf,(void*)(dev->data+p),count))
    {
      ret=-EFAULT;
    }
    else
    {
      *ppos+=count;
      ret=count;

      printf(KERN_INFO "read %d bytes(s) from %d\n",count,p);
    }
  have_data=false;     /*表明不再有数据可读*/
    return ret;
  }
  /*写函数*/
  static ssize_t mem_write(struct file *filp,const char __user *buf,size_t
size,loff_t *ppos)
  {
    unsigned long p= *ppos;
    unsigned int count=size;
    int ret=0;
    struct mem_dev *dev=filp->private_data;     /*获得设备结构体指针*/
    /*分析和获取有效的写长度*/
    if(p>= MEMDEV_SIZE)
      return 0;
    if(count>MEMDEV_SIZE -p)
      count=MEMDEV_SIZE - p;
    /*从用户空间写入数据*/
    if(copy_from_user(dev->data+p,buf,count))
      ret=- EFAULT;
    else
    {
      *ppos+=count;
      ret=count;

      printf(KERN_INFO "written %d bytes(s) from %d\n",count,p);
    }
  have_data=true;      /*有新的数据可读*/
```

```
/*唤醒读进程*/
wake_up(&(dev->inq));
  return ret;
}
/* seek 文件定位函数 */
static loff_t mem_llseek(struct file *filp,loff_t offset,int whence)
{
    loff_t newpos;
    switch(whence) {
      case 0:    /* SEEK_SET */
        newpos = offset;
        break;
      case 1:    /* SEEK_CUR */
        newpos = filp->f_pos + offset;
        break;
      case 2:    /* SEEK_END */
        newpos = MEMDEV_SIZE -1 + offset;
        break;
      default:   /* can't happen */
        return -EINVAL;
  }
  if((newpos<0)||(newpos>MEMDEV_SIZE))
  return-EINVAL;
  filp->f_pos = newpos;
  return newpos;
}
/*文件操作结构体*/
static const struct file_operations mem_fops =
{
  .owner = THIS_MODULE,
  .llseek = mem_llseek,
  .read = mem_read,
  .write = mem_write,
  .open = mem_open,
  .release = mem_release,
};
/*设备驱动模块加载函数*/
static int memdev_init(void)
{
  int result;
```

```
    int i;
    dev_t devno = MKDEV(mem_major,0);
    /* 静态申请设备号 */
    if(mem_major)
      result = register_chrdev_region(devno,2,"memdev");
    else    /* 动态分配设备号 */
    {
      result = alloc_chrdev_region(&devno,0,2,"memdev");
      mem_major = MAJOR(devno);
    }
    if(result<0)
      return result;
    /*初始化 cdev 结构*/
    cdev_init(&cdev,&mem_fops);
    cdev.owner = THIS_MODULE;
    cdev.ops = &mem_fops;
    /* 注册字符设备 */
    cdev_add(&cdev,MKDEV(mem_major,0),MEMDEV_NR_DEVS);
    /* 为设备描述结构分配内存*/
    mem_devp = kmalloc(MEMDEV_NR_DEVS * sizeof(struct mem_dev),GFP_KERNEL);
    if(!mem_devp)       /*申请失败*/
    {
      result = - ENOMEM;
      goto fail_malloc;
    }
    memset(mem_devp,0,sizeof(struct mem_dev));
    /*为设备分配内存*/
    for(i = 0; i<MEMDEV_NR_DEVS;i++)
    {
          mem_devp[i].size = MEMDEV_SIZE;
          mem_devp[i].data = kmalloc(MEMDEV_SIZE,GFP_KERNEL);
          memset(mem_devp[i].data,0,MEMDEV_SIZE);
  /*初始化等待队列*/
  init_waitquene_head(&(mem_devp[i].inq));
    }
    return 0;
    fail_malloc:
    unregister_chrdev_region(devno,1);
    return result;
  }
```

```
/*模块卸载函数*/
static void memdev_exit(void)
{
  cdev_del(&cdev);          /*注销设备*/
  kfree(mem_devp);          /*释放设备结构体内存*/
  unregister_chrdev_region(MKDEV(mem_major,0),2);     /*释放设备号*/
}
MODULE_AUTHOR("David Xie");
MODULE_LICENSE("GPL");
module_init(memdev_init);
module_exit(memdev_exit);
```

(3) 测试程序

```
#include <stdio.h>
int main()
{
    FILE *fp0 = NULL;
    char Buf[4096];
    /*初始化Buf*/
    strcpy(Buf,"Mem is char dev!");
    printf("BUF: %s\n",Buf);
    /*打开设备文件*/
    fp0 = fopen("/dev/memdev0","r+");
    if(fp0 == NULL)
    {
       printf("Open Memdev0 Error! \n");
       return -1;
    }
    /*写入设备*/
    fwrite(Buf,sizeof(Buf),1,fp0);
    /*重新定位文件位置(思考没有该指令,会有何后果)*/
    fseek(fp0,0,SEEK_SET);
    /*清除Buf*/
    strcpy(Buf,"Buf is NULL!");
    printf("BUF: %s\n",Buf);
    /*读出设备*/
    fread(Buf,sizeof(Buf),1,fp0);
    /*检测结果*/
    printf("BUF: %s\n",Buf);
    return 0;
}
```

第 7 章　Linux 系统网络配置

本章内容

- ☞ 初识网络设备
- ☞ Linux 网络接口
- ☞ 网络侦错与观察命令
- ☞ 远程联机命令
- ☞ 设置 IP 转发功能

7.1　初识网络设备

学习目标

- 了解 Linux 中网络设备的一些特性
- 认识 Linux 对网络设备的命名规则
- 掌握在模块中识别和支持网卡

7.1.1　网络设备概述

Linux 最为突出的特点在于它是开放的自由软件以及其内置的网络支持。在 Linux 中，所有的网络通信都发生在软件接口与物理网络设备之间，本章主要从网络配置文件和 Linux 网络命令展开对 Linux 网络配置的介绍。

在 Linux 中，为了简化对设备的管理，所有外围的硬件设备被归结为三类：字符设备（如键盘、鼠标等）、块设备（如硬盘、光驱、软驱等）和网络设备（也称为网络接口——network interface，如以太网卡）。

为了屏蔽网络环境中物理网络设备的多样性，Linux 对所有的物理设备进行抽象并定义了一个统一的概念，称之为接口（Interface）。所有对网络硬件的访问都是通过接口进行的，接口对上层协议提供一致化的操作集合来处理基本数据的发送和接收，对下层屏蔽硬件差异。

在 Linux 中所有网络接口都用一个 net_device 的数据结构表示。通常，网络设备是一个物理设备如以太网卡，但软件也可以作为网络设备，如回送设备（Loopback）。所有被网络设备发送和接收的包都用数据结构 skb_buff 表示，这是一个具有很好的灵活性的数据结构，可以很容易增加或删除网络协议数据包头。

网络设备有其非常特殊的地方。它与字符设备、块设备都有很大的不同：一是网络接口不存在于 Linux 的文件系统根目录下的 dev 中，而是在内核中用一个 net_device 数据结构表示。而每一个字符设备或者块设备则在文件系统中都存在一个相应的特殊设备文件来表示该设备，如/dev/hda1、/dev/sda1、/dev/tty1 等。网络设备在做数据包发送和接收时，直接通过接口访问，不需要进行文件的操作，而对字符设备和块设备的访问都需通过文件操作界面。二是网络接口是在系统初始化时实时生成的，对于内核支持的但不存在的物理网络设备，将不可能有与之相对应的 net_device 结构。而对于系统支持的字符设备和块设备，即使该物理设备不存在，在 dev 下也会有相应的设备文件与之相对应。且在系统初始化的时候，内核将会对所有内核支持的字符设备和块设备进行登记，初始化该设备的文件操作界面(Struct File_operations)，而不管该设备在物理上是否存在。

网络设备和字符设备、块设备也有一些共同之处，比如在系统中网络设备的角色和安装的块设备相似。一个块设备在 blk_dev 数组及内核其他的数据结构中登记自己，然后根据请求，通过自己的 request_function 函数"发送"和"接收"数据块。相似地，为了能与外面世界进行数据交流，一个网络接口也必须在一个特殊的数据结构中登记自己。

网络设备在初始化时，调用系统函数 register_netdev()将自己的 net_device 结构加入到 dev_base 指向的 net_device 链表中。因此链表中的每一个单元表示一个存在网络设备(可能是物理的也可能是逻辑的)。当要发送数据时，Linux 的网络层子系统将根据系统路由表在 dev_base 指向的链表中，选择相应的网络接口进行数据传输，而当接收到数据包时，通过驱动程序登记的中断服务程序进行数据的接收处理。如图 7-1 所示为网络设备工作原理图。

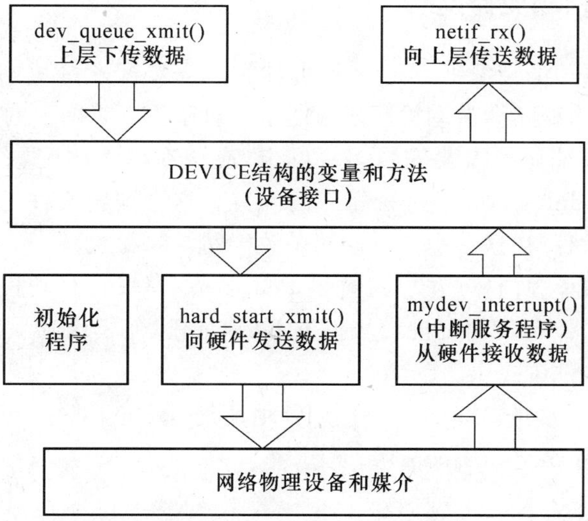

图 7-1　Linux 网络设备工作原理图

小知识

Linux 网络设备不是面向流的设备，因此不会将网络设备的名字(例如 eth0)映射到文件系统中去。

7.1.2 网络设备的命名

每一个具体的网络接口都应该有一个名字，以在系统中能唯一标识一个网络接口，这个名字和文件系统所规定的设备的名字没有任何联系。事实上，网络设备并没有使用文件系统的表示方法。通常一个名字仅表明该接口的类型而不代表生产厂商。Linux 对网络设备命名有以下约定，其中 N 为一个非负整数：

- ethN：以太网接口，包括 10 Mbit/s 和 100 Mbit/s；
- trN：令牌环接口；
- slN：SLIP 网络接口；
- pppNPPP：网络接口，包括同步和异步；
- plipN：PLIP 网络接口，其中 N 与打印端口号相同；
- tunlN：IPIP 压缩频道网络接口；
- nrN：NetROM 虚拟设备接口；
- isdnN：ISDN 网络接口；
- dummyN：空设备；
- lo：回送网络接口。

这样的一个约定非常重要，它使得用户在编写程序和配置系统时，可以使用"一个以太网卡"来统一地表示一块网卡，而不必考虑这个设备来自哪一个厂商。并且，如果更换网络设备也不需要重新编译 Linux 内核。

7.1.3 模块识别和支持网卡

在使用 Linux 做网关的情况下，Linux 服务器至少需要配置两块网卡。为了减少系统启动时可能出现的问题，内核不会自动检测多个网卡。对于没有将网卡的驱动编译到内核，而是作为模块动态载入的系统如果需要安装多块网卡，应该在模块的配置文件"/etc/modprobe.conf"（或者是"/etc/modules.conf"）进行相应的配置。这个配置文件定义了各种需要在启动时加载的模块的参数信息，在这一小节讨论的是关于网卡的配置。

如果设备驱动被编译为内核的模块：对于 PCI 设备，模块将自动检测到所有已经安装到系统上的设备；对于 ISA 卡，则需要向模块提供 IO 地址，以使模块知道在何处寻找该设备，这些信息在模块的配置文件中提供。

例如，有两块 ISA 总线的 3c509 卡，一个 IO 地址是 0x300，再一个是 0x320。编辑配置文件 modprobe.conf（或者 modules.conf）如下：

```
alias eth0 3c509
alias eth1 3c509
options 3c509 io = 0x300,0x320
```

这里 3c509 的驱动程序分别以 eth0 或者 eth1 的名称被加载，并且它们应该以参数 io=0x300,0x320 被加载以通知驱动程序能够寻找到这个网卡设备。

对于 PCI 卡，仅仅需要 alias 命令把 ethN 和适当的驱动模块名关联，PCI 卡的 IO 地址将会被自动地检测到。PCI 卡模块配置信息如下：

```
alias eth0 3c905
alias eth1 3c905
```

小知识

PCI是一种广泛采用的总线标准，它提供了许多优于其他总线标准(如 EISA)的新特性，目前已经成为计算机系统中应用最为广泛，并且最为通用的总线标准。一般来说，PCI卡通常都属于字符设备。

7.2 Linux 网络接口

学习目标

- Linux 网络接口配置文件
- Linux 网络配置文件
- 网络接口控制脚本
- 学习配置静态路由表

7.2.1 网络接口配置文件

在 Linux 中，所有的网络通信都发生在软件接口与物理网络设备之间。与网络接口配置相关的文件，以及控制网络接口状态的脚本文件，全都位于 /etc/sysconfig/netwrok-scripts/ 目录下。虽然在不同的系统之间，这些文件的类型和数量并不一定相同，但大致来讲，都包含以下几类与网络相关的配置文件：

- 网络接口配置文件；
- 网络接口控制脚本；
- 与网络相关的函数库文件(Function Files)。

各种的网络设备都需要用到这些文件保证设备的正常动作。这一节将讲述这些文件的用途以及使用它们的方式。

在 Linux 中，网络接口配置文件用于控制系统中的软件网络接口，并通过这些接口实现对网络设备的控制。当系统启动时，系统通过这些接口配置文件决定启动哪些接口，以及如何对这些接口进行配置。接口配置文件的名称通常类似于 ifcfg-＜name＞，其中＜name＞与配置文件所控制的设备的名称相关。

日常中最常用到的接口类型是以太网接口，在所有的网络配置文件中，最常用的就是 ifcfg-eth0，因为它是系统中第一块网卡的配置文件。如果系统中有多块网卡，ifcfg-eth 后面的数字就会依次递增。正因为每个设备都有对应的一个配置文件，因此管理员也能够单独地控制每一个设备。

以下是一个 ifcfg-eth0 配置文件的示例，在配置中已经为网卡设置好了 IP 地址。

```
DEVICE = eth0
BOOTPROTO = none
ONBOOT = yes
NETWORK = 10.0.1.0
NETMASK = 255.255.255.0
IPADDR = 10.0.1.27
USERCTL = no
```

在接口配置文件中,选项之间存在着一些关联,如果不像上例中那样使用固定 IP,使用 DHCP 获取 IP 地址的配置文件又会不一样。以下就是将网卡配置成通过 DHCP 获取 IP 地址的配置:

```
DEVICE = eth0
BOOTPROTO = dhcp
ONBOOT = yes
```

使用网络管理工具(System-config-network)对网络接口文件进行更改是比较方便的一种方式,但通过学习手动更改配置文件,能够更好的在各种 Linux 发行版中执行网络配置的工作。

下面是以太网接口配置文件中常用的一些选项:

```
BOOTPROTO = <protocol>
<protocol>的值有以下几种:
none  ——不指定启用协议
bootp ——使用 BOOTP 协议
dhcp  ——使用 DHCP 协议
BROADCAST = <address>
```

- <address> :表示广播地址。ifcalc 程序会自动计算这个地址,不推荐手动配置。
- DEVICE=<name>:<name>表示物理设备的名称,对于动态寻址的 PPP 设备则是指它的逻辑名称。
- DNS{1,2}=<address>:<address>表示名称服务器的 IP 地址。如 PEERDNS 选项被设置为 yes,这里设置的 IP 地址将会替代/etc/resolv.conf 中的设置。
- IPADDR=<address>:<address>的值就是分配给网卡的 IP 地址。
- NETMASK=<mask>:<mask>表示子网掩码。
- GATEWAY=<address>:<address>的值为路由器或其他网关设备的 IP 地址。
- NETWORK=<address>:<address>表示网络地址,ifcalc 程序会自动计算这个地址,不推荐手动配置。
- ONBOOT=<yes|no>:yes-系统启动时激活设备;no-系统启动时不激活设备。
- PEERDNS=<yes|no>:yes-使用 DNS 选项的值替代/etc/resolv.conf 中的配置。如果使用 DHCP,yes 则为这个选项的默认。

- no-不更改/etc/resolv.conf 中的配置。
- USERCTL＝＜yes|no＞：yes-允许非 root 用户控制这个设备；no-不允许非 root 用户控制这个设备。

7.2.2 网络配置文件

在开始对 Linux 进行网络配置之前，先来认识与网络配置相关的一些主要配置文件。了解这些配置文件如何控制和影响网络，对以后自定义 Fedora/Linux 系统的网络很有帮助。

以下是 Linux 中主要的几个网络配置文件：

1. /etc/hosts

这个文件用于设置主机名与 IP 映射关系，为那些无法通过其他方式(如通过 DNS 服务器)解析的主机名进行解析，它还能够在没有 DNS 的小型网络中充当主机名解析的角色。不论计算机在什么类型的网络上，hosts 文件中都有关于环回链路(127.0.0.1)的主机记录(不同的 Linux 版本，这个配置文件也可能命名不同，例如/etc/hostname)。

一般情况下 hosts 文件的每一行为一个主机配置，每行由三部分组成，每个部分由空格隔开。其中"#"号开头的行是被注释了的，做说明用，不被系统解释。

通常这个文件首先记录本地主机的 IP、主机名，如图 7-2 所示。

图 7-2 hosts 文件

小知识

通过 hosts 文件可以解决远程登录 Linux 主机过慢的问题：

有时客户端想远程登录一台 Linux 主机，但每次登录输入密码后都会等很长一段时间才会进入，这是因为 Linux 主机在返回信息时需要解析 IP，如果在 Linux 主机的 hosts 文件事先加入客户端的 IP 地址，这时再从客户端远程登录 Linux 就会变很快。这里所说的远程登录不仅仅是 SSH，还可能是 mysql 远程登录，或是文件共享的查询等。

2. /etc/resolv.conf

这个文件用于设置 DNS 的 IP 地址和搜索域，除非另行配置，否则网络初始化脚本总是使用这个文档中的配置信息。

这个文件每行以一个关键字开头，后接配置参数。

resolv.conf 文件的关键字主要有四个，分别是：

```
nameserver        #定义 DNS 服务器的 IP 地址
domain            #定义本地域名
search            #定义域名的搜索列表
sortlist          #对返回的域名进行排序
```

- nameserver：表明 DNS 服务器的 IP 地址。可以有很多行的 nameserver，每一个带一个 IP 地址。在查询时就按 nameserver 在本文件中的顺序进行，且只有当第一个 nameserver 没有反应时才查询下面的 nameserver。
- domain：声明主机的域名。很多程序用到它，如邮件系统；当为没有域名的主机进行 DNS 查询时，也要用到。如果没有域名，主机名将被使用，删除所有在第一个点(.)前面的内容。
- search：它的多个参数指明域名查询顺序。当要查询没有域名的主机，主机将在由 search 声明的域中分别查找(domain 和 search 不能共存；如果同时存在，后面出现的将会被使用)。
- sortlist：允许将得到域名结果进行特定的排序。它的参数为网络/掩码对，允许任意的排列顺序。

3. /etc/sysconfig/network

这个文件用于为所有网络接口设置路由和主机信息。

```
/etc/sysconfig/network-script/ifcfg-<interface-name>
```

每一个网络接口，都有一个与之对应的配置脚本，这些脚本文件为相应的网络接口设置指定的配置信息。

4. /etc/sysconfig/networking/

目录中包含着网络管理工具使用的文档，请不要人工更改这些文件。

7.2.3 网络接口控制脚本

在 Linux 中，接口控制脚本用于激活和取消激活系统接口，/sbin/ifdown 和/sbin/ifup 是两个最主要的接口控制脚本，它们通过调用/etc/sysconfig/network-scripts/目录中的配置文件起作用。

ifup 和 ifdown 接口脚本是指向/sbin 目录的链接符号，在使用这两个脚本时，需要指定接口的名称，如

```
[root@localhost /]# ifup eth0
```

普通用户也能够使用 ifup 和 ifdown 命令，但是否能够控制指定的接口还与接口的配置有关。

网络接口被启动时需要完成许多网络初始化的工作，其中大部分工作都由/etc/rc.d/init.d/functions 和/etc/sysconfig/network-scripts/network-functions 这两个文件实现。

当验证某个接口已经被配置完成，并且用户拥有控制接口的权限之后，相应的脚本则会启用或关闭这个接口。以下是位于 /etc/sysconfig/network-scripts/ 目录中常用的接口控制脚本：

```
ifup-aliases：当有别名接口配置文件时，为指定接口配置多个 IP 地址。
ifup-ippp 和 ifdown-ippp：启用和关闭 ISDN 接口。
ifup-ipsec 和 ifdown-ipsec：启用和关闭 IPsec 接口。
ifup-ipv6 和 ifdown-ipv6：启用和关闭 IPv6 接口。
ifup-plip：启用 PLIP 接口。
```

```
ifup-plusb：为网络连接启用 USB 接口。
ifup-post 和 ifdown-post：包含接口被启用或被关闭后要执行的命令。
ifup-ppp 和 ifdown-ppp：启用和关闭 PPP 接口。
ifup-routes：当接口被启用时，为设备添加静态路由。
ifup-sit 和 ifdown-sit：包含在 IPv4 连接中启用和关闭 IPv6 通道所要被调用的函数。
ifup-sl 和 ifdown-sl：启用和关闭 SLIP 接口。
ifup-wireless：启用无线接口。
```

删除或更改/etc/sysconfig/network-scripts/目录下的任何脚本，都可能导致接口连接出错或失败。因此，所以只在对这些内容非常熟悉的情况下，才对它们进行更改。

同时操作所有网络脚本的最简单方法，就是使用/sbin/service 命令对网络服务（/etc/rc. d/init. d/network）进行操作，如

```
# /sbin/service network <action>
```

<action>可以是 start，stop 或 restart（启动、停止或重启）。

使用以下命令，则可以查看已配置的设备及当前激活的网络接口的状态。

```
[root@localhost /]# /sbin/service network status
```

7.2.4 配置静态路由

路由功能可以在路由设备上得以实现，因此在 Fedora/Linux 服务器或客户端上配置静态路由并不是十分必要。但如果有要求为每个接口配置静态路由，也是能够实现的，尤其当机器上的多个接口分别位于不同的网段时，这一功能是相当有用。并且通过 route 命令能够显示当前的 IP 路由表。

静态路由配置存储在/etc/sysconfig/network-scripts/route-<interface>文件中，例如，eth0 接口的静态路由配置文件的名称为 route-eth0。

route-<interface>文件的内容有两种格式，一种是 IP 命令行参数格式，别一种是“网段/子网掩码”格式。

```
<IP 命令行参数格式的静态路由配置>
```

这种格式的静态路由配置首先定义接口的默认网关，然后配置文件中的每一行都被单独解析成一条路由条目。以下是一个配置样本：

```
default   x.x.x.x dev <interface>
x.x.x.x/x via x.x.x.x dev <interface>
```

在第一行中，x. x. x. x 表示默认网关的 IP 地址，<interface>是连接或通向默认网关的接口名称。后面的条目都是用于定义路由的静态路由条目。

注 意

> 在后面的静态路由条目中，x. x. x. x/x 表示路由指向的网段及其子网掩码，x. x. x. x 和 <interface>分别表示达到目标网段的默认网关，以及连接或通向目标网段的网络接口。

上例中只写了一条路由条目，只要遵循这个格式，可以添加任意多的静态路由条目。

实例 7-1 系统中有一个 eth0 接口，它的默认网关为 192.168.0.1，并且可以通过 192.168.0.1 这个网关连接到 10.10.10.0/24 和 172.168.1.0/24 这两个网段，则静态路由配置的内容应该如下：

```
default 192.168.0.1 dev eth0
10.10.10.0/24 via 192.168.0.1 eth0
172.168.1.0/24 via 192.168.0.1 eth0
```

实际上，因为到达 10.10.10.0/24 和 172.168.1.0/24 的网关，与默认网关是相同的，因此不配置静态路由也能实现通信。这个例子主要用作说明。下面的实例 7-2 则是个实际的配置情景。

实例 7-2 系统中有 eth0，eth1 和 eth2，其中 eth0 连接到默认网关，eth1 和 eth2 分别通过网关 10.10.10.1 和 172.168.1.1 连接到网络 10.10.10.0/24 和 172.168.1.0/24，则静态路由配置的内容应该如下：

```
default 192.168.0.1 dev eth0
10.10.10.0/24 via 10.10.10.1 eth1
```

使用"网段/子网掩码"格式的静态路由配置文件时，每三条记录为一组静态路由配置，并且需要使用连接的数字对静态路由的顺序进行标识，如：ADDRESS0，ADDRESS1，ADDRESS2，…

<网段/子网掩码 格式的静态路由配置>

```
ADDRESS0 = x.x.x.x
NETMASK0 = x.x.x.x
GATEWAY0 = x.x.x.x
```

说明：

ADDRESS0＝x. x. x. x——指定静态路由的目标网段

NETMASK0＝x. x. x. x——指定静态路由的子网掩码

GATEWAY0＝x. x. x. x——指定默认网关的 IP 地址

实例 7-3 系统中有一个 eth0 接口，它的默认网关为 192.168.0.1，并且可以通过 192.168.0.1 这个网关连接到 10.10.10.0/24 和 172.168.1.0/24 这两个网段，则静态路由配置的内容应该如下：

```
ADDRESS0 = 10.10.10.0
NETMASK0 = 255.255.255.0
GATEWAY0 = 192.168.0.1
ADDRESS1 = 172.168.1.0
NETMASK1 = 255.255.255.0
GATEWAY1 = 192.168.1.1
```

使用"网段/子网掩码"格式的静态路由配置文件时，每三条记录为一组静态路由配置，并且需要使用连接的数字对静态路由的顺序进行标识，如：ADDRESS0，ADDRESS1，ADDRESS2 等。

在上例中，因为到达 10.10.10.0/24 和 172.168.1.0/24 的网关，与默认网关是相同的，因此不配置静态路由也能实现通信，这个例子主要用作说明。下面的实例 7-4 则是个实际的配置情景。

实例 7-4 系统中有 eth0，eth1 和 eth2，其中 eth0 连接到默认网关，eth1 和 eth2 分别通过网关 10.10.10.1 和 172.168.1.1 连接到网络 10.10.10.0/24 和 172.168.1.0/24，则静态路由配置的内容应该如下：

```
ADDRESS0 = 10.10.10.0
NETMASK0 = 255.255.255.0
GATEWAY0 = 10.10.10.1
ADDRESS1 = 172.168.1.0
NETMASK1 = 255.255.255.0
GATEWAY1 = 172.168.1.1
```

对于 Fedora 和其他 Linux 操作系统而言，这些配置均可以通过 DHCP 自行完成。

7.3 网络侦错与观察命令

学习目标

- 学习检查网络连接
- 掌握网络节点分析命令
- 了解网络状态查询
- 侦测主机名称与 IP 对应
- 检测和扫描端口

7.3.1 检查网络连接 ping

Linux 不能连上网络的原因很多,想完全理解其中的缘由不是一件简单的事情。不过,事实上可以使用一些 Linux 网络命令来追踪可能的错误原因,而且很多的网络检测命令在 Linux 里头都已经默认安装了。这一节将讲述几个基本的网络常用侦错命令。

Ping 命令使用 ICMP(Internet Control Message Protocol)传输协议发出要求响应的信息,如果远程主机的网络功能是正常的,就会响应该信息,ping 命令由此来进行整个网络的状况报告。其中最重要的是 ICMP type 0 和 type 8 这两个类型,分别是要求回报与主动回报网络状态是否存在的特性。要特别注意的是,ping 需要通过 IP 数据包传送 ICMP 数据包,而 IP 数据包里有一个重要的 TTL(Time To Live)属性,这是一个很重要的路由特性。

```
格式:ping [选项] 主机名/IP
完整格式:ping[-LRUbdfnqrvVaAB][-c count][-i ＜interval ＞] [-l preload]
[-p pattern] [-s packetsize] [-t ttl] [-w deadline][-F flowlabel]
[-I interface] [-M hint] [-Q tos][-S sndbuf] [-T timestamp option]
[-W timeot] [ hop …]
destination
```

常用选项解释:

- -c＜完成次数＞:设定完成要求响应的次数。Ping 命令反复发出要求响应的信息,直到数值达到设定的次数为止(默认是无限)。每发出一个要求信息且收到响应,才算完成一次。
- -d:使用 socket 的 SO_DEBUG 功能。
- -f:极限侦测。不等待收到响应信息就全速发送要求响应的信息,以便统计数据包的漏失、错误比率。每发送一个要求响应的信息,就会显示一个“.”符号。使用这个参数将造成网络的严重负担,因而只能由系统管理员使用。
- -i＜间隔秒数＞:指定收发信息的间隔时间,单位以秒计算,默认值为 1。这个参数不相容于“-f”参数。
- -I＜网络接口＞:使用指定的网络接口发送数据包。
- -l＜前置载入＞:设定在发送出要求响应的信息之前,先行送出的数据包。只有系统管理员才能使用。
- -n:只输出数值,ping 将不会尝试去寻找主机地址的符号名称。
- -p＜范本样式＞:设定填满包的范本样式。
- -q:不显示命令执行过程(开头和结尾的信息除外)。
- -r:忽略普通的 routing table,直接将包发送到远程主机上。如果该主机并非在相同的局域网内,则会传回错误信息。
- -R:记录路由过程。
- -s＜数据包大小＞:设定数据包的大小,默认是 56 bytes 加 8 bytes 的 ICMP 文件头成为 64 bytes。
- -t＜存活数值＞:设定 TTL(Time-to-live)的大小,范围 1～255。每个发送的数据包都会拥有这项数值,以便决定是否放弃该数据包。当数据包经过路由器,TTL 数值就会被扣减,直到数值为 0 时,路由器将放弃这个数据包,并且发出 ICMP 的信息通知发送出这个数据包的主机
- -v:详细显示 ping 命令的执行过程,包括非响应信息的其他信息。

实例 7-5 侦测 168.95.1.1 这个 DNS 主机是否存在，结果如图 7-3 所示。

```
[root@lwh ~]# ping 168.95.1.1
PING 168.95.1.1 (168.95.1.1) 56(84) bytes of data.
64 bytes from 168.95.1.1: icmp_seq=1 ttl=235 time=75.7 ms
64 bytes from 168.95.1.1: icmp_seq=2 ttl=235 time=75.9 ms
64 bytes from 168.95.1.1: icmp_seq=3 ttl=235 time=76.9 ms
64 bytes from 168.95.1.1: icmp_seq=4 ttl=235 time=88.9 ms
64 bytes from 168.95.1.1: icmp_seq=5 ttl=235 time=76.8 ms
^C
--- 168.95.1.1 ping statistics ---
5 packets transmitted, 5 received, 0% packet loss, time 4130ms
rtt min/avg/max/mdev = 75.741/78.878/88.939/5.062 ms
[root@lwh ~]#
```

图 7-3　ping 命令的使用一

实例 7-6 追踪路径中的最大 MTU 数值，结果如图 7-4 所示。

```
[root@lwh ~]# ping -c 2 -s 1000 -M do 74.125.71.103
PING 74.125.71.103 (74.125.71.103) 1000(1028) bytes of data.
72 bytes from 74.125.71.103: icmp_seq=1 ttl=44 (truncated)
72 bytes from 74.125.71.103: icmp_seq=2 ttl=44 (truncated)

--- 74.125.71.103 ping statistics ---
2 packets transmitted, 2 received, 0% packet loss, time 1160ms
rtt min/avg/max/mdev = 153.840/154.746/155.652/0.906 ms
[root@lwh ~]# ping -c 2 -s 8000 -M do 74.125.71.103
PING 74.125.71.103 (74.125.71.103) 8000(8028) bytes of data.
From 192.168.0.71 icmp_seq=1 Frag needed and DF set (mtu = 1500)
From 192.168.0.71 icmp_seq=1 Frag needed and DF set (mtu = 1500)

--- 74.125.71.103 ping statistics ---
0 packets transmitted, 0 received, +2 errors

[root@lwh ~]#
```

图 7-4　ping 命令的使用二

注 意

命令参数有大小写区别，可以使用 man 命令来查看各个命令详细的参数描述。

7.3.2 节点分析命令 traceroute

traceroute 命令可以用来追踪两台主机之间通过的各个节点通信状况的好坏。当联机到网络的速度比平时慢的时候，用户可能觉得是自己的网络环境出现问题，又或者是外部的 internet 有问题呢？检查自己的网络环境，判断问题的所在就可以使用 traceroute 命令。

格式：traceroute [选项] 主机名/IP

语法：traceroute [-46dFITUnreAV] [-f first_ttl] [-g gate,…] [-i device]
[-m max_ttl] [-p port] [-s src_addr] [-q nqueries]
[-N squeries] [-t tos] [-l flow_lable] [-w waitime]
[-z sendwait] [-UL] [-P proto] [--sport = port]
[-M method] [-O mod_options] [--mtu] [--back] host [packet_len]

常用选项解释：

- -d：使用 socket 层级的排错功能。
- -f ＜first_ttl＞：设定第一个侦测包的存活数值 TTL 的大小，范围从 1～255。
- -F：设定勿离断位(don't fragmen)。
- -g＜gate,…＞：设定来源路由网关，最多可设定 8 个。
- -i＜device＞：使用指定的网络接口发送侦测包。
- -I：使用 ICMP 响应取代 UDP 数据信息。
- -m ＜max_ttl＞：设定侦测包的最大存活数值 TTL 的大小，默认值为 30。
- -n：直接使用 IP 地址而非主机名称，节省数据往来名称服务器的时间。
- -p＜port＞：设定 UDP 传输协议的通信端口。
- -r：忽略普通的 routing table，直接将侦测包发送到远程主机上。
- -v：详细显示命令执行过程。
- -w＜ waitime ＞：设定等待远程主机回报的时间，默认是 5 秒。
- -x：开启或关闭数据包的正确性检验。

实例 7-7 侦测本地主机到 www. google. com. hk 的各节点连线状态，追踪数据包时直接使用 IP 地址而非主机名称。

下图 7-5 中，连接到 google 时经过了 22 个节点，traceroute 命令会主动地对经过的节点做 UDP 的回应等待，并侦测回应的时间。其中出现符号"＊"可能是防火墙装置等情况所致，代表这些节点可能设置有某些防护措施，致使发送的数据包信息被丢弃。某些路由器仅支持封包转发，并不会接受来自用户端的各项侦测，也就会出现符号"＊"的情况。因为 traceroute 预设使用 UDP 封包，你可以尝试使用其他封包，例如 TCP：traceroute-n-T www. google. com. hk。

```
文件(F)  编辑(E)  查看(V)  终端(T)  帮助(H)
[root@lwh ~]# traceroute -n www.google.com.hk
traceroute to www.google.com.hk (74.125.71.103), 30 hops max, 60 byte packets
 1  192.168.0.1  0.664 ms  0.964 ms  1.144 ms
 2  122.75.0.1  18.740 ms  18.990 ms  20.542 ms
 3  222.38.192.141  21.901 ms  24.277 ms  27.273 ms
 4  222.38.2.73  32.938 ms  35.612 ms  38.642 ms
 5  222.38.2.81  37.893 ms  40.620 ms  47.672 ms
 6  192.168.142.1  47.569 ms  48.635 ms  50.132 ms
 7  10.0.0.6  54.020 ms 10.0.0.2  36.432 ms  36.745 ms
 8  222.223.243.49  37.200 ms  39.222 ms  36.783 ms
 9  222.223.225.241  35.841 ms 222.223.225.221  32.999 ms  54.945 ms
10  202.97.54.85  52.620 ms  55.043 ms  55.506 ms
11  202.97.27.114  51.299 ms  54.324 ms 202.97.41.182  56.914 ms
12  202.97.55.45  59.140 ms 202.97.55.37  53.772 ms 202.97.55.45  57.609 ms
13  202.97.35.134  59.760 ms  60.910 ms  57.981 ms
14  202.97.34.126  63.149 ms 202.97.34.50  61.074 ms  57.686 ms
15  202.97.33.5  67.450 ms  67.711 ms  65.357 ms
16  * * *
17  209.85.255.80  87.612 ms  86.498 ms  86.427 ms
18  209.85.249.195  85.908 ms  86.460 ms 209.85.249.192  85.643 ms
19  209.85.249.237  143.276 ms  138.671 ms  141.938 ms
20  216.239.43.17  144.253 ms  141.189 ms 209.85.253.71  143.288 ms
21  216.239.48.238  154.302 ms 216.239.48.234  139.016 ms  141.404 ms
22  74.125.71.103  142.115 ms  140.411 ms  140.805 ms
[root@lwh ~]#
```

图 7-5 traceroute 命令的使用

7.3.3 netstat

netstat 命令用于显示网络状态，利用 netstat 命令可让用户得知整个 Linux 系统的网络情况。当用户觉得系统的某个网络服务明明已经启动，但是就是无法连线的情况下，可以使用这个命令查询是否真的启动了服务。

基本格式：netstat [选项]

常用选项解释：

- -a：显示所有连接中的 socket。
- -c：持续列出网络状态，可以设置每间隔几秒自动更新一次，例如：[-c 5]。
- -C：显示路由配置的缓存信息，而非 FIB(Forward Information Base)。
- -e：显示网络其他相关信息。
- -F：显示 FIB，这个参数是默认值。
- -g：显示多重广播功能组组员名单。
- -i：显示网络界面信息表单。
- -l：显示监听(Listen)中的服务的网络状态。
- -n：不使用主机名称和服务名称，使用 IP 与 port number。
- -r：列出路由表。
- -t：仅显示 TCP 数据包的网络连接。
- -u：仅显示 UDP 数据包的网络连接。

实例 7-8 查看当前的路由表状态，且以 IP 和 port number 端口号显示，结果如图 7-6 所示。

```
[root@lwh ~]# netstat -rn
Kernel IP routing table
Destination     Gateway         Genmask         Flags   MSS Window  irtt Iface
192.168.0.0     0.0.0.0         255.255.255.0   U         0 0          0 eth0
0.0.0.0         192.168.0.1     0.0.0.0         UG        0 0          0 eth0
[root@lwh ~]#
```

图 7-6　netstat 命令使用一

实例 7-9 显示所有已经启动的网络服务，结果如图 7-7 所示。

```
[root@lwh ~]# netstat -tulnp
Active Internet connections (only servers)
Proto Recv-Q Send-Q Local Address               Foreign Address             Stat
e       PID/Program name
tcp        0      0 0.0.0.0:111                 0.0.0.0:*                   LIST
EN      1311/rpcbind
tcp        0      0 0.0.0.0:22                  0.0.0.0:*                   LIST
EN      1586/sshd
tcp        0      0 127.0.0.1:631               0.0.0.0:*                   LIST
EN      1070/cupsd
tcp        0      0 127.0.0.1:25                0.0.0.0:*                   LIST
EN      11200/sendmail: acc
tcp        0      0 0.0.0.0:56284               0.0.0.0:*                   LIST
EN      1534/rpc.statd
tcp        0      0 :::111                      :::*                        LIST
EN      1311/rpcbind
tcp        0      0 :::22                       :::*                        LIST
```

图 7-7　netstat 命令使用二

实例 7-10 观察本地主机的所有网络连接状态，结果如图 7-8 所示。

```
[root@lwh ~]# netstat -atunp
Active Internet connections (servers and established)
Proto Recv-Q Send-Q Local Address               Foreign Address             Stat
e       PID/Program name
tcp        0      0 0.0.0.0:111                 0.0.0.0:*                   LIST
EN      1311/rpcbind
tcp        0      0 0.0.0.0:22                  0.0.0.0:*                   LIST
EN      1586/sshd
tcp        0      0 127.0.0.1:631               0.0.0.0:*                   LIST
EN      1070/cupsd
tcp        0      0 127.0.0.1:25                0.0.0.0:*                   LIST
EN      11200/sendmail: acc
tcp        0      0 0.0.0.0:56284               0.0.0.0:*                   LIST
EN      1534/rpc.statd
tcp        0      0 :::111                      :::*                        LIST
EN      1311/rpcbind
```

图 7-8 netstat 命令使用三

7.3.4 侦测主机名称与 IP 对应

1. host 命令

客户端 DNS 正查与反查命令，可以有域名查询所对应的 IP，或者是由 IP 反查出所对应的域名。

格式：host [选项] hostname [service]

语法：host [-aCdlnrsTwv] [-c class] [-N ndots] [-R number] [-t type] [-W wait] [-m flag] [-4] [-6] name [server]

常用参数解释：

- -a 或 -d 或-v：详细输出模式，显示出目标主机详细的各项主机名称设置数据；
- -c：指定 non-IN 数据；
- -C：直接跟权威 DNS 服务器查询 SOA 记录；
- -N：自动于网址列后补"."，默认点数为 1；
- -r：取消递归查询；
- -R：指定 UDP 数据包个数；
- -T：支持 TCP/IP 模式；
- -w：指定等待的时间，单位是秒；
- -4：用于 IPv4 的查询；
- -6：用于 IPv6 的查询。

实例 7-11 例如想要知道 www.google.com.hk 的 IP 时，可以执行如下命令。

```
[root@lwh ~]# host www.google.com.hk
[root@lwh ~]# host -C www.google.com.hk
```

显示的结果如图 7-9 所示。

```
[root@lwh ~]# host  www.google.com.hk
www.google.com.hk is an alias for www-g-com-hk-chn.l.google.com.
www-g-com-hk-chn.l.google.com has address 74.125.71.147
www-g-com-hk-chn.l.google.com has address 74.125.71.103
www-g-com-hk-chn.l.google.com has address 74.125.71.105
www-g-com-hk-chn.l.google.com has address 74.125.71.106
[root@lwh ~]#
```

图 7-9　host 命令的使用

IP 是 74.125.71.＊＊＊，那么这个 IP 是向哪个 DNS 主机查询到的呢？如果没有[-C]选项则这个 DNS 主机是写在/etc/resolv.conf 文件里，[-C]选项使得 host 命令是直接向 www.google.com.hk 的权威服务器查询 SOA 记录。当然也可以指定 DNS 主机来查询出域名的 IP 地址。

2. hostname 命令

系统启动的时候会读取/etc/hosts 这个文件，由此设置主机的 IP 以及对应的全名(FQDN)、别名。hostname 命令可以用来查询当前执行主机的主机名称、全名、前置名称、域名、别名、FQDN 和 IP 等。

注 意

通过 hostname 命令设置的主机名只是临时的，下次重启系统时，此主机名将不会存在；通过修改配置文件/etc/hosts 的主机名才是一直有效的。

3. nslookup 命令

nslookup 命令的功能和 host 命令基本上一样，相较而言 host 可以查询出更多的信息。nslookup 用来作为 IP 与主机名称对应的检查，同样使用/etc/resolv.conf 这个文件作为 DNS 服务器的来源选择。

基本格式：nslookup [-query=[type]] [hostname|IP]

参数：-query=type：指定查询的类型，除了传统的 IP 与主机名称对应之外，DNS 还有很多其他的信息，包括 mx、cname 等。

实例 7-12　本地主机执行 nslookup 命令，结果如图 7-10 所示。

```
[root@lwh ~]# nslookup
> www.google.com.hk
Server:         192.168.0.1
Address:        192.168.0.1#53

Non-authoritative answer:
www.google.com.hk       canonical name = www-g-com-hk-chn.l.google.com.
Name:    www-g-com-hk-chn.l.google.com
Address:  74.125.71.103
Name:    www-g-com-hk-chn.l.google.com
Address:  74.125.71.105
Name:    www-g-com-hk-chn.l.google.com
Address:  74.125.71.106
Name:    www-g-com-hk-chn.l.google.com
Address:  74.125.71.147
> exit

[root@lwh ~]#
```

图 7-10　nslookup 命令的使用

在符号“>”后面输入要查询的 IP 或者域名并回车即可。要退出该命令的执行可以使用 exit 命令。也可以直接指定要查询的 IP 或者域名，例如：

```
[root@lwh ~]#nslookup www.google.com.hk
```

4. dig 命令

在 UNIX 和 Linux 系统中，建议使用 dig 来替代 nslookup 命令，因为 dig 命令相对 nslookup 命令的功能而言强大得多。dig 能够查看域名解析、反解析、A 记录等。

```
格式:dig [@server] [name] [type]
语法:dig [@server] [-b address] [-c class] [-f filename] [-k filename] [-m] [-p port#] [-q name] [-t type] [-x addr] [-y [hmac:]name:key] [-4] [-6] [name] [type] class] [queryopt…]
dig [-h]
dig [global-queryopt…] [query…]
```

常用选项解释：

- [@server]：如果不想以配置文件/etc/resolv.conf 作为 DNS 主机来源，可以另设 DNS 主机 IP。
- [-b address]：设置所要询问地址的源 IP 地址。这必须是主机网络接口上的某一合法的地址。
- [-c class]：缺省查询类(In For Internet)由选项-c 重设。class 可以是任何合法类，比如查询 Hesiod 记录的 HS 类或查询 CHAOSNET 记录的 CH 类。
- [-f filename]：使 dig 在批处理模式下运行，通过从文件 filename 读取一系列搜索请求加以处理。文件包含许多查询；每行一个。文件中的每一项都应该以和使用命令行接口对 dig 的查询相同的方法来组织。
- [-k filename]：要签署由 dig 发送的 DNS 查询以及对它们使用事务签名(TSIG)的响应，用选项-k 指定 TSIG 密钥文件。
- [-p port#]：如果需要查询一个非标准的端口号，则使用选项 -p。port# 是 dig 将发送其查询的端口号，而不是标准的 DNS 端口号 53。该选项可用于测试已在非标准端口号上配置成侦听查询的域名服务器。
- [-t type]：设置查询类型为 type。可以是 BIND9 支持的任意有效查询类型。缺省查询类型是 A，除非提供-x 选项来指示一个逆向查询。通过指定 AXFR 的 type 可以请求一个区域传输。当需要增量区域传输(IXFR)时，type 设置为 ixfr=N。增量区域传输将包含自从区域的 SOA 记录中的序列号改为 N 之后对区域所做的更改。
- [-x addr]：逆向查询(将地址映射到名称)可以通过-x 选项加以简化。addr 是一个以小数点为界的 IPv4 地址或冒号为界的 IPv6 地址。当使用这个选项时，无须提供 name、class 和 type 参数。dig 自动运行类似 11.12.13.10.in-addr.arpa 的域名查询，并分别设置查询类型和类为 PTR 和 IN。
- [-y [hmac:]name:key]：可以通过命令行上的-y 选项指定 TSIG 密钥；name 是 TSIG 密码的名称，key 是实际的密码。密码是 64 位加密字符串，通常由 dnssec-keygen(8)

生成。当在多用户系统上使用选项-y 时应该谨慎，因为密码在 ps(1)的输出或 Shell 的历史文件中可能是可见的。当同时使用 dig 和 TSCG 认证时，被查询的名称服务器需要知道密码和解码规则。在 BIND 中，通过提供正确的密码和 named. conf 中的服务器声明实现。

实例 7-13 查询 www. google. com. hk 的 mx 信息，结果如图 7-11 所示。

```
[root@lwh ~]# dig www.google.com.hk -t mx

; <<>> DiG 9.6.1-P1-RedHat-9.6.1-11.P1.fc12 <<>> www.google.com.hk -t mx
;; global options: +cmd
;; Got answer:
;; ->>HEADER<<- opcode: QUERY, status: NOERROR, id: 48440
;; flags: qr rd ra; QUERY: 1, ANSWER: 2, AUTHORITY: 0, ADDITIONAL: 0

;; QUESTION SECTION:
;www.google.com.hk.            IN      MX

;; ANSWER SECTION:
www.google.com.hk.      344827  IN      CNAME   www.google.com.
www.google.com.         604424  IN      CNAME   www.l.google.com.

;; Query time: 216 msec
;; SERVER: 192.168.0.1#53(192.168.0.1)
;; WHEN: Fri Oct  1 14:40:33 2010
;; MSG SIZE  rcvd: 83

[root@lwh ~]# █
```

图 7-11　dig 命令的使用

7.3.5　检测和扫描端口命令

1. telnet 命令

telnet 用于远程登录，用户可以指定通信端口或使用默认的通信端口，在这一小节中讲述的就是应用这个功能测试和检查 TCP 服务。

格式：telnet [主机名称|IP] [通信端口]

实例 7-14 检测本地主机的 port 110 是否正确启动，结果如图 7-12 所示。

```
[root@lwh ~]#telnet localhost 110
```

```
[root@lwh ~]# telnet localhost 110
Trying ::1...
telnet: connect to address ::1: Connection refused
Trying 127.0.0.1...
telnet: connect to address 127.0.0.1: Connection refused
[root@lwh ~]# █
```

图 7-12　telnet 命令的使用

2. nmap 命令

Nmap，也就是 Network Mapper，是 Linux 下的网络扫描和嗅探工具包(从 2000 年开始 nmap 有了 Windows 下的版本)，其基本功能有三个，一是探测一组主机是否在线；其次是扫描主机端口，嗅探所提供的网络服务；还可以推断主机所用的操作系统。nmap 可用于扫描仅有两个节点的 LAN，直至 500 个节点以上的网络。nmap 还允许用户定制扫描技巧。通常，一个简单的使用 ICMP 协议的 ping 操作可以满足一般需求；也可以深入探测 UDP 或者 TCP 端口，直至主机所使用的操作系统；还可以将所有探测结果记录到各种格式的日志中，供进一步分析操作。

```
格式：nmp [Scan Type…] [Options] {target specification}
```

注 意

Nmap 有比较多的选项，限于篇幅缘由在这里不讲述各个选项的用法，请读者参阅 man 文档。

实例 7-15 探测目标主机的操作系统 nmap-O IP 或者 nmap-A IP，结果如图 7-13 所示。

```
[root@lwh ~]# nmap -O 192.168.0.71

Starting Nmap 5.00 ( http://nmap.org ) at 2010-10-01 15:23 CST
Interesting ports on 192.168.0.71:
Not shown: 998 closed ports
PORT     STATE SERVICE
22/tcp   open  ssh
111/tcp open  rpcbind
Device type: general purpose
Running: Linux 2.6.X
OS details: Linux 2.6.19 - 2.6.26
Network Distance: 0 hops

OS detection performed. Please report any incorrect results at http://nmap.org/s
ubmit/ .
Nmap done: 1 IP address (1 host up) scanned in 2.08 seconds
[root@lwh ~]#
```

图 7-13 nmap 命令的使用一

实例 7-16 探测目标主机开放的端口，可以指定一个以逗号分隔的端口列表（如 -PS22,23,25,80），结果如图 7-14 所示。

```
[root@lwh ~]# nmap -PS 192.168.0.71

Starting Nmap 5.00 ( http://nmap.org ) at 2010-10-01 15:27 CST
Interesting ports on 192.168.0.71:
Not shown: 998 closed ports
PORT     STATE SERVICE
22/tcp   open  ssh
111/tcp open  rpcbind

Nmap done: 1 IP address (1 host up) scanned in 0.42 seconds
[root@lwh ~]#
```

图 7-14 nmap 命令的使用二

实例 7-17 随机选择 200 台主机扫描是否运行 Web 服务器（80 端口）。由起始阶段发送探测报文来确定主机是否工作非常浪费时间，而且只需探测主机的一个端口，因此使用-P0 禁止对主机列表，结果如图 7-15 所示。

```
[root@lwh ~]# nmap -v -iR 200 -P0 -p 80

Starting Nmap 5.00 ( http://nmap.org ) at 2010-10-01 15:36 CST
NSE: Loaded 0 scripts for scanning.
Initiating Ping Scan at 15:36
Scanning 200 hosts [3 ports/host]
Ping Scan Timing: About 25.83% done; ETC: 15:38 (0:01:29 remaining)
Completed Ping Scan at 15:37, 79.00s elapsed (200 total hosts)
Initiating Parallel DNS resolution of 200 hosts. at 15:37
Completed Parallel DNS resolution of 200 hosts. at 15:37, 5.27s elapsed
Initiating SYN Stealth Scan at 15:37
Scanning 4 hosts [1 port/host]
Completed SYN Stealth Scan at 15:37, 8.99s elapsed (4 total ports)
Host static-ip-211-173-247-61.rev.dyxnet.com (61.247.173.211) is up (2.2s latenc
y).
Interesting ports on static-ip-211-173-247-61.rev.dyxnet.com (61.247.173.211):
PORT    STATE    SERVICE
80/tcp filtered http

Host 95.101.168.182 is up (0.25s latency).
Interesting ports on 95.101.168.182:
PORT    STATE    SERVICE
80/tcp filtered http
......
後部省略......
```

图 7-15　nmap 命令的使用三

7.4　远程联机命令

学习目标

- 掌握远程登录命令 telnet、ssh
- 学习使用 ftp、wget 下载工具

7.4.1　telnet 远程计算机访问命令

计算机网络的主要优点是能够实现资源和信息的共享，并且用户可以远程访问信息。Linux 提供了一组强有力的网络命令来为用户服务，这些工具能够帮助用户登录到远程计算机上、传输文件和执行远程命令等。这一小节将介绍几个远程计算机访问命令以及如何使用网络下载资源的工具。

注　意

使用远程联机命令对用户来说是一个很有效的工具，它让用户更加方便地管理主机，不过，得提醒一点的是得注意安全性。

Telnet 命令允许用户使用 telnet 协议在远程计算机之间进行通信，用户可以通过网络在远程计算机上登录，就像登录到本地机上执行命令一样。

为了通过 telnet 登录到远程计算机上，必须知道远程机上的合法用户名和口令。虽然有些系统确实为远程用户提供登录功能，但出于对安全的考虑，要限制来宾的操作权限，因此，这种情况下能使用的功能是很少的。当允许远程用户登录时，系统通常把这些用户放在一个受限制的 Shell 中，以防止系统被怀有恶意的或不小心的用户破坏。

用户还可以使用 telnet 从远程站点登录到自己的计算机上，检查电子邮件、编辑文件和运行程序，就像在本地登录一样。但是，用户只能使用基于终端的环境而不是 X Window 环境，telnet 只为普通终端提供终端仿真，而不支持 X Window 等图形环境。

基本格式：telnet 主机名/IP

语法：telnet [-8EfFKLacdrx] [-X authtype] [-b hostalias] [-e escapechar] [-k realm]

[-l user] [-n tracefile][host [port]]

常用选项解释：

- -8：允许使用 8 位字符资料，包括输入与输出；
- -a：尝试自动登录远端系统；
- -b＜主机别名＞：使用别名指定远端主机名称；
- -c：不读取用户专属目录里的.telnetrc 文件；
- -d：启动排错模式；
- -e＜脱离字符＞：设置脱离字符；
- -E：滤除脱离字符；
- -f：此参数的效果和指定“-F”参数相同；
- -F：使用 Kerberos V5 认证时，加上此参数可把本地主机的认证数据上传到远端主机；
- -k＜域名＞：使用 Kerberos 认证时，加上此参数让远端主机采用指定的领域名，而非该主机的域名；
- -K：不自动登入远端主机；
- -l：指定要登入远端主机的用户名称；
- -L：允许输出 8 位字符资料；
- -n＜记录文件＞：指定文件记录相关信息；
- -r：使用类似 rlogin 指令的用户界面；
- -S＜服务类型＞：服务类型，设置 telnet 连线所需的 IP TOS 信息；
- -x：假设主机有支持数据加密的功能，就使用它；
- -X：关闭指定的认证形态。

实例 7-18 连接上自己的 telnet 服务器，结果如图 7-16 所示。

```
[root@lwh xinetd.d]# telnet localhost
Trying ::1...
Connected to localhost.
Escape character is '^]'.
Fedora release 12 (Constantine)
Kernel 2.6.31.5-127.fc12.i686.PAE on an i686 (2)
login: root
Password:
Login incorrect

login: lwh
Password:
Last login: Fri Oct  1 21:57:34 from 192.168.0.71
[lwh@lwh ~]$ █
```

图 7-16 连接 telnet 服务器

从图 7-16 中还可知道 telnet 默认不能用 root 用户登录。退出登录时注意执行退出登录命令 logout。

小知识

1. 使用 root 登录 telnet 方法：

方法一：mv/etc/securetty/etc/securetty. bak

不过，不建议这样做，毕竟不安全。此外，也可以通过修改 pam 模块来实现同样的功能。

方法二：修改/etc/pam. d/login 文件的设置，如图 7-17 所示。注释掉包含“securetty. so”的那一行。如此 root 可以直接进入 Linux 主机。需要说明的是，用户可以通过 su 或者 sudo 来切换用户身份，那么就不用开放 root 用 telnet 登录主机，所以不建议读者这样做。

```
#%PAM-1.0
auth [user_unknown=ignore success=ok ignore=ignore default=bad] pam_securetty.so
auth       include      system-auth
account    required     pam_nologin.so
account    include      system-auth
password   include      system-auth
# pam_selinux.so close should be the first session rule
session    required     pam_selinux.so close
```

图 7-17　login 文件的修改

2. telnet 使用明文方式传输，所以在新的 Linux 版本已经将 telnet 服务排除在首发名单之外，即很多 Linux 版本默认不再安装 telnet。

7.4.2　SSH 远程登录

传统的网络服务程序，如：ftp、pop 和 telnet 在本质上都是不安全的，因为它们在网络上用明文传送口令和数据，别有用心的人非常容易就可以截获这些口令和数据。而且，这些服务程序的安全验证方式也是有其弱点的，就是很容易受到“中间人”(Man-in-the-middle)这种方式的攻击。

SSH 的是 Secure Shell protocol。SSH 通过对联机数据包加密的技术来进行数据传递，因此数据就比较安全，这样“中间人”这种攻击方式就不可能实现了，而且也能够防止 DNS 和 IP 欺骗。还有一个额外的好处就是传输的数据是经过压缩的，所以可以加快传输的速度。SSH 有很多功能，它既可以代替 telnet，又可以为 ftp、pop，甚至 ppp 提供一个安全的“通道”。

从客户端来看，SSH 提供两种级别的安全验证。

第一种级别(基于口令的安全验证)：只要知道自己的账号和口令，就可以登录到远程主机。所有传输的数据都会被加密，但是不能保证正在连接的服务器就是你想连接的服务器，可能会有别的服务器在冒充真正的服务器，也就是受到“中间人”这种方式的攻击。

第二种级别(基于密匙的安全验证)：需要依靠密匙，也就是必须为自己创建一对密匙，并把公用密匙放在需要访问的服务器上。如果要连接到SSH服务器上，客户端软件就会向服务器发出请求，请求用你的密匙进行安全验证。服务器收到请求之后，先在该服务器的主目录下寻找你的公用密匙，然后把它和你发送过来的公用密匙进行比较。如果两个密匙一致，服务器就用公用密匙加密“质询”(Challenge)并把它发送给客户端软件。客户端软件收到“质询”之后就可以用私人密匙解密再把它发送给服务器。

用这种方式，用户必须知道自己密匙的口令。但是，与第一种级别相比，第二种级别不需要在网络上传送口令。

第二种级别不仅加密所有传送的数据，而且“中间人”这种攻击方式也是不可能的(因为他没有你的私人密匙)。但是整个登录的过程可能需要10秒。

实例7-19 直接登录到目标主机，结果如图7-18所示。

```
[root@lwh ~]# ssh 192.168.0.71
The authenticity of host '192.168.0.71 (192.168.0.71)' can't be established.
RSA key fingerprint is 53:10:4f:93:b3:c4:fc:61:41:f0:6b:a8:4f:a1:99:28.
Are you sure you want to continue connecting (yes/no)? yes
Warning: Permanently added '192.168.0.71' (RSA) to the list of known hosts.
root@192.168.0.71's password:
Last login: Fri Oct  1 21:54:59 2010 from localhost
[root@lwh ~]# █
```

图7-18　SSH直接登录主机

是否继续连接请务必输入完整的“yes”，而不是“Y”或“y”。需要注意的是，如果以SSH hostname这样的命令连接目标主机，则进入hostname这个主机的账户名称将会是目前用户所在的用户环境中的用户账号。上图中因为以root的身份执行命令，所以执行SSH 192.168.0.71命令时，对方hostname主机就会以root的身份让用户进行密码确认的登录操作。为此，可以使用-l username这样的形式执行SSH远程登录。

在默认的情况下，SSH允许用户使用root身份登录。但需要注意的是，首次连接对方的主机时，service会提醒用户—用户联机的key尚未建立，要不要接收service传来的key并建立联机。请务必输入yes，程序才会接受。

实例7-20 不登录对方主机，直接在对方主机执行命令，结果如图7-19所示。

```
[root@lwh xinetd.d]# ssh -l lwh 192.168.0.71 date
Address 192.168.0.71 maps to bogon, but this does not map back to the address -
POSSIBLE BREAK-IN ATTEMPT!
lwh@192.168.0.71's password:
2010年 10月 02日 星期六 02:40:06 CST
[root@lwh xinetd.d]# █
```

图7-19　不登录对方主机，直接在对方主机执行命令

从图中可以看出，执行SSH -l lwh 192.168.0.71命令后用户身份仍然是root，只是以lwh身份在远程主机执行了一个命令而已。

7.4.3 ftp 客户端软件

ftp 是一个比较古老的传输协议之一，它的主要功能是在服务器与客户端之间进行文件的双向传输。同时，ftp 也是一个应用程序。ftp 其实是以 TCP 数据包的模式进行服务器与客户端之间的连接，当连接建立后，用户可以在客户端连上 ftp 服务器，从而进行文件的下载和上传，此外，也可以直接管理用户在 ftp 服务器上面的文件。需要注意的是，ftp 在网络上传输数据使用是完全没有受保护的“明码”机制。

基本格式：ftp [-pinegvd] [host]

- 常用选项解释：
- -d：详细显示命令执行过程，便于 debug 或者分析程序执行的情形；
- -g：关闭本地主机文件名称支持特殊字符的扩充特性；
- -i：关闭交互模式，不询问任何问题；
- -n：不使用自动登录；
- -v：显示命令执行过程。

7.4.4 wget 下载工具

wget 是一个命令行的下载文件工具，它支持 HTTP，HTTPS 和 FTP 协议，可以使用 HTTP 代理，多数 Linux 发行版本都默认包含这个工具。wget 不具备互动式操作界面，可在用户未登录系统的情况下于后台执行，即可使用计时器让 wget 在某些事件自行下载网络资源。

wget 支持代理服务器和断点续传功能，能够自动递归远程服务器的目录从而将所需要的文件乃至整个站点完整地复制下来。下载整个站点内容时 wget 也会下载站点所指向的所有地址，如果这个网站引用了其他网站，被引用的网站也将被下载下来。通常，wget 用于成批量地下载 internet 网站上的文件，或制作远程网站的镜像。

基本格式：wget [options] [URL-list]

选项详细解释：

- 启动：

(1) -V，--version 显示 Wget 的版本并且退出。

(2) -h，--help 打印此帮助。

(3) -b，-background 启动后进入后台操作。

(4) -e，-execute＝COMMAND 运行“.wgetrc”形式的命令。

- 日志记录及输入文件：

(1) -o，--output-file＝文件 将日志消息写入到指定文件中。

(2) -a，--append-output＝文件 将日志消息追加到指定文件的末端。

(3) -d，--debug 打印调试输出。

(4) -q，--quiet 安静模式(不输出信息)。

(5) -v，--verbose 详细输出模式(默认)。

(6) -nv,--non-verbose 关闭详细输出模式,但不进入安静模式。

(7) -i,--input-file=文件 下载从指定文件中找到的 URL。

(8) -F,--force-html 以 HTML 方式处理输入文件。

(9) -B,--base=URL 使用-F -i 文件选项时,在相对链接前添加指定的 URL。

• 下载:

(1) -t,--tries=次数 配置重试次数,当 wget 无法与服务器连接时,尝试连接多次(0 表示尝试无限次连接直至成功为止)。

(2) --retry-connrefused 即使拒绝连接也重试。

(3) -O--output-document=文件 将数据写入此文件中。

(4) -nc,--no-clobber 不更改已经存在的文件,也不使用在文件名后添加. #(# 为数字)的方法写入新的文件。

(5) -c,--continue 断点续传,如果中途意外中断连接,wget 会在连接重新建立后继续接收已下载了一部分的文件。

(6) --progress=方式 选择下载进度的表示方式。

(7) -N,--timestamping 除非远程文件较新,否则不再取回。

(8) -S,--server-response 显示服务器回应消息。

(9) --spider 不下载任何数据。

(10) -T,--timeout=超时秒数配置读取数据的超时时间(秒数),指定多长时间远程服务器没有响应就中断连接,开始下一次尝试。

(11) -w,--wait=秒数 接收不同文件之间等待的秒数。

(12) --waitretry=秒数 在每次重试之间稍等一段时间(由 1 秒至指定的秒数不等)。

(13) --random-wait 接收不同文件之间稍等一段时间(由 0 秒至 2 * WAIT 秒不等)。

(14) -Y,--proxy=on/off 打开或关闭代理服务器。

(15) -Q,--quota=大小 配置接收数据的限额大小。

(16) --bind-address=地址 使用本机的指定地址(主机名称或 IP)进行连接。

(17) --limit-rate=速率 限制下载的速率。

(18) --dns-cache=off 禁止查找存于高速缓存中的 DNS。

(19) --restrict-file-names=OS 限制文件名中的字符为指定的 OS(操作系统)所允许的字符。

• 目录:

(1) -nd--no-directories 不创建目录。

(2) -x,--force-directories 强制创建目录。

(3) -nH,--no-host-directories 不创建含有远程主机名称的目录。

(4) -P,--directory-prefix=名称 保存文件前先创建指定名称的目录。

(5) --cut-dirs=数目 忽略远程目录中指定数目的目录层。

• HTTP 选项:

(1) --http-user=用户 配置 http 用户名。

(2) --http-passwd=密码 配置 http 用户密码。

(3) -C,--cache=on/off(不)使用服务器中的高速缓存中的数据(默认是使用的)。

(4) -E,--html-extension 将所有 MIME 类型为 text/html 的文件都加上. html 扩展文件名。

(5) --ignore-length 忽略“Content-Length”文件头字段。

(6) --header=字符串在文件头中添加指定字符串。

(7) --proxy-user=用户配置代理服务器用户名。

(8) --proxy-passwd=密码配置代理服务器用户密码。

(9) --referer=URL 在 HTTP 请求中包含“Referer:URL”头。

(10) -s,--save-headers 将 HTTP 头存入文件。

(11) -U,--user-agent=AGENT 标志为 AGENT 而不是 Wget/VERSION。

(12) --no-http-keep-alive 禁用 HTTPkeep-alive(持久性连接)。

(13) --cookies=off 禁用 cookie。

(14) --load-cookies=文件会话开始前由指定文件载入 cookie。

(15) --save-cookies=文件会话结束后将 cookie 保存至指定文件。

(16) --post-data=字符串使用 POST 方法,发送指定字符串。

(17) --post-file=文件使用 POST 方法,发送指定文件中的内容。

• HTTPS(SSL) 选项:

(1) --sslcertfile=文件可选的客户段端证书。

(2) --sslcertkey=密钥文件对此证书可选的“密钥文件”。

(3) --egd-file=文件 EGD socket 文件名。

(4) --sslcadir=目录 CA 散列表所在的目录。

(5) --sslcafile=文件包含 CA 的文件。

(6) --sslcerttype=0/1Client-Cert 类型 0=PEM(默认)/1=ASN1(DER)。

(7) --sslcheckcert=0/1 根据提供的 CA 检查服务器的证书。

(8) --sslprotocol=0-3 选择 SSL 协议;0=自动选择。

(9) 1=SSLv2 2=SSLv3 3=TLSv1。

• FTP 选项:

(1) -nr,--dont-remove-listing 不删除“. listing”文件。

(2) -g,--glob=on/off 设置是否展开有通配符的文件名。

(3) --passive-ftp 使用“被动”传输模式。

(4) --retr-symlinks 在递归模式中,下载链接所指示的文件(连至目录则例外)。

• 递归下载:

(1) -r,--recursive 递归下载。

(2) -l,--level=数字最大递归深度(inf 或 0 表示无限)。

(3) --delete-after 删除下载后的文件。

(4) -k,--convert-links 将绝对链接转换为相对链接。

(5) -K,--backup-converted 转换文件 X 前先将其备份为 X. orig。

(6) -m,--mirror 等效于-r -N -linf -nr 的选项。

(7) -p,--page-requisites 下载所有显示完整网页所需的文件,例如图像。

(8) --strict-comments 打开对 HTML 备注的严格(SGML)处理选项。

• 递归下载时有关接受/拒绝的选项:

(1) -A,--accept=列表接受的文件样式列表,以逗号分隔。

(2) -R,--reject=列表排除的文件样式列表,以逗号分隔。

(3) -D,--domains=列表接受的域列表,以逗号分隔。

(4) --exclude-domains=列表排除的域列表,以逗号分隔。

(5) --follow-ftp 跟随 HTML 文件中的 FTP 链接。

(6) --follow-tags=列表要跟随的 HTML 标记,以逗号分隔。

(7) -G,--ignore-tags=列表要忽略的 HTML 标记,以逗号分隔。

(8) -H,--span-hosts 递归时可进入其他主机。

(9) -L,--relative 只跟随相对链接。

(10) -I,--include-directories=列表要下载的目录列表。

(11) -X,--exclude-directories=列表要排除的目录列表。

(12) -np,--no-parent 不搜索上层目录。

常用下载命令格式:

(1) 下载指定页面 wget url。

(2) 下载指定站点的指定目录的所有文件:wget -r -np -nd url。

(3) 下载整个 http 或者 ftp 站点:wget -r -x url。

(4) 选择性地下载指定类型的文件,例如:

wget -r -np -nd -accept=iso http://www. Linux. com/i386/

(5) 批量下载:wget -I downloads. txt 将需要下载的文件的地址写到 downloads. txt 中(每个文件的 url 写一行)。

(6) 密码和认证。

wget 只能处理利用用户名/密码方式限制访问的网站,可以利用两个参数:

-http-user=USER 设置 HTTP 用户

-http-passwd=PASS 设置 HTTP 密码

对于需要证书做认证的网站,就只能利用其他下载工具了,例如 curl。

(7) 利用代理服务器进行下载。

如果用户的网络需要经过代理服务器,那么可以让 wget 通过代理服务器进行文件的下载。此时需要在当前用户的目录下创建一个. wgetrc 文件。文件中可以设置代理服务器:

http-proxy=111. 111. 111. 111:8080

ftp-proxy=111. 111. 111. 111:8080

分别表示 http 的代理服务器和 ftp 的代理服务器。如果代理服务器需要密码则使用:

-proxy-user=USER 设置代理用户

-proxy-passwd=PASS 设置代理密码

这两个参数。使用参数-proxy=on/off 使用或者关闭代理。

7.5 设置 IP 转发功能

学习目标

- 学习设置 IP 转发功能

配置一台 Linux 路由器需要打开 IP 转发功能，IP 转发功能允许服务器数据从一个子网传送到另一个子网。Linux 系统缺省并没有打开 IP 转发功能，要确认 IP 转发功能的状态，可以查看/proc 文件系统，使用下面命令：

```
[root@lwh ~]# cat /proc/sys/net/ipv4/ip_forward
```

如果上述文件中的值为 0，说明禁止进行 IP 转发；如果是 1，则说明 IP 转发功能已经打开。

要想打开 IP 转发功能，可以直接修改上述文件：

```
echo 1>/proc/sys/net/ipv4/ip_forward
```

把文件的内容由 0 修改为 1。禁用 IP 转发则把 1 改为 0。

上面的命令并没有保存对 IP 转发配置的更改，下次系统启动时仍会使用原来的值，要想永久修改 IP 转发，需要修改/etc/sysctl. conf 文件，修改下面一行的值：

```
net.ipv4.ip_forward = 1
```

修改后可以重启系统来使修改生效，也可以执行下面的命令来使修改生效：

```
sysctl -p /etc/sysctl.conf
```

进行了上面的配置后，IP 转发功能就永久使用了。

7.6 本章小结

本章主要介绍了 Linux 网络的知识。用户在管理系统时，不可避免地要涉及网络的管理，所以是否能有效地管理网络就成为一个重点。所以希望读者能认真地学习本章，打好扎实的网络基础。

课后习题

1. 选择题

(1) 哪个文件定义了查询域名与 IP 映射时访问 host 数据库和域名服务器的顺序？(　　)

A. /etc/nsswitch. conf　　B. /etc/resolv. conf

C. /etc/hosts　　D. /etc/host. conf

(2) 有两台运行 Linux 系统的计算机，主机 A 的用户能够通过 ping 命令测试到与主机 B 的链接，但主机 B 的用户不能通过 ping 命令测试到与主机 A 的链接，可能的原因是(　　)。

A. 主机 A 的网络设置有问题

B. 主机 B 的网络设置有问题

C. 主机 A 与主机 B 的物理网络连接有问题

D. 主机 A 有相应的防火墙设置阻挡了来自主机 B 的 ping 命令测试

(3) 哪个文件描述了 IP 和节点名之间的关系？(　　)

A. /etc/inittab　　B. /etc/ipaddress　　C. /etc/nodes　　D. /etc/hosts

(4) 小王在使用 Linux 网络系统，在测试网络连通时，由于没有配置 DNS 服务，在用 ping 的命令时，ping 对方 IP 地址时，可以连通对方；但在 ping 对方主机名，却无法连通，那么在 Linux 下可以配置哪个文件，可以用主机名来访问对方主机？(　　)

A. /etc/hosts　　B. /etc/host. conf　　C. /etc/services　　D. /etc/nsswitch. conf

(5) 以下网络设备名中，(　　)是以太网接口。

A. eh0　　B. lo　　C. pppN　　D. sl3

(6) 下列文件中不是 Linux 下的网络配置文件的是(　　)。

A. /etc/hosts

B. /etc/sysconfig/network

C. /etc/sysconfig/network-scripts/ifcfg-eth0

D. /etc/rc. d/init. d/network

(7) 下列文件中，包含了主机名到 IP 地址的映射关系的文件是(　　)。

A. /etc/HOSTNAME　　B. /etc/hosts

C. /etc/resolv. conf　　D. /etc/networks

(8) 以下哪个命令能用来显示 server 当前正在监听的端口？(　　)

A. ifconfig　　B. netlst　　C. ipchains　　D. netstat

(9) 哪个命令可以显示路由表的内容？(　　)

A. netstat-i　　B. netstat-p　　C. netstat-r　　D. netstat-nr

(10) Telnet 一个 Linux 系统时，以 root 登录，即使口令正确登录也被拒绝。但其他用户能登录。已检查了文件 hosts. deny 和 host. equiv。下面哪个文件还需检查才能允许 root 登录？(　　)

A. /etc/inetd. conf　　B. /etc/host. allow

C. /etc/login. defs　　D. /etc/securetty

(11) 晓风正以"feng"身份登录在自己的 Linux 工作站上，现在他需要通过 SSH 以"benet"身份远程登录文件服务器(filesvr)进行管理。他可以执行下列的操作(　　)。

A. ssh filesvr　　B. ssh-L benet filesvr

C. ssh-l benet filesvr　　D. ssh benet@filesvr

(12) 下列关于 Linux 系统中的 SSH 说法正确的是(　　)。

A. SSH 连接上的安全验证包括两种方式：基于口令的安全验证和基于密钥的安全验证

B. SSH 的数据传输是明文传送的

C. SSH 可以建立安全加密的 FTP 连接通道

D. SSH 的服务器端配置文件是/etc/ssh/ssh_config

(13) 当用户与某远程网络连接不上时，就需要跟踪路由查看，以便了解在网络的什么位置出现了问题，满足该目的的命令是(　　)。

A. ping　　B. ifconfig　　C. traceroute　　D. netstat

(14) 在大型公司中，不同部门之间的工作和管理方式有一定的差别，因而部门的计算机网络组建上也确定了一定的独立性，他们在自己的局域网内实现独立的管理，然后通过网关来互相联系，形成多层次的内部互联网。如果在这个网络环境中，出现不同部门之间的计算机之间不能互相通信的异常情况，应该使用(　　)命令来定位问题的疑点。

A. route　　B. traceroute　　C. ping　　D. iptables

2. 填空题

(1) Linux 中将设备分为三类,分别是:________、________和________。

(2) 网络设备可以是一个物理设备,也可以是________。所有网络设备在发送和接收包时都用________数据结构表示,以便于增删网络协议数据包头。

(3) Ping 命令可以测试网络中本机系统是否能到达________,所以常常用于测试网络的________。

(4) 欲发送 10 个分组报文测试与主机 abc. tuu. edu. cn 的连通性,应使用的命令和参数是:________。

(5) ping 命令用于测试网络的连通性,ping 命令通过________(internet 控制信息协议)来实现。

(6) 进行远程登录的命令是________。

3. 简答题

(1) 网络设备与字符设备有哪些异同点?

(2) 请叙述下列文件在配置网络时的作用。

/etc/hosts

/etc/rc. d/init. d/network

/etc/sysconfig/network-scripts/ifcfg-eth0

/etc/resolv. conf

4. 案例分析题

在公司内部有一台 Linux 主机,该主机中只有一个以太网接口“eth0”,现需要对该主机按照如下要求进行网络属性配置:

a. 设置 eth0 的 IP 地址为 192. 168. 1. 133,子网掩码是 255. 255. 255. 0

b. 设置主机的缺省网关地址是 192. 168. 1. 1

以上的网络属性配置要求全部通过配置文件实现,请描述相应配置文件内容的修改,并使用命令进行网络属性的查看和测试。

课 程 实 训

实训目的:复习巩固网络知识

实训内容:单网卡绑定多个 IP

实训步骤:有时,用户需要在一块网卡上配置多个 IP,还需要为 eth0 配置 IP 192. 168. 168. 2 和 192. 168. 168. 3。那么需要再在/etc/sysconfig/network-scripts/下新建两个配置文件:

ifcfg-eth0:0 文件内容:

DEVICE = eth0:0

BOOTPROTO = static

IPADDR = 192. 168. 1. 2

NETMASK = 255. 255. 255. 0

ONBOOT = yes

ifcfg-eth0:1 文件内容:

DEVICE = eth0:1

```
BOOTPROTO = static
IPADDR = 192.168.1.3
NETMASK = 255.255.255.0
ONBOOT = yes
```

项目实践

实践项目：多个网卡绑定成一块虚拟网卡。

实践目的：为了提供网络的高可用性，用户可能需要将多块网卡绑定成一块虚拟网卡对外提供服务，这样即使其中的一块物理网卡出现故障，也不会导致连接中断。

项目描述：所谓 bonding，就是将多块网卡绑定同一 IP 地址对外提供服务，可以实现高可用或者负载均衡。当然，直接给两块网卡设置同一 IP 地址是不可能的。通过 bonding，虚拟一块网卡对外提供连接，物理网卡的被修改为相同的 MAC 地址。Kernels 2.4.12 及以后的版本均提供 bonding 模块，以前的版本可以通过 patch 实现.

比如可以将 eth0 和 eth1 绑定成虚拟网卡 bond0：

(1) 首先在/etc/sysconfig/network-scripts/下创建虚拟网卡 bond0 的配置文件 ifcfg-bond0：

```
DEVICE = bond0
BOOTPROTO = none
BROADCAST = 192.168.168.255
IPADDR = 192.168.168.1
NETMASK = 255.255.255.0
NETWORK = 192.168.168.0
ONBOOT = yes
TYPE = Ethernet
GATEWAY = 192.168.168.250
USERCTL = no
```

(2) 然后分别修改 eth0 和 eth1 的配置文件：

```
DEVICE = eth0
BOOTPROTO = none
ONBOOT = yes
USERCTL = no
MASTER = bond0
SLAVE = yes

DEVICE = eth1
BOOTPROTO = none
ONBOOT = yes
USERCTL = no
MASTER = bond0
SLAVE = yes
```

(3) 在/etc/modules.conf(或是/etc/modprobe.conf) 文件中添加如下内容:

```
alias bond0 bonding
options bond0 miimon = 100 mode = 1 primary = eth0
```

因为 Linux 的虚拟网卡是在内核模块中实现的,所以需要安装的时候已经装好该 module。

其中 miimon=100 表示每 100 ms 检查一次链路连接状态,如果不通则会切换物理网卡,mode=1 表示主备模式,也就是只有一块网卡是 active 的,只提供失效保护。如果 mode=0 则是负载均衡模式的,所有的网卡都是 active。还有其他一些模式很少用到,primary=eth0 表示在主备模式下 eth0 为默认的 active 网卡。

(4) 最后,在/etc/rc.local 中加入

```
modprobe bonding miimon = 100 mode = 1
```

思考

双线机房网络互联互通问题

所谓双线机房就是拥有两个网络出口,电信和网通。假设机房的服务器计划配置双 IP、双域名,使得浏览者通过电信和网通两条线路都能正常地访问服务器,而且互不影响。由于 Linux 默认只有一个网关,所以请读者以此案例思考一个解决方案。

第8章 Linux系统管理子系统

本章内容

- Linux 任务——at cron anacron
- Linux 日志系统
- Linux 远程日志
- 常见日志讲解
- Linux 备份恢复相关命令说明

学习目标

- at 命令使用

8.1 Linux 系统计划任务

Linux 系统支持能够自动执行任务的服务称为计划任务，其中，at 指定某个时间执行某个任务，cron 指根据时间表自动执行任务，anacron 是指定时间间隔，错过后自动执行任务。

8.1.1 at任务命令

at 服务用于安排一个在未来执行的任务，要使用 at 服务需要系统后台有 atd 进程。用户使用 at 命令在指定时刻执行指定的命令序列。也就是说，该命令至少需要指定一个命令、一个执行时间，才可以正常执行。at 命令可以只指定时间，也可以时间和日期一起指定。需要注意的是，指定时间有一个系统判别问题，比如，用户现在指定了一个执行时间是凌晨 3:20，而发出 at 命令的时间是头天晚上的 20:00。那么究竟是在哪一天执行呢？如果用户在 3:20 以前仍然在工作，那么该命令将在这个时候完成。如果用户在 3:20 以前就退出了工作状态，那么该命令将在第二天凌晨才得到执行。

at 允许使用一套相当复杂的指定时间的方法，实际上是将 POSIX.2 标准扩展了，它可以接受在当天的 hh:mm(小时:分钟)式的时间指定。如果该时间已经过去，那么就放在第二天执行。当然也可以使用 midnight(深夜)，noon(中午)，teatime(饮茶时间，一般是下午 4 点)等比较模糊的词语来指定时间。用户还可以采用 12 小时计时制，即在时间后面加上 AM(上午)或者 PM(下午)来说明是上午还是下午。

当然，也可以指定命令执行的具体日期，指定格式为 month day year(月 日 年)或者 mm/dd/yy(月/日/年)或者 dd.mm.yy(日.月.年)(注意：指定的日期必须跟在指定时间的后面。)

上面介绍的都是绝对计时法，其实还可以使用相对计时法，这对于安排不久就要执行的命令是很有好处的。指定格式为：

```
now + count time-units
```

Now 就是当前时间，time-units 是时间单位，这里可以是 minutes（分钟）、hours（小时）、days（天）、weeks（星期）。count 是时间的数量，究竟是几天，还是几小时等。

at 命令的写法非常灵活，它的语法格式如下：

```
at [-V]  [-q 队列] [-f 文件名] [-mldbv]  时间
at -c 作业 [作业…]
```

另外，还有一些常用指令如下：

```
at:安排延时任务。
atq:查询当前的等待任务。
atrm:删除等待任务。
batch:以一个低优先级延时执行任务。
```

实例 8-1 at 命令的使用一。

```
at 5:30pm
at 17:30
at 17:30 today
at now + 5 hours
at now + 300 minutes
at 17:30 24.2.99
```

以上这些命令表达的意义是完全一样的，所以在安排时间的时候完全可以根据个人喜好和具体情况自由选择。at 命令一般采用绝对时间的 24 小时计时法，可以避免由于用户自己的疏忽造成计时错误的情况发生。

例如，上例可以写成：at 17:30 2/24/99

at 在输入时间后，回车可以在之后的“at>”提示符下输入任务指令，完成后按组合键 Ctrl＋D 存盘退出。

实例 8-2 从现在起，过两分钟后执行 updatedb 命令。

```
[root@solin ~]# at now + 2minutes
at>updatedb
at><Ctrl + D>
[root@solin ~]# atq                    //查看当前的任务
2 2010-09-16 23:24 a root
[root@solin ~]# atrm 2 或 at -d 2      //移除编号为 2 的任务
```

实例 8-3 三天后的下午 5 点执行/bin/ls：

```
at 5pm + 3 days /bin/ls
三个星期后的下午 5 点执行/bin/ls：
at 5pm + 3 weeks/bin/ls
明天的 17:20 执行/bin/date：
at 17:20 tomorrow /bin/date
```

实例 8-4 5 分钟后复制根目录下的 install.log 文件到当前目录下，且重命名为 a 文件。

```
[root@solin ~]# ls          //列出当前文件夹下的文件
install.log
[root@solin ~]# at now + 5 minutes
at>cp /Linux/install.log  /Linux/a
at><Ctrl + D>
job 3 at 2010-09-16 23:31
[root@solin ~]# ls          //五分钟后再次查看文件
install.log a
```

at 是基于用户的使用控制，默认情况下。任何用户都可以使用 at 服务，但这样是不安全的。所以，它对用户的使用进行了一些约束。

at 任务命令使用控制文件如下：

- /etc/at.allow
- /etc/at.deny

如果系统在/etc 目录中存在 at.allow，则只有列在文件中的用户才可以使用 at 服务，如果存在 at.deny，则列在文件中的用户不可以使用 at 服务，其他人可以。

思 考

at 可以用于定制确定时间里计划要执行的任务，那么，假设用户需要发送一份 E-mail 给自己，该如何使用 at 定制任务命令，来向自己发送一份 E-mail 呢？

8.1.2 cron 任务命令

cron 允许系统根据时间表自动完成任务，与 at 服务同样的，cron 服务也需要后台运行对应的系统进程 crond。要使用 cron 服务，系统管理员可以利用 service crond start|stop 来开关 cron 服务，用 chkconfig 或 ntsysv 选择 cron 服务的默认开启关闭。

1. crond 介绍

crond 是个常驻程序（Daemon）。在开机时激活 crond，它会自动去检查/var/spool/cron 目录下面看看是否有任何 cron 文件。每一个 user 可以去设定自己所要排定执行的工作。在这一个目录底下，每一个 user 会有一个属于 uid 名称的 cron 文件，crond 会自动将这些 user 的 cron 文件加载至内存中，并定期去执行每个 user 的 cron 文件，也就是说用户不需要登录就可以执行计划任务。

另外，crond 也会去读取/etc/crontab 的内容。首先 cron 命令会搜索/var/spool/cron 目录，寻找以/etc/passwd 文件中的用户名命名的 crontab 文件，被找到的这种文件将载入内存。例如一个用户名为 solin 的用户，它所对应的 crontab 文件就应该是/var/spool/cron/root 也就是说，以该用户命名的 crontab 文件存放在/var/spool/cron 目录下面。cron 命令还将搜索/etc/crontab 文件，这个文件是用不同的格式写成的。cron 启动以后，它将首先检查是否有用户设置了 crontab 文件，如果没有就转入“休眠”状态，释放系统资源。因此该后台进程占用资源极少，它每分钟“醒”过来一次，查看当前是否有需要运行的命令。命令执行结束后，任何输出都将作为邮件发送给 crontab 的所有者，或者是/etc/crontab 文件中 MAILTO 环境变量中指定的用户。/var/spool/cron 下的 cron 和/etc/crontab 下的 cron 是不同的，/var/spool/cron 下的 cron 是用户级的，而/etc/crontab 下的是系统级的。

简单来说，cron 命令是不应该手工启动的。cron 命令在系统启动时就由一个 Shell 脚本自动启动，进入后台(所以不需要使用 & 符号)。一般的用户没有运行该命令的权限，虽然超级用户可以手工启动 cron，不过还是建议将其放到 Shell 脚本中由系统自行启动。

2. 使用 cron 制定个人计划任务

使用 cron 有不同级别的命令。其中，用户级别命令有：

```
crontab -e：编辑当前的守护进程表。
crontab -l：列出当前的守护进程表。
crontab -r：删除当前的守护进程表。
crontab -u user：以某一个用户的身份执行。
```

在 cron 的管理中，/var/spool/cron 用于存放用户守护进程表。crontab 命令用于建立、删除或者列出用于驱动 cron 后台进程的表格。也就是说，用户把需要执行的命令序列放到 crontab 文件中以获得执行。每个用户都可以有自己的 crontab 文件，下面就来看看如何创建一个 crontab 文件。其中，很重要的是在/var/spool/cron 下的 crontab 文件不可以直接创建或者直接修改，crontab 文件是通过 crontab 命令得到的。现在假设有个用户名为 root，需要创建自己的一个 crontab 文件。首先，可以使用任何文本编辑器建立一个新文件，然后向其中写入需要运行的命令和要定期执行的时间，然后存盘退出。

假设该文件为/tmp/vi. cron，使用 crontab 命令来安装这个文件，使之成为该用户的 crontab 文件。

crontab 命令的语法格式如下：

```
crontab  [-u user]  file
crontab  [-u user] {-l|-r|-e}
```

例如：

```
crontab vi.cron
```

这样一个 crontab 文件就建立好了。可以转到/var/spool/cron 目录下面查看，发现多了一个 root 文件。这个文件就是所需的 crontab 文件。用 more 命令查看该文件的内容可以发现文件头有三行信息：

```
[root@solin ~]#DO NOT EDIT THIS FILE -edit the master and reinstall
[root@solin ~]# (vi.cron installed on Mon Feb 22 14:20:20 1999)
[root@solin ~]#(cron version — $ Id:crontab.c, v 2.13 1994101117 03:20:37
vivi Exp $ )
```

可以看得出它是一个不可编辑的文件。

上面所列出的第一种格式用于安装一个新的 crontab 文件，安装来源就是 file 所指的文件，如果使用“-”符号作为文件名，那就意味着使用标准输入作为安装来源。以下是对不同参数的说明：

- -u：如果使用该选项，也就是指定了是哪个具体用户的 crontab 文件将被修改。如果不指定该选项，crontab 将默认是操作者本人的 crontab，也就是执行该 crontab 命令的用户的 crontab 文件将被修改。但是请注意，如果使用了 su 命令再使用 crontab 命令很可能就会出现混乱的情况。所以如果是使用了 su 命令，最好使用 - u 选项来指定究竟是哪个用户的 crontab 文件。
- -l：在标准输出上显示当前的 crontab。
- -r：删除当前的 crontab 文件。
- -e：使用 VISUAL 或者 EDITOR 环境变量所指的编辑器，编辑当前的 crontab 文件，当结束编辑离开时，编辑后的文件将自动安装。

3. crontab 格式

使用 crontab 任务格式如下：

```
echo "hello"|wail  //每分钟向所有在线用户的屏幕发送“hello”信息。
```

在 crontab 文件中如何输入需要执行的命令和时间。该文件中每行都包括六个域，其中，前五个域是指定命令被执行的时间。最后一个域是要被执行的命令。每个域之间使用空格或者制表符分隔。

格式如下：

```
minute hour day-of-month month-of-year day-of-week commands
```

第一项是分钟，第二项是小时，第三项是一个月的第几天，第四项是一年的第几个月，第五项是一周的星期几，第六项是要执行的命令。

这些项都不能为空，必须填入。如果用户不需要指定其中的几项，那么可以使用 * 代替。因为 * 是统配符，可以代替任何字符，所以就可以认为是任何时间，也就是该项被忽略了。

时间表示格式见表 8-1。

表 8-1　时间表示格式

域	允许值范围	域	允许值范围
分钟	0～59	月	1～12(或者用 jan/feb 等名字)
小时	0～23	星期几	-7(0 或 7 是周日，也可以用 mon，tue 等表示)
日	1～31		

这样用户就可以往 crontab 文件中写入无限多的行以完成无限多的命令，命令域中可以写入所有可以在命令行写入的命令和符号，其他所有时间域都支持列举，也就是域中可以写入很多的时间值。只要满足这些时间值中的任何一个都执行命令，每两个时间值中间使用逗号分隔。

wall 命令在系统里经常用到，这里简单介绍一下 wall 命令，它适合所有用户使用。

```
基本格式：wall [message]
```

wall 会将信息传给每一个 mesg 设定为 yes 的上线使用者。当使用终端机界面做为标准传入时，信息结束时需加上 EOF(通常用 Ctrl+D)。

实例 8-5 传信息“hi”给每一个使用者

```
[root@solin ~]#wall hi
```

4. 编辑/etc/crontab 定制系统计划任务

它是系统级别的，/etc/crontab 作为 crond 的运行配置文件，与个人的 crontab 文件格式不同，系统会自动执行以下目录内的脚本。

- /etc/cron. hourly：每小时执行/etc/cron. hourly 内的脚本
- /etc/cron. daily：每天执行/etc/cron. daily 内的脚本
- /etc/cron. weekly：每周执行/etc/cron. weekly 内的脚本
- /etc/cron. monthly：每月执行/etc/cron. monthly 内的脚本

/etc/cron. d/目录下存放着附加的系统守护文件。cron 服务每分钟不仅要读一次/var/spool/cron 内的所有文件，还需要读一次/etc/crontab。因此配置这个文件也能运用 cron 服务做一些事情。用 crontab 配置是针对某个用户的，而编辑/etc/crontab 是针对系统的任务。

/etc/crontab 文件的文件格式是：

```
SHELL = /bin/Bash
PATH = /sbin:/bin:/usr/sbin:/usr/bin
MAILTO = root  //如果出现错误，或者有数据输出，数据作为邮件发给这个账号
HOME = /
#run-parts
01 **** root run-parts /etc/cron.hourly
//每个小时去执行一次/etc/cron.hourly 内的脚本
02 4 *** root run-parts /etc/cron.daily
//每天去执行一次/etc/cron.daily 内的脚本
224 ** 0 root run-parts /etc/cron.weekly
//每星期去执行一次/etc/cron.weekly 内的脚本
42 41 ** root run-parts /etc/cron.monthly
//每个月去执行一遍/etc/cron.monthly 内的脚本
```

使用 run-parts 来代替命令，表示运行其后目录内的所有可执行文件，使用者运行的路径。

注意“run-parts”这个参数，如果去掉这个参数的话，后面就可以写要运行的某个脚本名，而不是文件夹名了。其中，在系统的守护任务列表中(/etc/cron. d 目录下)第六项为命令运行人，第七项才是运行任务。

实例 8-6 查看/etc/cron. d 目录下的 0hourly 文件里的第六、七项：

```
[root@solin cron.d]# cat 0hourly  //cat 命令用于一次性查看文件里的所有内容。
SHELL = /bin/Bash
PATH = /sbin:/bin:/usr/sbin:/usr/bin
MAILTO = root
HOME = /
01 **** root run-parts /etc/cron.hourly
```

cron 的使用限制在缺省情况用户能够定制自己的守护任务，并且系统守护任务由 root 来编辑，限制或允许用户使用 cron，主要依赖/etc/cron. allow 和/etc/cron. deny 两个控制文件。

如果系统中存在 cron. allow，则只有列在文件中的用户才可以使用 crontab 指令来定制自己的守护任务。如果系统中存在 cron. deny，则列在文件中的用户不可以使用 crontab 指令来定制自己的守护任务，其他人可以。

8.1.3 anacron 任务命令

它是 cron 的服务扩展，可以防止非 24 小时开机的计算机遗漏守护任务，且每次计算机通电自动检测，它所使用的主要配置文件是：/etc/anacrontab。

anacron 任务被列在配置文件/etc/anacrontab 中，文件中的每一行都代表一项任务。anacron 书写格式：

```
period delay jab-identifier command
```

各项解释如下：

- period：一命令执行的频率(天数)；
- delay：一延迟时间(分钟)；
- job-identifier：一任务的描述，用在 anacron 的消息中，并作为作业时间戳文件的名称，只能包括非空白的字符(除斜线外)；
- command：一要执行的命令。

对于每项任务，anacron 先判定该任务是否已在配置文件的 period 字段中指定的期间内被执行了。如果它在给定期间内还没有被执行，anacron 会等待 delay 字段中指定的分钟数，然后执行 command 字段中指定的命令。任务完成后，anacron 在/var/spool/anacron 目录内的时间戳文件中记录日期。只有日期被记录(无时间)，而且 job-identifier 的值被用作时间戳文件的名称，和 cron 配置文件一样，SHELL 和 PATH 之类的环境变量可以在/etc/anacrontab 文件的前部定义。默认的配置文件看起来和以下相似：

```
#/etc/anacrontab:configuration file for anacron # See anacron(8) and ana-
crontab(5) for details。
SHELL = /bin/sh
PATH = /usr/local/sbin:/usr/local/bin:/sbin:/bin:/usr/sbin:/usr/bin
# These entries are useful for a Red Hat Linux system。
1    70    cron.daily    run-parts    letclcran.daily
7    85    cron.weekly   run-parts    letclcron.weekly
30   85    cron.monthly  run-parts    fetcfcson.monthly
```

8.1.4 tmpwatch 任务命令

tmpwatch (temporary watch)主要功能是指定目录清理旧文件,删除暂存文件,能有效防止/tmp 目录被填满,tmpwatch 每天在/etc/cron.daily 中运行。

基本格式:tmpwatch [-afqv] [-test] [超期时间] [目录……]

注 意

执行 tmpwatch 指令可删除不必要的暂存文件,可以设置文件超期时间,单位以小时计算。

主要参数如下:

- -a 或--ail:删除任何类型的文件;
- -f 或--force:强制删除文件或目录,其效果类似 rm 指令的"-f"参数;
- -q 或--quiet:不显示指令执行过程;
- -v 或--verbose:详细显示指令执行过程;
- --test:仅作测试,并不真的删除文件或目录。

实例 8-7 tmpwatch 命令使用

```
[root@solin root]#/usr/bin/tmpwatch 240 /tmp
//删除/tmp 目录下经过 240 小时未被使用的文件。
```

8.2 Linux 的系统日志

学习目标

- 了解什么是日志系统
- 懂得 Linux 系统下的三个主日志系统
- 了解日志系统的配置文件及用处
- 了解系统日志的书写

在 Linux 系统中有三个主要的日志子系统，为了保证 Linux 系统正常运行、准确解决遇到的各种各样的系统问题，认真地读取日志文件是系统管理员的一项非常重要的任务。日志对于安全来说，非常重要，记录了系统每天发生的各种各样的事情，用户可以通过检查日志，找到错误发生的原因，或者受到攻击时留下的蛛丝马迹。

日志主要的功能有：审计和监测，它还可以实时地监测系统状态，监测和追踪侵入者等等。黑客可以通过各种方法利用系统管理员的疏忽侵入用户的系统，它们的一举一动都会记录到系统的日志之中，尽管它们可能可以改变这些日志信息，甚至用自己的程序替换掉系统本身的命令程序，但是通过日志总还是能找到一些信息。

在 Linux 系统中，有三个主要的日志子系统：

连接时间日志——由多个程序执行，把记录写入到/var/log/wtmp 和/var/run/utmp，login 等程序更新 wtmp 和 utmp 文件，使系统管理员能够跟踪谁在何时登录到系统。

进程统计——由系统内核执行。当一个进程终止时，为每个进程往进程统计文件（pacct 或 acct）中写一个记录。进程统计的目的是为系统中的基本服务提供命令使用统计。

错误日志——由 syslogd(8)执行。各种系统守护进程、用户程序和内核通过 syslog(3)向文件/var/log/messages 报告值得注意的事件。另外有许多 UNIX 程序创建日志。像 HTTP 和 FTP 这样提供网络服务的服务器也保存详细的日志。

常用的日志文件如下：

- access-log：记录 HTTP/web 的传输；
- acctlpacct：记录用户命令；
- aculog：记录 MODEM 的活动；
- btmp：记录失败的记录；
- lastlog：记录最近几次成功登录的事件和最后一次不成功的登录；
- messages：从 syslog 中记录信息（有的链接到 syslog 文件）；
- sudolog：记录使用 sudo 发出的命令；
- sulog：记录使用 su 命令的使用；
- syslog：从 syslog 中记录信息（通常链接到 messages 文件）；
- utmp：记录当前登录的每个用户；
- wtmp：一个用户每次登录进入和退出时间的永久记录；
- xferiog：记录 FTP 会话。

8.2.1 书写系统日志

对于系统日志的书写，涉及不同的配置文件与程序，下面就这些文件与关联的程序进行讲解。

1. syslogd

大部分的 Linux 系统中都要使用 syslog 工具，syslog 相当灵活，能使系统根据不同的日志输入项采取不同的活动。syslog 工具由一个守护程序组成，它能接受访问系统的日志信息并且根据/etc/syslog. conf 配置文件中的指令处理这些信息。它能设置成根据输出信息的程序或重要程度将信息排序到不同的文件。例如，由于内核信息更重要且需要有规律地阅读以确定问题出在哪里，所以要把内核信息与其他信息分开来，单独定向到一个分离的文件中。因此，任何希望生成日志信息的程序都可以向 syslog 接口呼叫生成该信息。通常，syslog 接受来自系统的各种功能的信息，每个信息都包括重要级。/etc/syslog. conf 文件通知 syslogd 如何根据设备和信息重要级别来报告信息。日志文件通常存放在“/var/log”目录下。为了查看日志文件的内容必须要有“root”权限。日志文件中的信息很重要，只能让超级用户有访问这些文件的权限。

2. /etc/syslog.conf

/etc/syslog.conf 文件的使用形式如下：

```
facility  level  action
```

空白行和以＃开头的行忽略。应该使用一次或多次 tab 键分隔 facility 和 action，大部分 Linux 使用这些空格为分隔符。现在分析一下/etc/syslog.conf 中的三个要素。

facility 指定 syslog 功能，主要包括以下这些：

- auth：由 pam_pwdb 报告的认证活动。
- authpriv：包括特权信息，如用户名在内的认证活动 cron 与 cron 和 at 有关的信息。
- daemon：与 inetd 守护进程有关的信息。
- kem：内核信息，首先通过 klogd 传递。
- lpr：与打印服务有关的信息。
- mail：与电子邮件有关的信息。
- mark：syslog 内部功能用于生成时间戳。
- news：来自新闻服务器的信息 syslog，由 syslog 生成的信息。
- user：由用户程序生成的信息。
- uucp：由 uucp 生成的信息 local0——local7 与自定义程序使用，例如使用 local5 做为 ssh 功能，通配符 * 代表除了 mark 以外的所有功能与每个功能对应的优先级是按一定顺序排列的，emerg 是最高级，其次是 alert，依次类推。缺省时，在/etc/syslog.conf 记录中指定的级别为该级别和更高级别。如果希望使用确定的级别可以使用两个运算符号！(不等)和＝。
- user＝info：表示告知 syslog 接受所有在 info 级别上的 user 功能信息。

syslog 级别如下：

- emerg 或 panic：为该系统不可用。
- alert：需要立即被修改的条件。
- crit：阻止某些工具或子系统功能实现的错误条件。
- err：阻止工具或某些子系统部分功能实现的错误条件。
- warning：预警信息。
- notice：具有重要性的普通条件。
- info：提供信息的消息。
- debug：不包含函数条件或问题的其他信息。
- none：没有重要级，通常用于排错 * 所有级别。

除了 none action 字段所表示的活动具有许多灵活性，特别是，可以使用名称管道的作用是可以使 syslogd 生成后处理信息。

syslog 主要支持以下活动：

file 指定文件的绝对路径，terminal 或 print 完全的串行或并行设备标志符@host 远程的日志服务器，username 发送信息到使用 write 的指定用户中，named pipe 指定使用 mkfifo 命令来创建的 FIFO 文件的绝对路径。

3. 调用 syslogd 守护程序

Syslog 守护程序是由/etc/rc. d/init. d/syslog 脚本在运行级下被调用的。缺省不使用选项。但有两个选项-r 和-h 很有用。

如果将要使用一个日志服务器,必须调用 syslogd -r。缺省情况下 syslog 不接受来自远程系统的信息。当指定-r 选项,syslogd 将会监听从 514 端口上进来的 UDP 包。

如果还希望日志服务器能传送日志信息,可以使用-h 标志。缺省时,syslogd 将忽略使其从一个远程系统传送日志信息到另一个系统的/etc/syslog. conf 输入项。

4. klogd 守护进程

klogd 守护进程获得并记录 Linux 内核信息。通常,syslogd 会记录 klogd 传来的所有信息,然而,如果调用带有-f filename 变量的 klogd 时。klogd 就在 filename 中记录所有信息,而不是传给 syslogd。当指定另外一个文件进行日志记录时,klogd 就向该文件中写入所有级别或优先权,klogd 中没有和/etc/syslog. conf 类似的配置文件,使用 klogd 而避免使用 syslogd 的好处在于可以查找大量错误。如果有人入侵了内核,使用 klogd 可以修改错误。

8.2.2 系统日志书写配置

1. 系统日志的对象

- authpriv:用户认证和安全信息。
- cron:atd 和 crond 的信息。
- daemon 其他后台工具。
- kern:内核信息。
- local:本地回报信息。
- lpr:打印机。
- mail:邮件系统。
- news:新闻系统。
- syslog:syslog 自身信息。
- user:普通用户的信息。
- 等级:由上至下为由低到高。
- debug:除错所需。
- info:标准汇报。
- notice:普通,但重要的行为。
- warning/warn:警告信息。
- err:错误行为。
- crit:致命的行为。
- alert:需要立即处理。
- emerg/panic:系统无法继续运行。

2. 高级 syslogd 配置操作

- 对象. 等级:记录某一对象某一等级及以上等级的信息。
- 对象. =等级:记录某一对象某一等级的信息对象=!。
- 等级:记录某一对象除某一等级以外的信息。
- 对象 1,对象 2,等级:记录多个对象同一个等级及以上等级的信息。

• *.等级:记录所有对象某一等级及以上等级的信息。

• 对象.*:记录某一对象所有等级的信息。

日志记录位置可以是:

• 指定路径的文件。

• 远端的系统(@主机名)。

系统日志对象的等级越低,则需要记录的东西越多。反之,虽然记录的东西较少,但发生故障时越不容易判断问题所在。

维护系统日志有 logrotate,用于防止日志文件容量增大,文件系统被完全占用,logrotate 被放在/etc/cron.daily/中每日自动执行。可以配置/etc/logrotate.conf 和/etc/lorotate.d。

默认情况下,系统日志每周轮换一次,放置一个月后被清扫。

实例 8-8 logrotate 维护系统日志

```
[root @solin root]# cat /etc/logrotate.conf
#see "rnan logrotate" for details
#rotate log files weekly
weekly
#keep 4 weeks worth of backlogs
rotate 4
#create new (empty) log files after rotating old ones
create
#uncomment this if you want your log files compressed
#compress
#RPM packages drop log rotation information into this directory
include /etc/logrotate.d
#no packages own wtmp — we'll rotate them here
/var/loglwtmp{
monthly
create 0664 root utmp
rotate 1
}
#system-specific logs may be also be configured here。
```

8.3 备份与恢复命令

学习目标

• 掌握 dump 与 restore 备份还原命令的使用

• 理解不同备份级别的差异,做到合理应用

• 学会利用不同的参数,对备份或要恢复的数据进行操作

Linux 有 dump 命令用于备份 Linux 文件系统或者目录，restore 命令用于将备份的文件恢复。

dump 可以执行类似 tar 的功能。然而，dump 倾向于考虑文件系统而不是个别的文件。下面是引自 dump 手册文件中的内容："dump 检查 ext2 文件系统上的文件，并确定哪些文件需要备份。这些文件将出于安全保护而被复制到给定的磁盘、磁带或其他存储媒体上……，大于输出媒体容量的转储将被划分到多个卷。在大多数媒体上，容量是通过一直写入直至返回一个 end-of-media 标记来确定的。"

配合 dump 的程序是 restore，它用于从转储映像还原文件。restore 命令执行转储的逆向功能，可以首先还原文件系统的完全备份，而后续的增量备份可以在已还原的完全备份之上覆盖，可以从完全或部分备份中还原单独的文件或者目录树。

Dump 和 restore 都能在网络上运行，因此可以通过远程设备进行备份或还原。dump 和 restore 使用磁带驱动器和提供广泛选项的文件设备。然而，两者都仅限用于 EXT2 和 EXT3 文件系统。如果使用的是 JFS，Reiser 或者其他文件系统，用户将需要其他的实用工具，比如 tar。

使用 dump 执行备份是相当简单的。下面的命令执行一个完全 Linux 备份，它把所有 ext2 和 ext3 文件系统备份到一个 SCSI 磁带设备。

实例 8-9 备份文件

```
[root @solin root]# dump 0f /dev/nst0 /boot
[root @solin root]# dump 0f /dev/nst0 1
```

注 意

F 前面的是数字 0，表示备份等级。备份级别有 0～9，下面会详细讲到。

在这个例子中，系统中有两个文件系统。一个用于/boot，另一个用于/，这是常见的配置。它们必须在执行备份时单独地引用，/dev/nst0 引用第一个 SCSI 磁带驱动器。不过是以非重绕的模式引用，这样确保各个卷在磁带上一个接一个地排列。

dump 的一个有趣特性是其内置的增量备份功能。在上面的例子中，0 表示 0 级或基本级备份，这是完全系统备份，要定期执行以保存整个系统。对于后续的备份，可以使用其他数字(1—9)来代替 0，以改变备份级别。1 级备份会保存自从执行 0 级备份以来更改过的所有文件。2 级备份会保存自从执行 1 级备份以来更改过的所有文件，以次类推。使用 tar 和脚本可以执行相同的功能，但要求脚本创建人员提供一种机制来确定上次备份是何时执行的。dump 具有它自己的机制，即它在执行备份时会输出一个更新文件(/etc/dumpupdates)。这个更新文件将在每次执行 0 级备份时被重设。后续级别的备份会保留它们的标记，直至执行另一次 0 级备份。如果在执行基于磁带的备份，dump 会自动跟踪多个卷。

有时候对某些文件和目录做些标记，用于标记将被 dump 跳过的文件和目录是可以做到的。实现此目的的命令是 chattr，它改变 EXT2 和 EXT3 文件系统上的扩展属性。

```
chattr + d <filename>
```

上面的命令向文件添加一个标记，让 dump 在执行备份时跳过该文件。

要还原使用 dump 保存的信息，可以使用 restore 命令，像 tar 一样，dump 能够列出(-t)归档文件的内容，并与当前文件作比较(-C)。使用 dump 必须小心的地方是还原数据。有两种非常不同的还原方法，用户必须使用正确的方法才能获得可预测的结果。

以下是对恢复的参数说明介绍：

- 重建(-r)。记住，在设计 dump 时考虑得更多的是文件系统，而不是单独的文件。因此。存在两种不同的文件还原风格。要重建一个文件系统，可使用-r 命令行开关，设计重建的目的是为了能在空文件系统上操作，并将它还原为已保存的状态。在执行重建之前，用户应该已经创建、格式化和装载(Mount)了该文件系统。不应该对包含文件的文件系统执行重建。

下面是使用上面执行的转储来执行完全重建的例子。

```
[root @solin root]#restore -rf /dev/nst0
```

上面这个命令需要针对要还原的每个文件系统分别执行。在需要的时候，可以重复这个过程来添加增量备份。

- 提取(-x)。如果需要使用单独的文件而不是使用整个文件系统，必须使用-x 开关来提取它们。例如，要仅从磁带备份中提取/etc 目录，可使用以下命令：

```
[root @solin root]#restore -xf /dev/nst0 /etc
```

- 交互式还原(-i)。restore 提供的另外一个特性是交互式模式。使用命令：

```
[root @solin root]#restore -if /dev/nst0
```

将把用户置于交互式 Shell 中，同时还显示了包含在该归档文件中的项。输入“help”会显示一个命令列表，然后用户就可以浏览并选择希望提取的项。务必记住，提取的任何文件都将进入当前目录。

实例 8-10 dump 命令备份文件

```
[root@solin ~]#dump -0 -u -f /dev/hda3 /home/pyegrp/
DUMP:Date of this level 0 dump: Sat Nav 30 19:45:56 2002
DUMP:Dumping /dev/hda9 (/home/pyegrp) to /dev/hda3
DUMP:Added mode 7 to exclude list (resize inode)
DUMP:Label: none
DUMP:mapping (Pass I) [regular files]
DUMP:mapping (Pass II) [directories]
DUMP:estimated 15492 tape blocks。
DUMP:Volume 1 started with block 1 at: Sat Nov 30 19:48:01 2002
DUMP:dumping (Pass III) [directories]
DUMP:dumping (Pass IV) [regularfites]
DUMP:Closing /dev/hda3
DUMP:Volume 1 completed at: Sat Nov 30 19:46:13 2002
DUMP:Volume 1 15490 tape blocks (15。13MB)
DUMP:Volume 1 took 0:00:12
DUMP:Volume 1 transfer rate: 1290 kBls
```

```
DUMP:15490 tape blocks (15。13MB) on 1 volumes
DUMP:finished in 12 seconds,throughput 1290 kByteslsec
DUMP:Date a,this level 0 dump: Sat Nov 30 19:45:56 2002
DUMP:Date this dump completed: Sat Nov 30 19:46:13 2002
DUMP:Average transfer rate: 1290 kB/s
DUMP:DUMP IS DONE
-0 是备份的等级,从 0-9,0 以后都是更新备份的参数,一般常用的是 0 和 9。
-u 是将备份记录写入/etc/dumpdates 这个文件中。
[root@uptooking~]#cat /etc/dumpdates
/dev/hda9 0 Sat Nov 30 19:45:56 2002
/dev/hda9 9 Sat Nov 30 17:04:20 2002
```

注 意

当备份的目录是一个子目录,而不是一个分区的顶层目录时-u 参数是不能使用的。

- -f 是指定备份到那个文件,也可以指定一个设备文件,在这里指定的就是一个分区。
- 更新备份:在 0 级别备份的基础上,向/home/pyegrp 写入一些新的文件,然后

```
[root@solin ~]#umount /home/pyegrp
[root@solin ~]#mount /home/pyegrp
```

注意如果不这样做,不会将新写入的文件备份进去的。
然后:

```
[root@solin~]#dump -9 -u -f /dev/hda3 /home/pyegrp/
```

用 restore tf /dev/hda3,就会看到刚刚写入的文件会出现在列表中。

```
[root@solin~]#restore rf /dev/hda3 /home/pyegrp
```

用 restore 命令来查看备份文件里的文件列表:

```
[root@solin~]#restore ft /dev/hda3
```

除了 dump 外,系统备份命令还有 cpio,cpio 命令三种模式:

- copy-out:将系统的文件生成一个 cpio 格式的包。
- copy-in:将一个 cpio 格式的包解开。
- copy-pass:相当于一个 cp 命令,不进行任何的压包和解包的工作,经常用来复制文件分别对应的参数是-o,-i,-p 这样记忆就比较方便了,Linux 命令的参数虽然很多,但是还是有规律可以寻找的。

实例 8-11 cpio 命令备份文件

```
[root@solin ~]#cpio -o -O photo.cpio
```

按回车键后要手工输入所需要打包的文件名，以 Ctrl＋D 组合键结束。

```
[root@solin ~]#ls
Dcp_0803.jpg Dcp_0810.jpg Dcp_0815.jpg Dcp_0820.jpg Dcp_0827.jpg
Dcp_0804.jpg Dcp_0811.jpg Dcp_0816.jpg Dcp_0821.jpg Dcp_0828.jpg
Dcp_0805.jpg Dcp_0812.jpg Dcp_0817.jpg Dcp_0822.jpg
[root@solin~]#ls | cpio - o > photo.cpio
cpio：Dcp_0803.jpg：truncating inode number
cpio：Dcp_0804.jpg：truncating inode number
cpio：Dcp_0805.jpg：truncating inode number
cpio：Dcp_0808.jpg：truncating inode number
cpio：Dcp_0809.jpg：truncating inode number
cpia：Dcp_0810.jpg：truncating inode number
cpio：Dcp_0811.jpg：truncating inode number
cpio：Dcp_0812.jpg：truncating inode number
cpio：Dcp_0813.jpg：truncating inode number
1230 blocks
```

注 意

-o 参数也可以用-create 替代，表示正在使用 copy-out 模式，-O 参数只能和-o 一起使用，表示出于 out 模式时，指定生成的文件。

```
[root@solin ~]#ls | cpio -o -O photo.cpio
```

这个命令是等效的，只不过前者是用重定向符号实现的而已。由此可以体现 Linux 命令的复杂还有变化多样。

• 查看与解包方式：

实例 8-12 cpio 命令查看与解包

```
[roo@solin~]# cpio -i -l photo.cpio
2792 blocks
```

注 意

-i 参数是表示使用 copy-in 模式。

查看一个 cpio 包里的文件列表的参数和 tar 的参数有点相像，都是用-t 参数，也可以用--list替代。-l 参数只和-t，-i 两个参数连用，表示在 copy-in 模式时指定一个 cpio 包。有点像 tar 包里的-f 参数，无论是打 tar 包还是解 tar 包或者是查看 tar 的内容，都要加-f 参数，一样的道理，在这里 cpio 只不过分成了 copy-in 和 copy-out 两个部分而已。

实例 8-13 查看一个 cpio 包里的文件列表

```
[root@solin~]#cpio -t -l photo.cpio
Dcp_0803.jpg
Dcp_0804.jpg
Dcp_0805.jpg
Dcp_0808.jpg
Dcp_0809.jpg
Dcp_0810.jpg
Dcp_0811.jpg
Dcp_0812.jpg
Dcp_0813.jpg
Dcp_0814.jpg
Dcp_0815.jpg
Dcp_0816.jpg
Dcp_0817.jpg
Dcp_0818.jpg
Dcp_0819.jp9
Dcp_0820.jpg
Dcp_0821.jpg
2592 blocks
```

还有一些高级的应用参数：

- -u：解包时如果文件已经存在也强行覆盖。

```
[root@solin ~]# cpio -i -l test.cpio -u
[root@solin ~]# cpio -i -u -l test.cpio
```

- -f：文件匹配参数，但是是一个反向的，就是符合这个指定的文件不解包。

```
[root@solin ~]#cpio -i -l test.cpio -f *.rpm
```

这条命令的结果是 test.cpio 里除了 *.rpm 文件都会解包出来。

- -L：这个参数是在打包的时候用的，如果被打包的文件中有符号连接的话，这个参数将会把连接的目标文件打入包中，而不是仅仅把符号连接打包。

```
[root@upiooking ~]# ls|cpio -o -O newtest.cpio -L
```

- -R：这个参数只用在解包的时候，是用来给解包出来的文件设置所有者和所属组的。但是用户和组的关系必须已经在 passwd，group 两个文件中存在。

```
[root@solin ~]# cpio -i -l test.cpio -R yue.pye
[root@solin ~]# cpio -i -l test.cpio -R yue
```

• -r:这个参数只在解包时有用，而且不能和-u 参数同时使用，否则失效，它的作用是当包中的文件和解包所在目录下的某个文件重名的时候自动提示是否需要更名。

```
[root@solin ~]#cpio -i -l test.cpio -r
rename 12.1 ->a
rename backgroud ->c
rename bin ->bindir
rename crystal ->
```

• -A:这个参数只用在压包的时候，用来向已经存在的 cpio 包添加文件的。

```
[root@solin ~]#cpio - o -O test.cpio -A
[root@solin ~]#cpio -o -A -O test.cpio
```

想一想

上面讲到了 dump 和 cpio 两种备份命令，它们都有不同的优点和缺点，那么你知道它们的区别吗？可以罗列出来吗？

8.4 Linux tar 命令详解

学习目标

- 理解 tar 的作用
- 掌握 tar 命令的参数格式及应用
- 熟悉其他压缩格式命令的使用

8.4.1 Linux 下的文件打包命令

tar 可以为文件和目录创建文件。利用 tar 用户可以为某一特定文件创建文件（备份文件）。也可以在文件中改变文件，或者向文件中加入新的文件。tar 最初被用来在磁带上创建文件，现在，用户可以在任何设备上创建文件，如软盘。利用 tar 命令，可以把一大堆的文件和目录全部打包成一个文件，这对于备份文件或将几个文件组合成为一个文件以便于网络传输是非常有用的，Linux 上的 tar 是 GNU 版本的。

```
语法:tar [主选项+辅选项] 文件或者目录
```

使用该命令时，主选项是必须要有的，它告诉 tar 要做什么事情，辅选项是辅助使用的，可以选用。

主选项如下：

• c:创建新的文件文件。如果用户想备份一个目录或是一些文件，就要选择这个选项。

- r:把要存档的文件追加到备份文件的末尾。例如用户已经做好备份文件,又发现还有一个目录或是一些文件忘记备份了。这时可以使用该选项,将忘记的目录或文件追加到备份文件中。
- t:列出备份文件的内容,查看已经备份了哪些文件。
- u:更新文件。就是说,用新增的文件取代原备份文件,如果在备份文件中找不到要更新的文件,则把它追加到备份文件的最后。
- x:从备份文件中释放文件。

辅助选项如下:

- b:该选项是为磁带机设定的。其后跟一数字,用来说明区块的大小,系统预设值为 20 (20×512 B)。
- f:使用备份文件或设备,这个选项通常是必选的。
- k:保存已经存在的文件。例如把某个文件还原,在还原的过程中,遇到相同的文件,不会进行覆盖。
- m:在还原文件时,把所有文件的修改时间设定为现在。
- M:创建多卷的备份文件,以便在几个磁盘中存放。
- v:详细报告 tar 处理的文件信息。如无此选项,tar 不报告文件信息。
- w:每一步都要求确认。
- z:用 gzip 来压缩/解压缩文件,加上该选项后可以将备份文件进行压缩,但还原时也一定要使用该选项进行解压缩。

8.4.2 Linux 下的压缩文件分析

Windows 下最常见的压缩文件就只有两种,一是.zip,另一个是.rar。可是 Linux 就不同,它有.gz、.tar、.gz、.tgz、.bz2、.Z、.tar 等众多的压缩文件名,此外 Windows 下的.zip 和.rar也可以在 Linux 下使用。不过在 Linux 使用.zip 和.rar 的人就太少了。本节就来对这些常见的压缩文件进行一番小结,希望用户下次遇到这些文件时不至于束手无策。

具体总结各类压缩文件之前呢,首先先要弄清两个概念:打包和压缩。打包是指将一大堆文件或目录什么的变成一个总的文件,压缩则是将一个大的文件通过一些压缩算法变成一个小文件。为什么要区分这两个概念呢?其实这源于 Linux 中的很多压缩程序只能针对一个文件进行压缩,这样当你想要压缩一大堆文件时,就得先借助其他的工具将这一大堆文件先打成一个包,然后再就原来的压缩程序进行压缩。

Linux 下最常用的打包程序就是 tar 了,使用 tar 程序打出来的包常称为 tar 包,tar 包文件的命令通常都是以.tar 结尾的。生成 tar 包后,就可以用其他的程序来进行压缩了,所以首先就来讲讲 tar 命令的基本用法。

tar 命令的选项有很多(用 man tar 可以查看到),但常用的就那么几个选项,下面来举例说明一下:

```
[root@solin ~]#tar -cf all.tar *.jpg
```

这条命令是将所有.jpg 的文件打成一个名为 all.tar 的包。-c 是表示产生新的包,-f 指定包的文件名。

```
[root@solin ~]# tar -rf all.tar *.gif
```

这条命令是将所有.gif的文件增加到all.tar的包里面去,-r是表示增加文件的意思。

```
[root@solin ~]# tar -uf all.tar logo.gif
```

这条命令是更新原来tar包all.tar中logo.gif文件,-u是表示更新文件的意思。

```
[rook@solin ~]# tar -tf all.tar
```

这条命令是列出all.tar包中所有文件,-t是列出文件的意思。

```
[root@solin~]# tar -xf all.tar
```

这条命令是解出all.tar包中所有文件,-x是解开的意思。

以上就是tar的最基本的用法,为了方便用户在打包解包的同时可以压缩或解压文件,tar提供了一种特殊的功能。这就是tar可以在打包或解包的同时调用其他的压缩程序,比如调用gzip,bzip2等。

1. tar调用gzip

gzip是GNU组织开发的一个压缩程序,.gz结尾的文件就是gzip压缩的结果,与gzip相对的解压程序是gunzip。

tar中使用-z这个参数来调用gzip。下面来举例说明一下:

```
[root@solin ~]# tar -czf all.tar.gz *.jpg
```

这条命令是将所有.jpg的文件打成一个tar包,并且将其用gzip压缩,生成一个gzip压缩过的包,包名为all.tar.gz。

```
[root@solin ~]# tar -xzf all.tar.gz
```

这条命令是将上面产生的包解开。

2. tar调用bzip2

bzip2是一个压缩能力更强的压缩程序,.bz2结尾的文件就是bzip2压缩的结果,与bzip2相对的解压程序是bunzip2. tar中使用-j这个参数来调用gzip。下面来举例说明一下:

```
[root@solin ~]# tar -cjf all.tar.bz2 *.jpg
```

这条命令是将所有.jpg的文件打成一个tar包,并且将其用bzip2压缩,生成一个bzip2压缩过的包,包名为all.tar.bz2。

```
[root@solin ~]# tar -xjf all.tar.bz2
```

这条命令是将上面产生的包解开。

3. tar 调用 compress

compress 也是一个压缩程序,但是好像使用 compress 的人不如 gzip 和 bzip2 的人多,.Z 结尾的文件就是 bzip2 压缩的结果,与 compress 相对的解压程序是 uncompress。tar 中使用 -Z这个参数来调用 gzip。下面来举例说明一下:

```
[root@solin ~]#tar -cZf all.tar.Z *.jpg
```

这条命令是将所有.jpg 的文件打成一个 tar 包,并且将其用 compress 压缩,生成一个 uncampress压缩过的包,包名为 all.tar.Z。

```
[roof@solin ~]#tar -xZf all.tar.Z
```

这条命令是将上面产生的包解开。

有了上面的知识,应该可以解开多种压缩文件了,下面对于 tar 系列的压缩文件作一个小结:

- 对于.tar 结尾的文件:tar -xf all.tar
- 对于.gz 结尾的文件:gzip -d all.gz 或 gunzip all.gz
- 对于.tgz 或.tar.gz 结尾的文件:tar -xzf all.tar.gz 或 tar -xzf all.tgz
- 对于.bz2 结尾的文件:bzip2 -d all.bz2 或 bunzip2 all.bz2
- 对于 tar.bz2 结尾的文件:tar -xjf all.tar.bz2
- 对于.Z 结尾的文件:uncompress all.Z
- 对于.tar.Z 结尾的文件:tar -xZf all.tar.z

另外,对于 Windows 下的常见压缩文件.zip 和.rar,Linux 也有相应的方法来解压它们:

(1) 对于.zip 结尾

Linux 下提供了 zip 和 unzip 程序,zip 是压缩程序,unzip 是解压程序。它们的参数选项很多,这里只做简单介绍。

依旧举例说明一下其用法:

```
[root@solin ~]#zip all.zip *.jpg
```

这条命令是将所有.jpg 的文件压缩成一个 zip 包。

```
[root@solin~]#unzip all.zip
```

这条命令是将 all.zip 中的所有文件解压出来。

(2) 对于.rar 结尾

要在 Linux 下处理.rar 文件,需要安装 RAR for Linux,可以从网上下载,但要记住,RAR for Linux 不是免费的。安装方法如下:

```
[root@solin~]#tar -xzpvf rarLinux-3.2.0.tar.gz
[root@solin~]#cd rar
[root@solin~]#make
[root@solin~]#make  install
```

这样就安装好了,安装后就有了 rar 和 unrar 这两个程序,rar 是压缩程序,unrar 是解压程序。它们的参数选项很多，这里只做简单介绍，依旧举例说明一下其用法：

```
[root@solin ~]# rar a all *.jpg
```

这条命令是将所有.jpg的文件压缩成一个rar包，名为all.rar，该程序会将.rar扩展名自动附加到包名后。

```
[root@solin ~]# unrar e all.rar
```

这条命令是将all.rar中的所有文件解压出来。

到此为至，已经介绍过Linux下的tar，gzip，gunzip，bzip2，bunzip2，compress，uncompress，zip，unzip，rar，unrar等程式，读者应该已经能够使用它们对.tar，.gz，.tar.gz，.tgz，.bz2，.tar.bz2，.Z，.tar.Z，.zip，.rar这10种压缩文件进行解压了，以后应该不需要为下载了一个软件而不知道如何在Linux下解开而烦恼了，而且以上方法对于UNIX也基本有效。

提 示

对于Linux下的解压缩包有很多种，以上所讲的在实际当中经常用到，所以需要通过练习掌握。如果忘记了命令格式，随时利用man或info命令查看解压缩命令的帮助文档。

8.5 本章小结

在这一章中，详细地了解了Linux中使用at、cron、anacron等方式，来管理子系统。其中，主要是学会自己定制任务计划，为实际提供方便。另外，还讲到了日志系统的问题，用户可以编写系统日志，它可以为系统安全提供很大的用处。接着介绍了Linux系统备份恢复和解压缩包命令的使用。

课后习题

1. 选择题

(1) 如果你想在明天上午10点自动运行/home/cd/start脚本文件，可以利用下面哪一个命令执行？(　　)

A. at 10am tomorrow -f /home/cd/start

B. at +10:00 -f /home/cd/start

C. runjob -at "10am tomorrow" -f /home/cd/start

D. runjob -time "+1 10:00" -f /home/cd/start

(2) 下面哪个命令可以用来完成在每月的1号4:00am执行某程序的任务？(　　)

A. time　　B. cron　　C. date　　D. at

(3) 下面哪一个定义了系统日志文件？(　　)

A. /var/spool/log/syslog.conf　　B. /var/log/messages

C. /etc/syslog.conf　　D. /etc/syslog/config

(4) 以下选项中，哪个命令可以实现定期备份的任务？(　　)

A. at　　B. bg　　C. fg　　D. crontab

(5) 如果想增加一个服务，如：syslog，并且无论何时系统运行在 level 3 时，该服务可以自动启动，那么，以下选项中，应该采取哪些步骤？(　　)

A. 在/etc/rc.d/rc3.d 中建立一个指向/etc/rc.d/init.d/syslog 的符号链接

B. 在/etc/rc.d/init.d 中建立一个指向/etc/rc.d/init.d/syslog 的符号链接

C. 为建立好的符号链接指定一个合适的序号

D. 把/etc/rc.d/init.d/syslog 复制到/etc/rc.d/rc3.d

(6) 如果使用 cron 调度定时的进程，应该用哪个命令编辑配置文件？(　　)

A. cron -e　　B. cron -v　　C. crontab -e　　D. crontab -x

(7) tar 命令的-v 参数的正确含义是(　　)

A. 使用 verbose 模式　　B. 校验文件的 CRC

C. 打印 tar RPM 包的版本　　D. 查看文件列表

2. 填空题

(1) Linux 系统支持能够自动执行任务的服务称为________。其中，________命令用于指定某个时间执行某个任务，需要依赖________个进程；________命令用于根据时间表自动执行任务，需要依赖________个进程，可用________命令打开或关闭此服务；________指定时间间隔。

(2) Linux 下用于备份和恢复 Linux 文件系统或者目录的命令分别是________和________。

(3) Linux 下常用的单机备份工具有：________和________。

3. 简答题

(1) 请简述系统日志的功能与作用。

(2) cron 命令与 anacron 命令有哪些区别？

(3) 请实现每隔 3 天清理/home/yflin/mypro 目录下经过 2 天未被使用的文件。

课 程 实 训

实训需要：Linux 中的重要子系统对于用户的实际快捷方便操作，带来很大的帮助，故学好它是很有必要的。本实验需要安装好系统的计划定制服务，日志服务(ext3 及现在出现的 ext4 具有日志功能，现在的 Linux 系统一般都有)、备份恢复工具、解压缩包的 tar。打印功能需要 Linux 系统能连上打印机。

实训要求：本次试验要求能达到熟练使用各种命令功能，日志的查看编写，还有能备份文件、系统，并能恢复。能懂得实际的打印任务操作。

实训目的：保证在实际使用时达到熟练，能将子系统提供的服务用于管理个人系统上，还有掌握打印的功能为使用提供便捷。

实训步骤：

第一部分　使用 at 和 cron

首先检查 atd 服务和 crond 服务是否在运行状态。

```
#service atd status
#service crond status
```

如果服务都在运行状态,请将其开启运行。

```
#service atd start
#service crond start
```

(1) 设置一个提示,提醒今天两分钟后去吃午餐。在 root 提示符下,使用以下命令:

```
#at now +2 minutes(回车)
at>echo "Time for lunch with Joe."(回车)
at>Ctrl+D
```

(2) 使用 atq 命令检查任务队列,确认定制的任务有在运行。

```
#atq
```

(3) 写出使用 at 命令,在 5 分钟后运行 df -k 命令。

(4) 设置今天每分钟检查一次系统状态,用于检查性能问题,用户怀疑是内存或者 IO 问题,所以要进行相关的监控,使用 root 后,并使用 crontab -e 命令编辑 cron 文件。

```
#crontab -e
```

(5) 在文件中加入以下几行:

```
/10 8-17 * * /usr/bin/free;/usr/bin/iostat
```

(6) 如何把来自 cron 的信息,输出到一个邮件地址?

提示:man cron,搜索 mail 关键字。

(7) 以 root 身份使用 mail 命令检查,是否收到了来自 at 和 cron 任务的邮件。

(8) 成功后删除 cron 任务。

```
#crontab-r
```

第二部分　将日志记录到一个集中的位置

这个实验需要和相邻的任意一台计算机进行配合。

(1) 首先设置接收端 syslogd 允许接受远程发来的日志消息,编辑/etc/sysconfig/syslog 文件:

```
SYSLOGD_OPTIONS="-m 0"
```

改为

```
SYSLOGD_OPTIONS="-r -m 0"
```

(2) 重启动 syslogd:

```
#service syslog restart
```

(3) 设置发送端的 syslogd 把消息发向接收端机器:在/etc/syslog.conf 文件中增加以下行:

```
user.*@192.168.0.XXX    (XXX是你相邻机器的ip)
```

(4) 重启动 syslogd：

```
#service syslog restart
```

(5) 使用 logger 命令生成 syslog 消息，测试设置：

```
logger -i -t yourname "this is a rlog test"
```

看下这条消息是否出现在相邻那台机器的/var/log/messages 文件中。

第三部分　使用 dump/restore 恢复单个文件

(1) 准备用 dump 备份/boot 目录下的文件。使用 df /boot 查看/boot 所在的设备(以下假设为/dev/hda1)。

(2) 首先确认备份需要的空间，查看一个 0 级备份需要的字节数，使用-S：

```
#dump -0S /dev/hda1
```

(3) 备份到文件而非磁盘，确认在/var/tmp 目录是否有足够的空间，执行：

```
#dump -0u -f /var/tmp/dumpfile  /dev/hda1
```

(4) 检查/etc/dumpdates，查看完全备份的时间戳。

(5) 使用 restore 检查备份文件的内容。

```
#restore -tf /var/tmp/dumpfile
```

(6) 可以使用 restore 的互动模式恢复特定文件到一个临时目录。

```
#mkdir /tmp/restored;cd /tmp/restored
#restore -if /var/tmp/dumpfile
```

(7) 这时会看到一个 restore>提示符，键入 help 查看可用命令的列表，使用 ls 和 cd 命令查看备份文件的列表。

(8) 使用 add 选中/grub 目录和/message 文件，列出所在目录(注意：恢复的文件应该带有星号)。

(9) 键入 extract 命令恢复选中的文件，设置下个卷名为 1，不为解压目录设置所有者模式，quit 退出 restore 模式。

(10) 在 restore 运行的目录中应该有一个 grub 目录，包含恢复的 grub 目录和 message 文件。

第四部分　设置打印机，使用 CUPS 管理打印机

(1) 使用 root 账号运行：

```
#system-config-printer
```

(2) 选择新建，回车。

(3) 在队列名称位置输入 lp0。

(4) 选择队列类型为本地打印设备。
(5) 选择下一步,回车。
(6) 选择"定制",在设备文件中填入/dev/lp0。
(7) 选择 postscript printer,选择下一步。
(8) 当出现创建新队列:名称和类型画面是,选择结束,回车。
(9) 选择退出,回车,将询问是否保存,选择是。
(10) 测试向打印机发送打印队列:

```
#lpr </var/log/message
```

(11) 查看打印队列:

```
#lprm 1
#lpq(再次查询将会看到任务已经删除)
```

项目实践

实践题目一:磁带文件备份

```
1. 查看磁带中的目录
tar  tvf  /dev/st0
2. 查看磁带内容并输出到一个文件中
tar  tvf  /dev/st0  >  stlist
3. 备份档案
tar  cvf  /dev/st0  /etc
tar  cvf  /dev/st0  /etc/hosts  /boot  /etc/smb.conf
4. 按指定的文件内容或目录释放出磁带中的相应文件
tar  -T  stlist  -xvf  /dev/st0
tar  xvfz  /dev/st0  /etc/
5. 附加个别文件到磁带后面
tar  -r  /etc/hosts  /etc/passwd  -vf  /dev/st0
6. 从现有磁带中删除一个或几个文件
tar  --delete  etc/hosts  -vf  /dev/st0
7. 附加一个现有的 tar 文档到磁带后面
tar  -A  pamd.tar  -vf  /dev/st0
```

实践题目二:备份网站内容

```
#! /bin/bash
#指定运行的脚本 Shell
#运行脚本要给用户执行权限
bakdir=/backup
month=`date +%m`
day=`date +%d`
```

```
year=`date +%Y`
hour=`date +%k`
min=`date +%M`
dirname=$year-$month-$day-$hour-$min
mkdir $bakdir/$dirname
mkdir $bakdir/$dirname/conf
mkdir $bakdir/$dirname/web
mkdir $bakdir/$dirname/db
#备份 conf,检测通过
gzupload=upload.tgz
cp /opt/apache2/conf/httpd.conf $bakdir/$dirname/conf/httpd.conf
cd /opt/apache2/htdocs/php
tar -zcvf $bakdir/$dirname/web/$gzupload ./upload
#远程复制的目录要有可写权限
scp -r /backup/$dirname root@10.1.1.178:/backup
```

实践题目三:备份数据库

```
#! /bin/bash
#指定运行的脚本 Shell
#运行脚本要给用户执行权限
bakdir=/backup
month=`date +%m`
day=`date +%d`
year=`date +%Y`
hour=`date +%k`
min=`date +%M`
dirname=$year-$month-$day-$hour-$min
mkdir $bakdir/$dirname
mkdir $bakdir/$dirname/conf
mkdir $bakdir/$dirname/web
mkdir $bakdir/$dirname/db
#热备份数据库
cp /opt/mysql/my.cnf $bakdir/$dirname/db/my.cnf
cd /opt/mysql
mysqldump --opt -u zhy -p --password=1986 test>$bakdir/$dirname/db/test.sql
mysqldump --opt -u zhy -p --password=1986 phpwind>$bakdir/$dirname/db/php-
wind.sql
#远程拷贝的目录要有可写权限
scp -r /backup/$dirname root@10.1.1.178:/backup
```

实践题目四：Linux 环境下 rman 备份的实例脚本

1. 配置 catalog 恢复目录

```
create tablespace ts_rman datafile = 'd:oratestrman.dbf' size = 100M;
create user rman identified by rman default tablespace ts_rman;
grant connect ,resource ,RECOVERY_CATALOG_OWNER to rman;
```

连接到目标数据库和 CATALOG 数据库

```
rman target / catalogrman/rman@244
```

创建 CATALOG 用户的表，登记目标数据库

```
rman> create catalog
rman> register database
```

配置参数

```
rman> configure controlfile autobackup on;
rman> configure backup optimization on;
```

2. rman 备份方案

每周日晚做一次零级备份，周一到周六做一次一级备份

```
    ************************************************************
    ***                  rman_bk_L0.sh                      ***
    ************************************************************
    #!/bin/sh
    source /home/oracle/.bash_profile
    cd $ORACLE_HOME/bin
./rman                       target                           /
catalogrman/rman@244msglog = /home/oracle/work/log/rman_bk_L0_'date
'+%Y%m%d%H%M%S'`.log <
run {
allocate channel c1 type disk;
backup incremental level 0 filesperset 5 tag 'dbL0' format '/mnt/raid/rman_bk/
ora_o_%d_%t%s%p%u' database skip readonly;
sql 'alter system archive log current' ;
backup(archivelog all format '/mnt/raid/rman_bk/ora_a_%d_%t%s%p%u');
release channel c1;
}
list backup;
exit;
EOF
************************************************************
***                  rman_bk_L1.sh                      ***
************************************************************
#! /bin/sh
source /home/oracle/.bash_profile
```

```
cd $ORACLE_HOME/bin
./rman target /
catalogrman/rman@244msglog=/home/oracle/work/log/rman_bk_L1_`date
`+%Y%m%d%H%M%S`.log <
run {
allocate channel c1 type disk;
backup incremental level 1 filesperset 5 tag 'dbL1' format '/mnt/raid/rman_bk/
ora_o_%d_%t%s%p%u' database skip readonly;
sql 'alter system archive log current';
backup(archivelog all format '/mnt/raid/rman_bk/ora_a_%d_%t%s%p%u');
release channel c1;
}
list backup;
exit;
EOF
```

然后使用 crontab 命令在 linux 上安排 job 如下：

```
00 02 ** 0 /home/oracle/work/bin/rman_bk_L0.sh
00 02 ** 1,2,3,4,5,6 /home/oracle/work/bin/rman_bk_L1.sh
```

注意:每周一要将冗余的备份手工清除掉

```
rman> report obsolete;
rman> delete obsolete;
```

第 9 章　Linux 内核编译

本章内容

☞ 了解内核的结构，版本，特性等

☞ 学会配置内核

☞ 学会编译内核

☞ 了解内核的启动过程

9.1　初识内核

学习目标

- 了解内核
- 了解内核版本
- 了解内核特点
- 了解内核结构

9.1.1　内核简介

“内核”指的是一个提供硬件抽象层、磁盘及文件系统控制、多任务等功能的系统软件。一个内核不是一套完整的操作系统。一套基于 Linux 内核的完整操作系统叫作 Linux 操作系统，或是 GNU/Linux。Linux 是一个一体化内核（Monolithic Kernel）系统。设备驱动程序可以完全访问硬件。Linux 内的设备驱动程序可以方便地以模块化（Modularize）的形式设置，并在系统运行期间可直接装载或卸载。

内核负责管理系统的进程，内存，设备驱动程序，文件和网络系统，决定着系统的性能和稳定性。内核以独占的方式执行最底层任务，保证系统正常运行，协调多个并发进程，管理进程使用的内存，使它们互相之间不发生冲突，满足进程访问磁盘的请求。

9.1.2　内核版本

Linux 内核的版本号分为主版本号、次版本号和扩展版本号等。根据稳定版本、测试版本和开发版本定义不同版本序列。

稳定版本的主版本号用偶数表示，例如：2.2、2.4、2.6。每隔 2～3 年启动一个 Linux 稳定主版本号。紧接着是次版本号，例如：2.6.13、2.6.14、2.6.15。次版本号不分奇偶数，顺序递增。每隔 1～2 个月发布一个稳定版本。然后是升级版本号，例如：2.6.14.3、2.6.14.4、2.6.14.5。升级版本号不分奇偶数，顺序递增。每周几次发布升级版本号，修正最新的稳定版本的问题。

另外一种是测试版本。在下一个稳定版本发布之前，每个月发布几个测试版本，例如：2.6.12-rc1。通过测试，可以使内核正式发布的时候更加稳定。

还有一类是开发版本。开发版本的主版本号用奇数表示，例如：2.3、2.5。也有次版本号，例如：2.5.32、2.5.33。开发版本是不稳定的，适合内核开发者在新的稳定的主版本发布之后使用。

9.1.3 内核特点

1. Linux 内核的重要特点

- 可移植性(Portability)，支持硬件平台广泛，在大多数体系结构上都可以运行。
- 可量测性(Scalability)，即可以运行在超级计算机上，也可以运行在很小的设备上(4 MB RAM 就能满足)。
- 标准化和互用性(Interoperability)，遵守标准化和互用性规范。完善的网络支持。
- 安全性，开放源码使缺陷暴露无疑，它的代码也接受了许多专家的审查。
- 稳定性(Stability)和可靠性(Reliability)。
- 模块化(Modularity)，运行时可以根据系统的需要加载程序。
- 编程容易，可以学习现有的代码，还可以从网络上找到很多有用的资源。

2. Linux 内核支持的处理器体系结构

Linux 内核能够支持的处理器的最小要求：32 位处理器，带或者不带 MMU。需要说明的是，不带 MMU 的处理器过去是 uCLinux 支持的。Linux 2.6 内核采纳了 m68k 等不带 MMU 的部分平台，Linux 支持的绝大多数处理器还是带 MMU 的。

Linux 内核既能支持 32 位体系结构，又能支持 64 位体系结构。每一种体系结构在内核源码树的 arch/目录下有子目录。各种体系结构的详细内容可以查看源码 Documentation/<arch>/目录下的文档。

9.1.4 内核结构

现在让我们从一个比较高的高度来审视一下 GNU/Linux 操作系统的体系结构。用户可以从两个层次上来考虑操作系统，如图 9-1 所示。

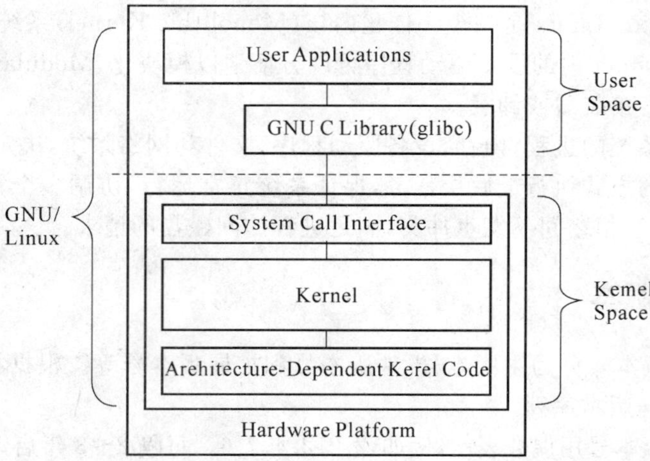

图 9-1　GNU/Linux 操作系统的体系结构

最上面是用户(或应用程序)空间。这是用户应用程序执行的地方。用户空间之下是内核空间,Linux 内核正是位于这里。

GNU C Library (Glibc)也在这里。它提供了连接内核的系统调用接口,还提供了在用户空间应用程序和内核之间进行转换的机制。这点非常重要,因为内核和用户空间的应用程序使用的是不同的保护地址空间。每个用户空间的进程都使用自己的虚拟地址空间,而内核则占用单独的地址空间。

Linux 内核可以进一步划分成 3 层。最上面是系统调用接口,它实现了一些基本的功能,例如 read 和 write。系统调用接口之下是内核代码,可以更精确地定义为独立于体系结构的内核代码。这些代码是 Linux 所支持的所有处理器体系结构所通用的。在这些代码之下是依赖于体系结构的代码,构成了通常称为 BSP(Board Support Package)的部分。这些代码用作给定体系结构的处理器和特定于平台的代码。

在 Linux 内核中,包括:

- 进程管理(Process Management)
- 定时器(Timer)
- 中断管理(Interrupt Management)
- 内存管理(Memory Management)
- 模块管理(Module Management)
- 虚拟文件系统接口(VFS Layer)
- 文件系统(File System)
- 设备驱动程序(Device Driver)
- 进程间通信(Inter-process Communication)
- 网络管理(Network Management)
- 系统启动(System Init)等操作系统功能的实现

图 9-2,说明了 Linux 内核的主要组件:

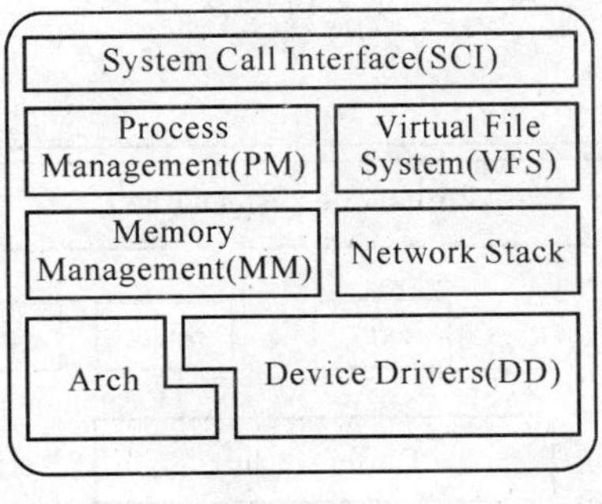

图 9-2　Linux 内核的主要组件

1. 系统调用接口

SCI 层提供了某些机制执行从用户空间到内核的函数调用。正如前面讨论的一样,这个接口依赖于体系结构,甚至在相同的处理器家族内也是如此。SCI 实际上是一个非常有用的函数调用多路复用和多路分解服务。在./Linux/kernel 中可以找到 SCI 的实现,并在./Linux/arch中找到依赖于体系结构的部分。

2. 进程管理

进程管理的重点是进程的执行。在内核中,这些进程称为线程,代表了单独的处理器虚拟化(线程代码、数据、堆栈和 CPU 寄存器)。在用户空间,通常使用进程这个术语,不过 Linux 实现并没有区分这两个概念(进程和线程)。内核通过 SCI 提供了一个应用程序编程接口(API)来创建一个新进程(Fork、Exec 或 Portable Operating System Interface [POSIX] 函数),停止进程(Kill、Exit),并在它们之间进行通信和同步(Signal 或者 POSIX 机制)。

进程管理还包括处理活动进程之间共享 CPU 的需求。内核实现了一种新型的调度算法,不管有多少个线程在竞争 CPU,这种算法都可以在固定时间内进行操作。这种算法就称为 0(1)调度程序,这个名字就表示它调度多个线程所使用的时间和调度一个线程所使用的时间是相同的。0(1)调度程序也可以支持多处理器(称为对称多处理器或 SMP)。用户可以在. /Linux/kernel 中找到进程管理的源代码,在. /Linux/arch 中可以找到依赖于体系结构的源代码。

3. 内存管理

内核所管理的另外一个重要资源是内存。为了提高效率,如果由硬件管理虚拟内存,内存是按照所谓的内存页方式进行管理的(对于大部分体系结构来说都是 4 KB)。Linux 包括了管理可用内存的方式,以及物理和虚拟映射所使用的硬件机制。

不过内存管理要管理的可不止 4 KB 缓冲区。Linux 提供了对 4 KB 缓冲区的抽象,例如 slab 分配器。这种内存管理模式使用 4 KB 缓冲区为基数,然后从中分配结构,并跟踪内存页使用情况,比如哪些内存页是满的,哪些页面没有完全使用,哪些页面为空。这样就允许该模式根据系统需要来动态调整内存使用。

为了支持多个用户使用内存,有时会出现可用内存被消耗光的情况。由于这个原因,页面可以移出内存并放入磁盘中。这个过程称为交换,因为页面会被从内存交换到硬盘上。内存管理的源代码可以在. /Linux/mm 中找到。

4. 虚拟文件系统

虚拟文件系统(VFS)是 Linux 内核中非常有用的一个方面,因为它为文件系统提供了一个通用的接口抽象。VFS 在 SCI 和内核所支持的文件系统之间提供了一个交换层,如图 9-3 所示。

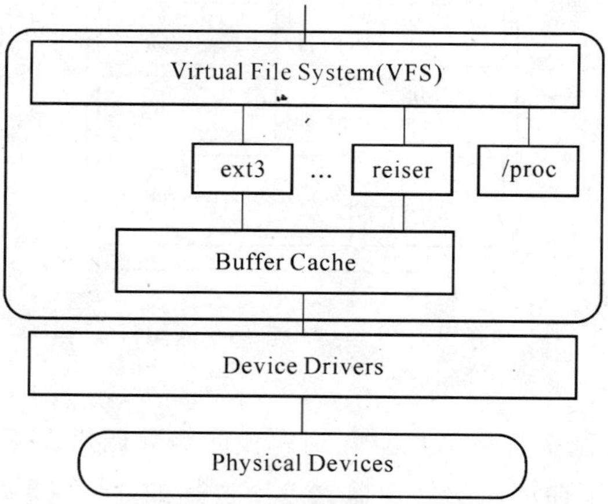

图 9-3 虚拟文件系统(VFS)

在 VFS 上面,是对诸如 open、close、read 和 write 之类的函数的一个通用 API 抽象。在 VFS 下面是文件系统抽象,它定义了上层函数的实现方式。它们是给定文件系统(超过 50

个)的插件。文件系统的源代码可以在./Linux/fs 中找到。

文件系统层之下是缓冲区缓存,它为文件系统层提供了一个通用函数集(与具体文件系统无关)。这个缓存层通过将数据保留一段时间(或者随即预先读取数据以便在需要时就可用)优化了对物理设备的访问。缓冲区缓存之下是设备驱动程序,它实现了特定物理设备的接口。

5. 网络堆栈

网络堆栈在设计上遵循模拟协议本身的分层体系结构。回想一下,Internet Protocol (IP)是传输协议(通常称为传输控制协议或 TCP)下面的内核网络层协议。TCP 上面是 socket 层,它是通过 SCI 进行调用的。

Socket 层是网络子系统的标准 API,它为各种网络协议提供了一个用户接口。从原始帧访问到 IP 协议数据单元(PDU),再到 TCP 和 User Datagram Protocol (UDP),socket 层提供了一种标准化的方法来管理连接,并在各个终点之间移动数据。内核中网络源代码可以在./Linux/net中找到。

6. 设备驱动程序

Linux 内核中有大量代码都在设备驱动程序中,它们能够运转特定的硬件设备。Linux 源码树提供了一个驱动程序子目录,这个目录又进一步划分为各种支持设备,例如 Bluetooth、I2C、serial 等。设备驱动程序的代码可以在./Linux/drivers 中找到。

7. 依赖体系结构的代码

尽管 Linux 很大程度上独立于所运行的体系结构,但是有些元素则必须考虑体系结构才能正常操作并实现更高效率。./Linux/arch 子目录定义了内核源代码中依赖于体系结构的部分,其中包含了各种特定于体系结构的子目录(共同组成了 BSP)。对于一个典型的桌面系统来说,使用的是 i386 目录。每个体系结构子目录都包含了很多其他子目录,每个子目录都关注内核中的一个特定方面,例如引导、内核、内存管理等。这些依赖体系结构的代码可以在./Linux/arch中找到。

9.2 Linux 内核源代码结构

学习目标

- 了解 Linux 内核源代码结构。Linux 内核源代码位于/usr/src/Linux 目录下。

- /include 子目录包含了建立内核代码时所需的大部分包含文件,这个模块利用其他模块重建内核。
- /init 子目录包含了内核的初始化代码,这是内核工作的开始的起点。
- /arch 子目录包含了所有硬件结构特定的内核代码。如:i386,alpha。
- /drivers 子目录包含了内核中所有的设备驱动程序,如块设备和 SCSI 设备。
- /fs 子目录包含了所有的文件系统的代码。如:ext2,vfat 等。
- /net 子目录包含了内核的连网代码。
- /mm 子目录包含了所有内存管理代码。
- /ipc 子目录包含了进程间通信代码。
- /kernel 子目录包含了主内核代码。

9.3 为什么编译内核

学习目标

• 了解为什么编译内核

大部分情况不需要手动编译内核。用户安装系统的时候默认选择并安装了适用广泛的内核。但仍可能因为以下的理由重新编译内核：

(1) 最优化服务器；

(2) 出于安全原因需要禁止某些默认功能；

(3) 添加系统默认未做选择的功能；

(4) 为计算机更换超越原内核负载能力的硬件；

(5) 需要更改无法用/proc/sys来变更的内核运行参数；

(6) 更好地匹配用户计算机上的硬件特质。

Linux作为一个自由软件，在广大爱好者的支持下，内核版本不断更新。新的内核修订了旧内核的bug，并增加了许多新的特性。如果用户想要使用这些新特性，或想根据自己的系统度身定制一个更高效，更稳定的内核，就需要重新编译内核。

通常，更新的内核会支持更多的硬件，具备更好的进程管理能力，运行速度更快、更稳定，并且一般会修复老版本中发现的许多漏洞等，经常性地选择升级更新的系统内核是Linux使用者的必要操作内容。

为了正确、合理地设置内核编译配置选项，从而只编译系统需要的功能的代码，一般主要有下面四个考虑：

(1) 自己定制编译的内核运行更快(具有更少的代码)；

(2) 系统将拥有更多的内存(内核部分将不会被交换到虚拟内存中)；

(3) 不需要的功能编译进入内核可能会增加被系统攻击者利用的漏洞；

(4) 将某种功能编译为模块方式会比编译到内核内的方式速度要慢一些。

要增加对某部分功能的支持，比如网络之类，可以把相应部分编译到内核中(Build-in)，也可以把该部分编译成模块(Module)，动态调用。

如果编译到内核中，在内核启动时就可以自动支持相应部分的功能，这样的优点是方便、速度快，机器一启动，就可以使用这部分功能了；缺点是会使内核变得庞大起来，不管是否需要这部分功能，它都会存在，这就是Windows惯用的招数，建议经常使用的部分直接编译到内核中，比如网卡。

如果编译成模块，就会生成对应的.o文件，在使用的时候可以动态加载，优点是不会使内核过分庞大，缺点是得自己来调用这些模块。

内核的版本定义在内核源代码目录下的Makefile文件头。因此变更EXTRAVERSION可以确保您编译出来的内核不与原有的内核冲突。

运行make mrproper将之前编译内核产生的相关文件删除，然后从configs目录下复制一份新的.config配置文件。最后运行make oldconfig以产生起始配置用的/usr/src/Linux-2.4/.config文件。

在编译的过程中会有数百项配置选项,配制选择结果记录在内核源代码目录下的.config文件里。

9.4 编译内核

学习目标

- 手动编译内核

对内核有一定了解后,这节将要学习如何编译内核(系统是 Fedaro 12,内核版本是 2.6.31.5-127)。

(1) 在 http://www.kernel.org 上下载到内核包 Linux-2.6.35.5.tar.bz2。将它放在/mnt 的文件夹里面。

(2) 打开终端,输入命令:

```
# cd /mnt
# tar xvf Linux-2.6.35.5.tar.bz2
```

将包解压出来。

```
# mv Linux-2.6.35.5 /usr/src
```

将解压出来的文件夹移动到/usr/src 下面。

```
# cd usr/src
```

接着将路径切换到/usr/src 下,用命令 ls 就可以看到 Linux-2.6.35.5 的文件夹了。

```
# cd Linux-2.6.35.5/
```

将路径切换到内核目录。

(3) # make menuconfig

打开内核的配置界面,如图 9-4 所示:

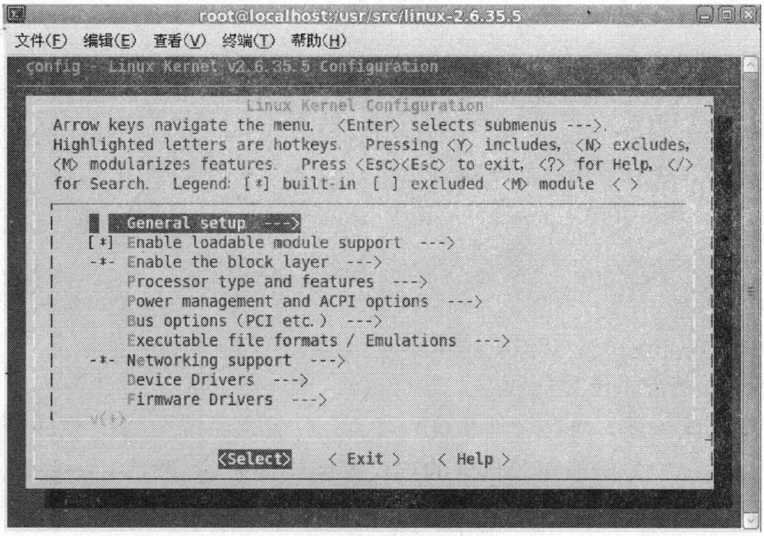

图 9-4 内核的配置界面

在这里可以根据自己的使用需要来配置，关掉一些用不到的驱动等等。举个小例子：找到 File systems → Native language support → < M > Simplified Chinese charset（CP936，GB2312），默认值是 M，按"Y"将它改为"＊"。

(4) 配置完成后：

＃ make

开始编译内核，这个耗时有点长，上一步你所选内容多的话，自然要多花点时间。

(5) 编译镜像，也要耗掉不少时间。

＃make bzImage

(6) 最后的安装。

＃make modules

＃make modules_install

＃make install

最后，＃reboot 重新启动。

(7) 重启后选择最新的内核进入系统，打开终端，输入＃ uname - a 查看下。

一切正常以后，可以修改/boot/grub/grub.conf，将新的内核作为默认启动项。修改方法：

＃gedit /boot/grub/grub.conf

找到 default，将其值改为最新版本所对应的序号(1 或者 0)，保存后退出。这样就算大功告成了。

9.5 本章小结

通过本章的学习，读者对 Linux 内核有了更深的了解，主要了解内核的特性结构以及如何编译内核等等。当然，还要花时间进一步去钻研更深入的内容。

课后习题

1. 选择题

(1) 开放核心源代码有什么优点？(　　)

A. 容易发现安全漏洞　　B. 允许用户开发基于核心的应用程序

C. 可以从网上下载最新的核心代码　　D. 没有不合法的系统入侵

(2) You want to compile a new kernel. You have just run "make dep". What should you do next? (　　)

A. make bzImage　　B. make dep　　C. make clean

D. make mrproper　　E. make xconfig

(3) 内核不包括的子系统是(　　)。

A. 进程管理系统　B. 内存管理系统　C. I/O 管理系统　D. 硬件管理系统

(4) 在 Lnux 系统中采用编译源代码的方式安装软件时，一般都有一些通用的步骤，其中(　　)的作用是将编译好的二进制应用程序安装到系统的相关目录中。

A. tar jxvf＊. tar. bz2　　B. /configure

C. make　　D. make install

(5) 以下关于 Linux 内核版本的说法，错误的是(　　)。

A. 表示为主版本号.次版本号.修正次数的形式

B. 1.2.2 表示稳定的发行版

C. 2.2.6 表示内核 2.2 的第 6 次修正

D. 1.3.2 表示稳定的发行版

(6) 在 Fedora 12 系统中，用源代码编译安装软件时，在编译成功后，执行安装的命令为(　　)。

A. install　　B. make　　C. /configure　　D. make install

2. 填空题

(1) 内核是一个提供了________、________、________等功能的系统软件。

(2) 当系统管理员需升级内核版本和改变系统硬件配置时，应________。

(3) 内核分为________、________、________、________四个子系统。

(4) Linux 的内核版本号由________、________和________组成。

3. 简答题

(1) 什么是 Linux 内核，Linux 内核有什么特点？

(2) Linux 内核提供了哪些功能及组件？

(3) 什么是虚拟文件系统？

(4) 在编译内核时，用命令 bzImage 和 zImage 编译出来的内核镜像有什么区别？

课 程 实 训

实训目的：熟悉内核配置选项

实训内容：内核配置选项中的代码成熟度选项配置

```
Code maturity level options
```

代码成熟度选项：

```
Prompt for development and/or incomplete code/drivers
```

显示尚在开发中或尚未完成的代码与驱动.除非你是测试人员或者开发者，否则请勿选择。

```
General setup
```

常规设置：

```
Local version - append to kernel release
```

在内核版本后面加上自定义的版本字符串(小于 64 字符)，可以用"uname -a"命令看到。

```
Automatically append version information to the version string
```

自动在版本字符串后面添加版本信息，编译时需要有 perl 以及 git 仓库支持。

```
Support for paging of anonymous memory (swap)
```

使用交换分区或者交换文件来做为虚拟内存。

```
System V IPC
```

System V 进程间通信(IPC)支持,许多程序需要这个功能。建议选:

```
POSIX Message Queues
```

POSIX 消息队列支持:

```
BSD Process Accounting
```

将进程的统计信息写入文件的用户级系统调用,主要包括进程的创建时间/创建者/内存占用等信息。

```
BSD Process Accounting version 3 file format
```

使用新的第三版文件格式,可以包含每个进程的 PID 和其父进程的 PID,但是不兼容老版本的文件格式。

```
Export task/process statistics through netlink
```

通过 netlink 接口向用户空间导出任务/进程的统计信息,与 BSD Process Accounting 的不同之处在于这些统计信息在整个任务/进程生存期都是可用的。

```
Enable per-task delay accounting
```

在统计信息中包含进程等候系统资源(cpu,IO 同步,内存交换等)所花费的时间。

```
UTS Namespaces
```

UTS 名字空间支持,不确定可以不选。

```
Auditing support
```

审计支持,某些内核模块(例如 SELinux)需要它,只有同时选择其子项才能对系统调用进行审计。

```
Enable system-call auditing support
```

支持对系统调用的审计。

```
Kernel .config support
```

把内核的配置信息编译进内核中,以后可以通过 scripts/extract-ikconfig 脚本来提取这些信息。

```
Enable access to .config through /proc/config.gz
```

允许通过/proc/config.gz 访问内核的配置信息。

```
Cpuset support
```

只有含有大量 CPU(大于 16 个)的 SMP 系统或 NUMA(非一致内存访问)系统才需要它。

```
Kernel ->user space relay support (formerly relayfs)
```

在某些文件系统上(比如 debugfs)提供从内核空间向用户空间传递大量数据的接口。

```
Initramfs source file(s)
```

initrd 已经被 initramfs 取代,如果你不明白这是什么意思,请保持空白。

```
Optimize for size (Look out for broken compilers!)
```

编译时优化内核尺寸(使用"-Os"而不是"-O2"参数编译),有时会产生错误的二进制代码。

```
Enable extended accounting over taskstats
```

收集额外的进程统计信息并通过 taskstats 接口发送到用户空间。

```
Configure standard kernel features (for small systems)
```

配置标准的内核特性(为小型系统)。

```
Enable 16-bit UID system calls
```

允许对 UID 系统调用进行过时的 16-bit 包装。

```
Sysctl syscall support
```

不需要重启就能修改内核的某些参数和变量,如果也选择了支持/proc,将能从/proc/sys 存取可以影响内核行为的参数或变量。

```
Load all symbols for debugging/kksymoops
```

装载所有的调试符号表信息,仅供调试时选择。

```
Include all symbols in kallsyms
```

在 kallsyms 中包含内核知道的所有符号,内核将会增大 300 K。

```
Do an extra kallsyms pass
```

除非在 kallsyms 中发现了 bug 并需要报告这个 bug 才打开该选项。

```
Support for hot-pluggable devices
```

支持热插拔设备，如 usb 与 pc 卡等，Udev 也需要它。

```
Enable support for printk
```

允许内核向终端打印字符信息，在需要诊断内核为什么不能运行时选择。

```
BUG() support
```

显示故障和失败条件（BUG 和 WARN），禁用它将可能导致隐含的错误被忽略。

```
Enable ELF core dumps
```

内存转储支持，可以帮助调试 ELF 格式的程序。

```
Enable full-sized data structures for core
```

在内核中使用全尺寸的数据结构，禁用它将使得某些内核的数据结构减小以节约内存，但是将会降低性能。

```
Enable futex support
```

快速用户空间互斥体可以使线程串行化以避免竞态条件，也提高了响应速度，禁用它将导致内核不能正确的运行基于 glibc 的程序。

```
Enable eventpoll support
```

支持事件轮循的系统调用。.

```
Use full shmem filesystem
```

完全使用 shmem 来代替 ramfs. shmem 是基于共享内存的文件系统（可能用到 swap），在启用 TMPFS 后可以挂载为 tmpfs 供用户空间使用，它比简单的 ramfs 先进许多。

```
Use full SLAB allocator
```

使用 SLAB 完全取代 SLOB 进行内存分配，SLAB 是一种优秀的内存分配管理器，推荐使用：

```
Enable VM event counters for /proc/vmstat
```

允许在/proc/vmstat 中包含虚拟内存事件记数器。

```
Loadable module support
```

可加载模块支持：

```
Enable loadable module support
```

打开可加载模块支持，如果打开它则必须通过"make modules_install"把内核模块安装在/lib/modules/中。

```
Module unloading
```

允许卸载已经加载的模块：

```
Forced module unloading
```

允许强制卸载正在使用中的模块(比较危险)：

```
Module versioning support
```

允许使用其他内核版本的模块(可能会出问题)：

```
Source checksum for all modules
```

为所有的模块校验源码，如果用户不是自己编写内核模块就不需要它。

```
Automatic kernel module loading
```

让内核通过运行 modprobe 来自动加载所需要的模块，比如可以自动解决模块的依赖关系。

```
Block layer
```

块设备层：

```
Enable the block layer
```

块设备支持，使用硬盘/USB/SCSI 设备者必选。

```
Support for Large Block Devices
```

仅在使用大于 2 TB 的块设备时需要：

```
Support for tracing block io actions
```

块队列 IO 跟踪支持，它允许用户查看在一个块设备队列上发生的所有事件，可以通过 blktrace 程序获得磁盘当前的详细统计数据。

```
Support for Large Single Files
```

仅在可能使用大于 2 TB 的文件时需要：

```
IO Schedulers
```

IO 调度器：

```
Anticipatory I/O scheduler
```

假设一个块设备只有一个物理查找磁头(例如一个单独的 SATA 硬盘)，将多个随机的小写入流合并成一个大写入流，用写入延时换取最大的写入吞吐量。适用于大多数环境，特别是写入较多的环境(比如文件服务器)。

```
Deadline I/O scheduler
```

使用轮询的调度器，简洁小巧，提供了最小的读取延迟和尚佳的吞吐量，特别适合于读取较多的环境(比如数据库)。

```
CFQ I/O scheduler
```

使用 QOS 策略为所有任务分配等量的带宽，避免进程被饿死并实现了较低的延迟，可以认为是上述两种调度器的折中。适用于有大量进程的多用户系统。

```
Default I/O scheduler
```

默认 IO 调度器

项 目 实 践

实践项目：Linux 内核升级

实践目的：了解 Linux 内核升级的过程

项目描述：

注意下面带＃号的行都是要输入的命令行，且本文提到的所有命令行都在终端里输入。启动 Linux 系统，并用根用户登录，进入终端模式下。

一、准备工作

1. 查看 Linux 内核版本

```
# uname -a
```

2. 下载 2.6 内核源码

下载地址：http://www.kernel.org/pub/linux/kernel/v2.6/

3. 下载内核升级工具

(1) 下载 module-init-tools-3.2.tar.bz2

http://www.kernel.org/pub/linux/utils/kernel/module-init-tools/module-init-tools-3.2.tar.bz2

(2) 下载 mkinitrd-4.1.18-2.i386.rpm

http://ayo.freshrpms.net/fedora/linux/3/i386/RPMS.core/mkinitrd-4.1.18-2.i386.rpm

(3) 下载 lvm2-2.00.25-1.01.i386.rpm

http://ayo.freshrpms.net/fedora/linux/3/i386/RPMS.core/lvm2-2.00.25-1.01.i386.rpm

(4) 下载 device-mapper-1.00.19-2.i386.rpm

http://ayo.freshrpms.net/fedora/linux/3/i386/RPMS.core/device-mapper-1.00.19-2.i386.rpm

二、配置工作

(1) 将下载好的内核源码包和 4 个升级工具都复制到/usr/src 文件夹下。

(2) 复制完毕，开始解压新内核，具体操作请依次执行以下命令：

```
# cd /usr/src (进入到/usr/src 目录下,如果已经在/usr/src 目录下,可不执行该命令)
# rm - rf linux (删除 linux 文件夹。值得一提的是,如果内核先前从未编译过,则没有这个文件夹,此命令行可略过)
# tar jvxf linux-2.6.24.tar.bz2 (解压新内核)
# ln -s linux-2.6.24 linux (重新生成 linux 文件夹)
```

(3) 安装 module-init-tools 工具。

在/usr/src 目录下,依次执行下列命令:

```
# tar jvxf module-init-tools-3.2.tar.bz2 (解压 module-init-tools)
# cd module-init-tools-3.2 (由/usr/src 目录进入 module-init-tools 目录下)
#./configure --prefix=/
# make moveold
# make all install
#./generate-modprobe.conf /etc/modprobe.conf
```

(4) 安装另外三个升级工具。

回到/usr/src 目录下,依次执行下列 3 个命令来安装另外三个升级工具:

```
# rpm -ivh --nodeps mkinitrd-4.1.18-2.i386.rpm (注意,这里一定要加入--nodeps 参数,下同)
# rpm -ivh --nodeps lvm2-2.00.25-1.01.i386.rpm
# rpm -ivh --nodeps device-mapper-1.00.19-2.i386.rpm
```

如果不更新以上几个升级包,在后面编译内核时会提示以下错误:

```
mkinitrd failed
make[1]: *** [install] Error 1
make: *** [install] Error 2
```

(5) 配置内核选项。

```
# cd linux-2.6.24(进入到/usr/src/linux-2.6.18 目录下)
# make mrproper(该命令可确保源代码目录下没有不正确的.o 文件)
# make menuconfig(配置内核各选项)
```

此时会出现一个图形界面,列出了所有的内核配置选项,有的选项下还有子选项,可以用方向键来选择,用 Y 键来确定。经过多次试验,大多数选项默认就行,以下几个选项必须选择(请认真核对下面每一个选项,否则编译很有可能前功尽弃):

1) Loadable Module support 选项中,选上"Module unloading"和"Automatic kernel module loading"这两项;

2) Device Drivers→Block Devices 中选上"Loopback device support";

Device Drivers→Multi-device support(RAID and LVM)处要选上"device mapper support";

Device Drivers→Graphics support,一定要选上"Support for frame buffer devices";

Device Drivers →USB support →选上“USB Mass Storage support”(如果是在实际环境中,想要更多 USB 支持,就全选)

Device Drivers →;Network device support →Ethernet (10 or 100Mbit) →＜＊＞ AMD PCnet32 PCI support

3) File system→(以下 9 个选项是关于 ext2 和 ext3 文件系统配置,全部选上)

Second extended fs support

Ext2 extended attributes

Ext2 POSIX Access Control Lists

Ext2 Security Labels

Ext3 journalling file system support

Ext3 extended attributes

Ext3 POSIX Access Control Lists

Ext3 Security Labels

JBB (ext3) debugging support

File system→DOS/FAT/NT Filesystems →选上“NTFS file system support”;

注 意

ext2 和 ext3 文件系统配置很重要,也是必需的,如果对 ext3、ext2 文件的支持直接编译进内核,在 reboot 时机器就会当掉,出现如下错误信息:

```
kernel panic : no init found ,try passing init = option to kernel.....
```

或者是:

```
VFS:Cannot open root device "hdxy" or unknow-block(0,0)
Please append a correct "root = " boot option
kernel panic:VFS:Unable to mount root fs on unknown-block(0,0)
```

或者是:

```
mount: error 19 mounting ext3
pivotroot: pivot_root(/sysroot,/sysroot/initrd) failed:2
umount /initrd/proc fail:2
Freeing unused kernel memory: 244k freed
Kernel panic - not syncing: No init found. Try passing init = option to kernel
```

4) 如果在 vmware 下编译内核,硬盘用的是 scsi 的,以下三个选项必选:

Device Drivers →＜＊＞SCSI device support (此项不选的话,下面两项就选择不上)

Device Drivers →＜＊＞SCSI device support →＜＊＞SCSI disk support

Device Drivers→＜8＞SCSI device support→SCSI low-level drivers→＜＊＞; BusLogic SCSI support

三、编译工作

在/usr/src/linux-2.6.24 目录下,执行以下命令即可编译。

```
# make dep (建立编译时所需的从属文件。注意:如果内核从未编译过,此步可跳过。)
# make clean(清除内核编译的目标文件。注意:如果内核从未编译过,此步可跳过。)
# make bzImage(注意大小写。这一步才是真正编译内核。)
```

内核编译成功后,会在/usr/src/linux/arch/i386/boot目录中生成一个新内核的映像文件bzImage。如果用make zImage编译,内核很大的话,系统会提示使用make bzImage命令来编译,所以下面直接用make bzImage来编译。

```
# make modules(编译可加载模块)
# make modules_install(安装可加载模块)
```

安装成功后,系统会在/lib/modules目录下生成一个2.6.24子目录,里面存放着新内核的所有可加载模块。

```
# make install(安装新内核)
```

注意:

make install的时候可能会出现如下错误信息:

```
No module BusLogic found for kernel 2.4.12
mkinitrd failed
```

此问题一般只出现在SCSI硬盘+VMWARE+REDHAT架构中,因为BusLogic被编译进了内核而不是一个module的形式(2.4内核的Buslogic模块即使静态编译进内核也不行)。解决方式是直接将BusLogic.o文件复制过去:

```
# cp /usr/src/linux-2.6.18/drivers/scsi/BusLogic.o
/lib/modules/2.6.18/kernel/drivers/scsi
```

复制过后再执行一下make install。

四、启动新内核

(1) 将新内核和System.map文件复制到/boot目录下,依次执行以下命令:

```
# cp /usr/src/linux-2.6.24/arch/i386/boot/bzImage /boot/vmlinuz-2.6.24
# cp /usr/src/linux-2.6.24/System.map /boot/System.map-2.6.24
# cd /boot (进入 boot 目录)
# rm - rf System.map(删除原来的连接)
# ln - s System.map-2.6.24 System.map(重新建立连接)
```

(2) 修改GRUB启动管理器。

如果没有错误的话,下面开始修改GRUB配置文件。

在/boot目录下,执行以下命令:

```
# new-kernel-pkg --mkinitrd --depmod --install 2.6.24（这时候/boot 下会生成一个
initrd-2.4.24.img,并且 grub.conf 文件也作了相应更改。）
# df 查看根目录在哪个分区,下一步要用到。
# vi /grub/grub.conf
```

进入 grub.conf 文件,找到如下信息：

```
default = 1
timeout = 10
splashimage = (hd0,0)/grub/splash.xpm.gz
title Red Hat Linux (2.6.24)
root (hd0,0)
kernel /vmlinuz-2.6.24 ro root =  LABEL = /
initrd /initrd-2.6.24.img
```

做两处修改：

1）将 default＝1 改为 default＝0(不改的话也可以,只不过重启之后会默认进入 2.4 内核)。

2）将 kernel 行的“LABEL＝/”换成根目录所在的分区(上一步查看的就是)。

此步很重要,修改错误将可能导致进不去系统,下面的 grub.conf 文件是一个参考模板,不明之处,可以对照修改：

```
default = 0
timeout = 10
splashimage = (hd0,0)/grub/splash.xpm.gz
title Red Hat Linux (2.6.24)
root (hd0,0)
kernel /vmlinuz-2.6.24 ro root = /dev/hda2
initrd /initrd-2.6.24.img
title Red Hat Linux (2.4.20-8)
root (hd0,0)
kernel /vmlinuz-2.4.20-8 ro root = LABEL = /
initrd /initrd-2.4.20-8.img
```

第 10 章　Linux 系统 X Window 进阶

本章内容

- ☞ X Window System 介绍
- ☞ X 体系介绍
- ☞ 显示管理器
- ☞ 启动和关闭 X
- ☞ 配置 X 服务器
- ☞ X 中的字体

10.1　X Window System 介绍

学习目标

- 窗口系统
- 学习 X Window 的工作模式
- 了解 X Window 的历史
- 认识 X Window 的特点
- XFree86 和 X. Org

10.1.1　什么是窗口系统

X Window 系统是在 UNIX 类的操作系统中应用最为广泛的基于窗口的用户图形界面。它使用方便，界面直观，并且和具体的计算机的硬件无关。同时它支持分布式的网络操作。所以，基于 X Window 的应用程序一直在 UNIX 类的操作系统中占有主导的地位。

术语定义：窗口系统（Windowing System），也叫做窗口软件，提供一个有能力显示 GUI 窗口的操作系统。窗口系统允许一个工作站的屏幕被划分为几个矩形区域，它们像单独的输入/输出设备一样在各种应用程序下工作。这赋予一个用户立即查看几个进程的输出能力和选择哪个将通过选择它的窗口来接收输入，经常通过用鼠标来指向它。它通常是一个更大桌面环境的一部分。有些窗口系统，像 X Window 系统，有高级功能例如网络透明性，允许用户来显示运行在远程机器上的图形应用程序。

X窗口系统，简称X，是最常见的UNIX窗口系统。X是UNIX、类UNIX、以及OpenVMS等操作系统所一致适用的标准化软件工具包及显示架构的运作协议。使用窗口系统的情形就像是在办公桌上的工作：办公桌上放了好些工作相关的用具，当工作进行到另一部分时，你可能需要重新整理各种用具，把其中一部分暂时放到一边，或者移走。

X便是依照这么个工作模式开发出来的。在X的环境下，一个窗口是屏幕上的一块长方形区域，且平行于屏幕的边，通常，每一个窗口被一个独立的应用程序所专用，数个应用程序可以"同时"在它自己所拥有的窗口上显示输出结果，X允许窗口重叠。

但即使窗口的一部分或全部被其他窗口遮盖，应用程序仍然可以对它自己所拥有的窗口输出信息。设备程序提供在屏幕上移动窗口、改变窗口大小、把窗口放在最上一层或最下一层等功能。即便是窗口可以重叠，但在同一屏幕开了许多窗口仍然非常费时。因此和其他的窗口系统一样，X提供图标功能。在屏幕上用一个图标代表一个应用窗口，当对应用窗口图标化后，窗口以图标代之，从而空出了较多的屏幕空间；相反的动作为解除图标化，也就是以原先的窗口替换图标。

对于输出，X提供了许多在窗口写文字和画图形的功能选择。许多种字体可供选择，并且提供许多图形的结构和绘图的基本方法，例如提供点、线、弧线、区域的画法。颜色的选择更是丰富。这些复杂的部分对用户而言是隐藏起来的，用户可以简单地使用它们。

X也提供多样化的输入功能。X可以使用不同形式的键盘，如传统的QWERTY键盘或Dvorak Style键盘，或者是不同国家的有特殊规定的键盘。处理用户界面是输入功能很重要的一个部分，键盘和鼠标发出的指令告诉系统如何构造一个窗口和处理窗口中的内容。

由于X的窗口处理功能并非是系统内部提供的，而是建立在用户层次上的，因此容易修改或更换。所以X能提供不同形态的用户界面。换个角度来说，用户界面所必需具有的灵活性几乎完全可由X独立提供。

10.1.2 X Window的历史

X Window System，简为X或X11，最初是由美国麻省理工学院(MIT)的计算机科学实验室在同DEC公司合作时作为Athena(雅典娜)项目的一部分发展起来，这个项目使用不同的硬件来提供一个计算环境。1984年Bob Scheifler正在开发分布式系统，同一时间DEC公司的Jim Gettys正在麻省理工学院做Athena计划的一部分，两个计划都需要一个相同的东西，一套可以在UNIX机器上运行的窗口系统。因此他们从斯坦福大学得到了一套叫做W的实验性窗口系统。因为是根据W窗口系统开始开发的，所以当开发到了足以和原先系统有明显区别时，他们把这个新系统叫做X。

工作持续地进行着，新的版本不断地产生(当软件和前一版不相容时，新的版本便产生了)。在1985年中期决定了任何人只要付版权费便可使用X。以下为X的大事记：

- 第10版：1985年底。从此，在MIT以外的人和组织，才开始对X有实质的贡献。
- 第一套商业化的X产品：DEC于1986年1月推出VAXstation - II/GPX。
- 第10版第3次发行：1986年2月。从此时起，X开始流传于世，人们把它移植到许多新的系统上。
- 第10版第4次发行：1986年11月，这是X10的最后一版。

- 第一次 X 技术会议:1987 年 1 月于 MIT。
- 在 1986 年间,第 10 版 X 无法满足所有的需求已非常明显,MIT 和 DEC 便从事于重新设计整个协议,这就是 X 第 11 版。
- 第 11 版第 1 次发行:1987 年 9 月。
- X 协会成立:MITX 协会成立,目的是为了研究开发及控制标准,目前有 30 个以上的机构加入。
- 第二次 X 技术会议:1988 年 1 月。
- 第 11 版第 2 次发行:1988 年 3 月,以 X 协会之名的首次发布。
- 第 11 版第 3 次发行:1988 年 10 月,发布 XDM。
- 第 11 版第 4 次发行:1989 年 12 月,XDMCP、twm 成为标准的视窗管理员(Window Manager)程序,同时强化应用程序、发布 Shape extension 及新的字型。
- 第 11 版第 5 次发行:1991 年 12 月,发布 PEX、Xcms (色彩管理功用)、字型服务器、X386。
- 第 11 版第 6 次发行:1994 年 5 月,发布 ICCCM v2.0;Inter-Client Exchange(用户端间的交换);X Session Management(行程管理程序);X Synchronization extension(同步机制延伸程序);X Image extension(影像延伸程序);XTEST extension(XTEST 延伸程序);X Input(输入用程序);X Big Requests;XC-MISC;变更 XFree86。
- X11R6.3:1996 年 1 2 月,研发代号:Broadway,百老汇。以 X 协会之名的最后一次发布。
- X11R6.7.0:2004 年 4 月,首次由 X.Org 基金会进行发布。

截至 2010 年 9 月,X11 已经发布到 R7.5。详细的版本发布信息可以参见互动百科"X-window 系统"。

小知识

1987 年 MIT 希望交出对 X 的管理责任,成立了一个非赢利性组织 MIT X Consortium (X 协会)来负责 X 的开发。1988 年 1 月,X 协会(X Consortium)作为非赢利厂商团体而成立,由 Scheifler 担任主管,而 Keith Packard 担任高级开发人员,确保 X 能持续以中立超然的立场提供商业与学术教育所需的开发。

10.1.3 X 的特点

X 具有网络透明性:通过网络,应用程序在其他计算机上输出显示,就和在自己计算机上输出一样容易。这种通信结构和网络上另一端的计算机使用的语言完全无关,也和计算机硬件无关,甚至不需使用相同的操作系统(作业系统)。总而言之,程序可以在另一种不同类型显示器下执行,而不需要重新编译和重新链接。

X 具有环境的自定义性:可支持许多不同样式的用户界面。管理窗口的功能(例如窗口的摆放、大小及显示顺序等)并不包含于系统中,而是由应用程序来控制,因此可轻易地更换。不同样式的界面和不同的应用程序有关,例如滚动窗口中的文字和选择窗口中的一个物体,彼此间不会互相限制。

X 不是计算机操作系统的一部分：对操作系统而言，X 只是一个应用程序而已，因此，X 很容易在不同的系统上安装。

窗口是层次式的：应用程序可以直接利用窗口系统已有的工具便可满足大部分的需求，而不需要借助于其他的输入或控制结构(例如：可利用一个分支的子窗口来产生菜单)。

10.1.4 XFree86 和 X. Org

到 1987 年，MIT 希望交出对 X 的控制权，就成立了一个非赢利性组织 MIT X Consortium 来负责 X 的开发。经过很多变化之后，Open Group 在 1999 年成立 X. Org。从 1992 年开始，X 的很多活跃开发都是由 XFree86 进行的，它最初是为了在 Linux 中使用而将 X 向 Intel 386 硬件所做的移植，因此就得名为 XFree86。XFree86 作为一个非付费成员加入了 X. Org。

尽管 XFree86 最初是为 386 平台创建的，但是之后版本的 XFree86 可以支持几个不同的平台，它一度成为 Linux 上应用最广泛的 X 版本。经过对新许可证条款和 XFree86 的开发模型的一些争论之后，X. Org Foundation 终于成立了。X. Org 以以前版本的许可证下的最后一个 XFree86 版本为基础开始工作，已经创建了 X11R7. 5。尽管很多发行版本仍然在使用 XFree86，不过很多发行版本已经开始使用 X. Org 了。

- XFree86 是 X Window 系统的一个实现。最初是为 IBM PC 兼容机上的 Unix 类 OS 开发，现在已经应用于众多操作系统的平台。自 1992—2004 年，它一直循着自由发放的开放源代码模式发展着。当前版本是 4. 8. 0。它主要的运作平台是 Unix 类操作系统，包括各版本的 UNIX、Linux、BSD、Solaris、Mac OS X、IRIX、OpenVMS 及 Cygwin/X 等。由 2004 年开始，它再不是以 GPL 软件许可证的形式出现，而是使用 XFree86 Project 公司所拥有的 XFree86 License version 1. 1 软件许可证模式发放。现时 XFree86 仍由 XFree86 Project 公司负责开发。
- X. org 是 X Window 的一个实现，而 X Window System 是一个 C/S 结构的程序，X. org 只是提供了一个 X Server，负责底层的操作当运行一个程序的时候，这个程序会连接到 X server 上，由 X server 接收键盘鼠标输入和负责屏幕输出窗口的移动，窗口标题的样式等等，都是由一种叫做窗口管理器的程序来完成的，你现在看到的这些，不但有 X. org，有那三个窗口对应的程序，还有个窗口管理器：X. org 自带的 twm 如果你想要很好的使用图形界面，那你需要根据自己的情况安装窗口管理器，并进行相应的配置。如果为了省事的话，最好装上 KDE 或者 Gnome 之类的桌面环境比较好。

10.2 X Window 体系结构

学习目标

- X Window 体系结构
- X 的网络概况

10.2.1 X Window 的基本元素

这里描述 X 的基本体系结构，并介绍许多基础的概念，目的在于使读者在稍后使用 X 系统时能有一个了解。将会知道系统程序做些什么和如何做，这样将更快和更有效率地使用系统。

X不像早期的窗口系统，把一堆同类软件集中在一起，而是由三个相关的部分组合起来的：

(1)“服务”程序：是控制实际显示设备和输入设备的程序。

(2)“客户”程序：需凭借服务程序在指定的窗口中完成特定的操作。

(3)“通信通道”：客户程序和服务程序用此来彼此交互信息。

1. 服务程序

服务程序用来控制实际的显示设备和输入设备(键盘和鼠标或其他输入设备)的软件。服务程序可以建立窗口、在窗口中画图形、图像和文字；回应客户程序的需求。它不会自己执行动作，只有在客户程序提出请求后才完成动作。

每一个显示设备只有一个唯一的服务程序。服务程序一般由系统的供应厂商提供，用户通常无法修改。对操作系统而言，服务程序只是一个普通的用户程序而已，因此很容易更换一个新的版本，甚至可编译运行由第三方厂商提供的原始程序。

2. 客户程序

客户程序是指使用系统窗口功能的一些应用程序。把X下的应用程序称作“客户”程序，原因是它们是服务程序的“顾客”：客户程序要求服务器应它的请求完成特定的动作。客户程序无法直接影响窗口或显示，它们只能向服务程序发送请求，让服务程序来完成它们的需求。典型的请求通常是：“在XYZ窗口中写一行‘Hello world’的字符串”，或“在CDE窗口中用这种颜色从A点到B点画一条直线”。

当然，针对窗口操作提出需求只是客户机程序的一部分，其他的部分是那些让用户执行的程序部分。例如：编辑文字、画一个系统的工程图、执行一个计算表格的计算等等。一般来说，客户程序和窗口系统是独立的，它们对于窗口几乎不需要知道什么。通常(特别是指大型的标准绘图套装软件，统计套装软件等)应用程序对许多的输出设备具有输出的能力。在X窗口上的显示只是客户程序许多输出格式中的一种。所以，客户程序中和X相关的部分在整个程序中占了非常小的一部分。

用户可以使用不同来源的客户程序：一些是由系统提供的(例如时钟)，一些来自于第三方厂商，一些是用户为了特殊应用而编写的自己的客户程序。

3. 通信通道

X的第三个元素为通信通道，客户程序借助于它给服务程序发送请求。而服务程序借助于它向客户程序回送状态及一些其他的信息。

只要客户程序和服务程序都知道如何使用通道，通道的本身的结构并不是很重要。在系统或网络上支持通信类型的请求内建于系统基本的X窗口函数库中，所有和通信类型有关的事件都从函数库中独立出来，客户程序和服务程序之间的通信只要借助于使用这函数库(在标准X版为xlib)即可。

总之，只要客户程序利用函数库，自然可以用到所有可用的通信方法。

客户程序和服务程序之间的通信大约可以分为两类，分别对应于两种X系统的基本操作模式：

- 服务程序和客户程序在同一部电脑执行，则它们彼此均可使用机器上任何可用的方法来做进程内通信(简称IPC)。在这种模式下，X可以像许多传统的窗口系统一样有效率地操作。
- 客户程序在一部机器上执行，而显示和服务程序在另一部机器上。则客户程序和服务程序的通信必须通过网络利用彼此同意的协议方可。目前，最常见的协议为 TCP/IP 和 DECnet，但其他任何的可信赖的协议亦可使用。

这种通过网络使得应用程序的操作如同在本地机器一样的能力称为网络透明性，这几乎是 X 独一无二的特性。这种特性使得它非常适合建立在灵活的多目标混合的计算机网络上。

因为客户程序和服务程序完全独立，这样开发了一种称为 X-terminal 的新型显示器。简单地说，X-terminal 是一种除了能直接在上面执行 X 服务程序外，什么也没有的工作站。它有键盘、鼠标和屏幕，以及一些和网络互相通信的方法(所以在其他主机上的客户机可在它上面显示)，但并没有文件系统，也不提供一般目的的程序，一般目的的程序需要在网络上执行。

10.2.2 X 的网络概况

我们曾经提过，客户程序和服务程序只需通过网络便可在不同的机器上执行，下面几节将看看如何利用这种实用的方法节省了计算的资源，从而增进了网络的成长。

1. 如何实际使用 X 网络

当服务程序在一个连接了显示器的机器上执行，而客户程序在另一部机器上执行时，鼠标和键盘的输入由服务程序所在的机器搜集，可是客户程序却可以在别的地方使用到这些输入，这是如何办到的？以下面的例子解释。

假如用户在使用一个由 X 服务程序控制显示器的工作站，如果它是独立的，很明显，客户程序也在此工作站上执行。即使连接了网络，大部分的时候用户还是在自己的工作站执行客户程序。可是因为有一些特殊的实用程序，你的机器上并没有，而你却希望在你的机器上显示程序的输出，这时便需要网络上的机器了。利用操作系统提供的一些普通的网络设备程序，便可以让客户程序在远程的机器上执行，而指定输出显示在用户自己工作站的显示器上。

假设客户程序的名称为 xgraph，在 UNIX 系统上，用户所发出的命令类似下面：

```
rsh neptune xgraph -display venus:0
```

则 xgraph 程序在远程名为 neptune 的机器上执行，且 xgraph 的输出会送到你自己名为 venus 的机器上的 0 号显示器上。从现在起，我们将参照这种远程显示的模式操作，当客户程序在一部机器上执行时，服务程序在另一部机器上执行。

现在总结一下：使用远程显示的设备程序使得客户程序在远程的机器上执行，而且告诉它将输出显示在执行 X 服务器程序的本地机器上。

2. X 的网络设备有何用途

在一部机器上执行客户程序而把输出显示到另一部机器有何用途？这些用途和实用是极常见的，以下是一小部分的用途：

- 远程的机器速度比你的计算机快很多(可能是因为加了浮点运算器或它根本就是一部超级电脑)。
- 在局域网上，远程的机器是一部文件服务器，它提供了大量磁盘资源，为了降低网络的负担，用户可以把一些类似搜索的大量操作，需要用到的大量磁盘动作的程序放在远程机器上执行，这样一来，只有执行结果而不是大量操作磁盘的动作会通过网络传送。
- 远程机器有特殊的结构适合特别的工作，可能是专门的数据库机器，或者是为一个单独的应用特别设计的特殊目的机器。
- 远程的机器有只能在其上执行的特殊软件。现代的工作站，在网络上有些软件许可只有少数的机器拥有已是愈来愈多的趋势，因为软件许可只发给那些付费的工作站。在这种情况下，可以实际地在远程的机器上执行这些有许可的软件，而将显示传回自己的机器上，这相当地实用。

- 需要同时存取好几部机器，通常系统的管理员有此需求。
- 需要同时输出到数部显示器。

3. X 网络结构产生的简易性

就像前面所提过的，所有从客户程序向服务程序发出的请求，由于它们的格式和内容是和设备无关的。而所有和设备相关的事完全集中在服务程序，对于任何显示器的硬件，只有对应于此种显示器的服务程序才需要去关心。只要提供针对一个显示器的服务程序，所有可执行X 客户程序的其他机器立即可使用这个显示器，不需要重新编译或重新链接，甚至连显示器是什么型号都不需知道。

这种把设备的相关性独立出来给服务程序的方式，对许多工作站网络的供应商来说变得可行且轻松，这种灵活性在两方面特别有用：

当一部执行 X 客户程序的新机器加入网络，它立即可以使用任何执行 X 的显示器。

相反，当一个新的显示器加入时，它立即可被任何机器上现存的所有 X 客户程序使用。

4. 在网络上使用非 X 的应用程序——终端机模拟器

如果在远程机器上的程序并不是 X 客户程序或甚至连 X 是什么都不知道，用户仍然可以像远程的机器一样使用它们。这就需要用到 X 窗口“终端机模拟器”，一个假装它是终端机的程序。这样一来，便可以让任何程序在这个假的终端机执行。这个终端机模拟器利用 X 显示输出（和得到键盘输入），当然输出也可以送到本地或远程的显示器。

10.3 显示管理器

学习目标

- GDM
- KDM
- XDM

10.3.1 GDM

如果在以前没有安装过 X 的系统上安装并配置 X，那么可能会注意到要获得任何类型的图形显示，都必须先登录到一个终端窗口，并运行 startx 命令。尽管这对于本地主机显示来说可以很好地进行工作，但这确实算是一件麻烦的事情。况且，这对于远程 X 终端来说并不能工作。

为此，需要使用一个显示管理器，用作 X Window 系统对用户友好的登录前端，处理身份验证操作。用户通过身份验证后，显示管理器将为用户在运行显示管理器的系统上启动一个会话。图形输出显示在用户输入登录凭证的屏幕上，这可能是一个本地显示，也可能是通过网络连接的远程 X 显示器。

XFree86 和 X. Org 中都提供了 XDM 显示管理器，另外还有两个流行的显示管理器——KDM（KDE 的 X 显示管理器）和 GDM（GNOME 的 X 显示管理器）。在这一节中将介绍这三种显示管理器、学习一些简单的对显示管理器的定制。

注意

在设置一个图形化的登录界面，需要理解 Linux 系统的初始化过程。

GDM(The GNOME Display Manager)是 GNOME 显示环境的管理器，并被用来替代原先的 XDM。这个显示管理器并不是基于 XDM，GDM 是完全重写，不包含任何 XDM 的代码。GDM 可以运行并管理本地和远程登录的 X 服务器(通过 XDMCP—X 显示管理控制协议)。

10.3.2 KDM

KDM(The KDE Display Manager)是 KDE 的 X 显示管理器。KDM 管理一系列本地或者远程机器的 X 服务器支持 XDMCP(X 显示管理控制协议)，可以为用户提供一个菜单，选择支持 XDMCP 显示管理的可用主机。KDE 中还包含一个和单个用户关联的图标集，但位于 kdepasswd 软件包中。

10.3.3 XDM

XDM(X Display Manager，X 显示器管理器)命令管理 X 显示器集合，这些显示器可能在本地主机上，也可能在远程服务器上。XDM 命令设计是按照 X 终端以及 X 联盟标准 XDMCP(X Display Manager Control Protocol，X 显示管理器控制协议)的要求进行的。XDM 命令提供类似于字符终端上的 init、getty 及 login 命令所提供的服务：提示输入登录名和密码、认证用户以及运行会话。

XDM 包含在 XFree86 和 X. Org 中。按照 Filesystem Hierarchy Standard(FHS——文件系统层次标准)标准，配置文件应该在/etc/X11/xdm 目录中。主要的配置文件是/etc/X11/xdm/xdm-config。这个文件包含了 XDM 使用的其他文件的位置，有关授权需求的信息，为某个用户执行各种任务所运行的脚本，以及其他一些配置信息。

小知识

如果你试图确定显示管理器是如何启动，请查找以 dm 结尾的脚本。如果可以找到运行显示管理器的脚本(例如/etc/init. d/rc5. d/S16xdm)，这可能是一个小脚本，其中包含了其他逻辑来确定实际上要运行哪个显示管理器。

10.4 启动和关闭 X

学习目标

- 启动 X
- 执行 X 程序
- 关闭 X

10.4.1 启动 X

这里假设已经在系统上设置好了 X，事实上即使你不曾使用过或不熟悉 X，设置 X 也不是一件困难的事。因此如果有必要，需自己设置 X。

启动 X，键入命令：

```
xinit
```

则会发生：

(1) 整个屏幕会被设定成黑色或者灰色。

(2) 一个"X"光标出现。可以用鼠标在屏幕上移动它，但按鼠标按钮或键盘都对它无影响。

(3) 一个 xterm 终端机模拟器的窗口出现在屏幕左上角，当光标移到这个窗口时，会改变成文本光标，xterm 准备接受你的命令。（光标移到这个窗口之外时按鼠标按钮或键盘都对这个窗口无影响。）

注 意

Xinit 命令是在文本登录环境下键入，如果进入 Linux 桌面环境通过终端运行将可能因为显卡驱动的缘由导致启动失败。

X 现在已启动，用户可以把 xterm 这个窗口当成一个普通的终端机来使用，执行一些普通的指令。不过它最大的价值在让你可以开始执行其他的 X 程序，这一点将稍后说明。现在先来了解一下 X 的启动动作做了些什么。

首先，xinit 在显示器上启动执行 X 服务器程序。服务器程序建立一个它自己的根窗口，并把窗口的背景色设定成黑色，把光标设定成一个大"X"。

在服务程序执行的期间，服务程序一直控制着键盘及鼠标，这就是能在屏幕上移动光标的原因。但是因为目前没有任何客户程序要求了解键盘和鼠标"事件"，所以服务程序只是追踪鼠标和光标的移动，而所有其他的键盘或鼠标输入虽然都经过服务程序处理但均被放弃（因为没有客户程序有兴趣），这就是按键盘或鼠标按钮没有反应的原因。

接下来，xinit 启动执行 xterm 程序。xterm 对服务程序而言是一个客户程序，xterm 要求服务程序建立一个窗口，而且保持了解在这个窗口中的鼠标和键盘事件，xterm 设定在窗口中执行一个外壳程序，当鼠标指针移至窗口之内便准备接受输入。

键盘输入被送至外壳就如同在一部真的终端机上输入一样，从外壳（及其子程序）的输出借助于 xterm 显示在窗口上。xterm 也接受鼠标输入，使得用户能设定不同的程序操作参数和进行文本的剪贴。

用户可以观察到系统执行这些动作的步骤。例如当在系统启动后，在 xterm 窗口内执行 ps a 命令：

```
PID TTY   STAT TIME COMMAND
1641 tty4   Ss+   0:00   /sbin/mingetty tty4
1642 tty5   Ss+   0:00   /sbin/mingetty tty5
1643 tty2   Ss+   0:00   /sbin/mingetty tty2
```

```
1644 tty3 Ss + 0:00 /sbin/mingetty tty3
1646 tty6 Ss + 0:00 /sbin/mingetty tty6
1680 tty1 Ss + 0:00 -Bash
1715 tty1 Ss 0:00 xinit
1716 tty7 S<s + 0:02 X:0
1725 pts/0 Ss 0:00 Bash
1790 pts/0 R + 0:00 ps a
```

以上的显示说明 xinit 在主控台显示器上运行。它初始化服务程序，X 显示为零。接着 xterm 在一个虚拟的终端机上执行。xterm 启动一个外壳程序，使得它能处理用户在 xterm 窗口所下的命令。最后，执行 ps 命令产生上述的列表。

本书将在以后讨论更多的 xterm 细节。从现在起，假设 xterm 被视为一个 DEC VT102 的终端机，看看把重点转移到系统启动之后，我们能做些什么。

小知识

通过修改/etc/inittab 这个文件可以切换系统启动时是登录桌面环境还是文本模式。要进入文本模式可以按如下的方法修改：

```
#vim /etc/inittab
将 id:5:initdefault  改成 id:3:initdefault
```

10.4.2 执行 X 程序

目前有一个 X 服务程序控制的显示器，一个叫 xterm 的客户程序允许用户输入命令。本节介绍如何执行其他的 X 程序。

因为 X 的客户程序和 X 服务程序完全独立，所以不需要特别的动作启动它们。用户可以像执行一般的程序一样执行它们。但是这些客户程序需要确实知道它们用的是哪个显示器。实际上因为 xterm 一开始设定了 DISPLAY 环境变量，给定了它使用的显示器名称，而其他的客户程序用此当作缺省显示器，因此不需多做其他的事。

1. 如何执行 X 的时钟——xclock

现在用 X 的时钟当作一个简单的例子。先确定鼠标指针停在 xterm 窗口中，然后输入命令：

```
xclock
```

一个小的时钟影像出现在屏幕左上角，覆盖了第一个窗口一部分。

现在有以下三个问题需要解决。

- 第一个问题：由于 xterm 这个“终端机”已经有一个程序(Xclock)在执行，所以无法再输入其他的命令，该怎么办？

唯一的办法就是停掉 xclock，但当按下 Ctrl＋c 或者 DEL 键时，xclock 便会消失。要克服这种状况，需要非同步地执行 xclock，用命令：

```
xclock &
```

则目前 xterm 至少能接受输入其他的命令。

- 第二个问题：如何中止 xclock。

X 服务器程序本身没有提供直接的界面中止应用程序，但是有一个叫 xkill 的客户程序可让你终止应用程序。在 xterm 窗口内输入 xkill 命令便可启动这个程序。xkill 会显示一个覆盖性的方形光标(或者骷髅头光标)，移动这个光标到想终止的应用程序的窗口中，按鼠标左键，应用程序的窗口就会消失，且应用程序和 xkill 会一起结束。用户也会得到类似如下的信息：

```
Select the window whose client you wish to kill with button 1…
xkill: killing creator of resource 0x60000a
XIO: fatal IO error 11(Resource temporarily unavailable) on X server ":0.0"
after 292 requests (292 known processed) with 0 events remaining.
```

如果为了某些缘故无法进入到应用程序的窗口内用 xkill 中止它，通常可以用 UNIX 的办法：找出该程序的进程的 ID，然后终止它。例如：

```
#ps a | grep xclock
1931 pts/0 S 0:00 xclock
1937 pts/0 S+ 0:00 grep xclock
#kill 1931 [1] Terminated xclock
```

- 第三个问题：如何避免时钟和 xterm 窗口重叠？这个问题换个问法是，如何安排应用程序窗口的位置？

可以用前面说明过的几何意义的参数来解决。例如输入命令：

```
xclock -geometry 200x200 + 300 + 400 &
```

这个命令告诉 xclock 建一个宽 200，高 200 个像素的窗口，位于屏幕左上角右边 300 个像素，下边 400 个像素。

如果你拥有彩色显示器，那么不妨以 xclock 进行指定和使用彩色的实验。xclock 有数种选项做彩色识别：

- -bg color：设定背景颜色；
- -fg color：设定前景颜色；
- -hd color：设定时钟指针的颜色；
- -hl color：设定时钟指针边线的颜色。

输入指令：

```
xclock -bg turquoise -fg red -hd magenta &
```

便可以看到一个彩色的钟。

Xclock 启动之后，便不再需要和用户交互了。

10.4.3 关闭 X

要关闭 X 窗口，只要移动鼠标指针到最初 xterm 的窗口，输入：

```
#exit
```

则窗口消失，服务器程序终止，X 也被关闭。

注 意

用户可能在其他教程上会看到关闭 X 使用的是 logout，使用这个命令可能得到类似如下的提示：logout: not login Shell: use ´exit´

此时请改用 exit

详细来说，xterm 察觉到外壳程序终止时，也将终止自己。而 xinit 一察觉 xterm 已经结束，便终止服务程序后离开。

10.5 X 的安全

在大多数情况，服务器和客户端运行在同一台机器上。但是 X 协议是十分具有扩展性的，它有许多培植文件。实际上，X 终端是一个屏幕，键盘和鼠标没有计算能力。即使 X Server 运行在一台主机上，客户端也可以运行在其他主机上，即使那台主机在其他建筑或国家里。那么，如何处理计算机安全问题？可以连接到 X Server 的客户端应该被仔细控制。因为可以多个客户端连接到一个 X Server 上，因此要保证这些客户端的行为能够被正确处理。如果一个客户能够向另一个客户发送信息或者截获发往另一个客户的信息，那么这个系统就是有缺陷的。

什么是处理 X Server 安全问题最好的办法？有两种可以着手的方法：主机认证和标志认证。

- 主机认证

主机认证是用 IP 地址来标志允许或禁止一个客户端。一旦有一个用户登录到 X Server 上，一个叫做 Xhost 的程序用来控制来自那个 IP 的客户允许连接。但是大多数主机支持多个一台客户机上用户，所以不可能控制在某一台客户机，允许他上而别人不行。

Xhost 使用起来很简单。每一个 X Server 维护着一个主机列表，里面写着哪台主机可以进入，哪台不可以。Xhost 程序用来改变这个列表，命令行语法如下：

显示允许连接 X Server 的主机列表：

```
xhost
```

增加一个主机：

```
xhost + bar.foo.org
```

于是，任何在 bar. foo. org 上的用户或程序都能够与 X Server 通信。

删除一个主机：

```
xhost -bar.foo.org
```

使 X Server 向全世界开放：

```
xhost +
```

访问控制被再次允许：

```
xhost -
```

利用 Xhost，可以给某一个客户机在与 X Server 连接的短暂时间内的权限打开，当客户机连上之后再取消这个权限，这样，虽然这个权限被取消掉了，但此时的通信还能够进行。

优点：

Xhost 访问控制机制的确十分容易使用，它只需要简单的参数即可。

缺点：

Xhost 的简单既带来好处又带来坏处：从一个客户机所来的用户要么全部允许，要么全部拒绝，而不能更细地分类——你能它不能。在许多环境里，可能有大量的用户在使用同一台客户机，因此这种机制就不能够胜任。

遗憾的是，许多 X Server，像 NCD Servers，SGI system 以及 Macintosh X，他们的 X server 的访问权限在默认下是关闭的，对于不熟悉 X server 缺点的用户，用主机认证机制会带来安全问题。

Xhost 比标志认证有更高的优先级。任何用户可以在把自己的机器加入到 Xhost 的访问列表中而不顾自己的权限。

- 标志认证

第二种方法是校验每个客户机所提供的标志。这个工作由一个叫做“xauth”的程序来完成：每一个客户都被给予一个叫做“magic cookie”的东西，它必须向 X server 提供一个随机值来获得进入权利。

xauth 程序用来编辑和显示用户的“magic cookie”认证信息。一旦“magic cookie”显示成可度的形式，它就可以被送到远程主机上。在远程主机上，xauth 被再次用来引入这些“magic cookie”到“. Xauthority”文件中。假设远程主机用户目录下的“. rhost”文件已经为本用户的 rsh 的使用准备好了，则用下面的命令：

```
xauth extract - $DISPLAY | rsh ahost.foo.org xauth merge -
```

第一条命令打印所处的机器里“magic cookie”值到标准输出。这些信息被通过管道用 rsh 命令调用 xauth 引入到 ahost. foo. org。于是能够在 ahost. foo. org 这个机器上运行 X client。重要的是要将“. Xauthority”文件的权限设置正确。

10.6 X 中的字体

学习目标

- xfs 字体服务器
- xfs 库

10.6.1 xfs 字体服务器

使用内核 X11 字体系统，X 服务器可以从一个字体服务器中获取字体和字体信息。X 字体服务器 xfs 通常都是作为一个守护进程运行的，可以在系统启动时启动，不过它也可以作为普通任务运行。通常都是将字体服务器作为 X 安装的一部分来进行安装的。然而，由于 X 是一种网络协议，用户就可以通过网络来获取字体或字体信息，而不是从本地机器上获取这些信息。

X 字体服务器使用了一个配置文件，通常是/usr/X11R6/lib/X11/fs/config。在清单 3 中给出了一个样例字体配置文件。这个位置文件也可以位于/etc/X11/fs 中，或者链接到这儿。

10.6.2 xfs 库

多年以来，X 系统上的字体处理都是通过内核 X11 字体系统来实现的。最近版本的 XFree86(和 X.Org)X 服务器包含了 xft 字体系统。内核字体系统最初用来支持单色位图字体，但是经过长时间的发展，它已经得到了很大程度的增强。xft 系统用来处理现代需求，包括抗失真和子像素光栅化，这使应用程序可以很好地对 glyph 渲染进行控制。这两个系统之间主要的区别是内核字体是在服务器上处理的，而 Xft 字体则是由客户机处理的，后者会向服务器发送必要的 glyph。

X 最初使用的是 Type 1(或 Adobe Type 1)字体，这是由 Adobe 开发的一个字体规范。Xft 系统可以处理这些字体，以及 OpenType、TrueType、Speedo 和 CID 字体类型。

Xft 库提供了允许客户机应用程序根据模式条件来选择字体并生成发送给服务器的 glyph 信息的功能。模式可以考虑一些问题，例如字体种类(Helvetica、Times 等)、点大小、粗细(普通、黑体、斜体)以及其他很多可用特性。内核字体系统允许客户机查找服务器上匹配的第一个可用字体，而 Xft 系统会寻找一个可以匹配所有标准的最佳项，然后将 glyph 信息发送到服务器上。Xft 与 FreeType 进行交互来了解字体渲染的信息，还要与 X Render 扩展进行交互，这可以对字体渲染操作进行加速。在当前版本的 XFree86 和 X.Org 中都包括了 Xft。

注 意

> 如果 X 服务器是通过网络运行的，并使用了一个不支持 X Render 扩展的显卡，用户可能会希望禁用抗失真特性，因为在这种情况中网络性能可能会是一个问题。可以使用 xdpyinfo 命令来检查 X 服务器。清单 4 给出了 xdpyinfo 的输出结果。由于 xdpyinfo 的输出很大，可能会希望使用 grep 来搜索“RENDER”。

10.7 本章小结

X Window 系统是类 UNIX 操作系统中应用最为广泛的用户图形界面。它使用方便，界面直观，并且和具体的计算机的硬件无关。同时它支持分布式的网络操作。所以，基于 X Window 的应用程序一直在 UNIX 类的操作系统中占有主导的地位。本章介绍了 X Window 系统的基本知识与相关的命令，对 X Window 系统的配置和常见的问题也进行了说明，使读者在实践操作中有所依据。

课后习题

1. 选择题

(1) 下面哪些关于 X Window 系统的说法是真的?(　　)

A. 是一个基于客户-服务器结构的软件

B. 能通过 Linux 的"startx"命令来运行

C. 它不能和其他的操作系统进行通信

D. 它的功能类似于一个窗口管理器

(2) 组合键(　　)可用于关闭 X Window 图形用户界面。

A. Ctrl+Alt+BackSpace　　B. Ctrl+Alt+Space

C. Ctrl+Shift+BackSpace　　C. Ctrl+Shift+Space

(3) 用户可以修改默认的启动级别为(　　),使得系统重启后自动采用 X Window 方式登录。

A. 3　　B. 5　　C. 2　　D. 1

(4) 在 X Window 支持的情况下,可以使用(　　)启动命令,使 X Window 启动到 16 位色深的显示模式。P270

A. xinit -bpp16　　B. startx -bpp16　　C. kde -16　　D. gnome -16

2. 填空题

(1) X Window 由________、________、________三个部分组成。

(2) 修改________文件可改变图形化用户界面的启动方式。

(3) Linux 下的桌面环境主要有________、________两种。

(4) Linux 下启动 X 的命令是________,关闭 X 的命令是________。

3. 简答题

(1) 简述 Linux 下桌面的实现原理,它与 Windows 下的桌面有什么异同?

(2) 什么是 XFree86 和 X. Org?

(3) GNOME 主菜单与 KDE 主菜单有何差异?

(4) 请解释说明 X 的网络透明性及自定义性。

附录 Linux 资源网站

1. Linux 相关知识

http://www. fanqiang. com/,在这里可以学到很多 Linux 相关的知识。

http://www. Linuxhq. com/,Linux 总部,主要负责核心的开发工作。

http://freesoft. cei. gov. cn/,中国 Linux 的资源宝藏。

http://xchina. cLinux. org/,包括 Linux 程序下载、窍门、技术资料,内容丰富。

http://www. Linuxaid. com. cn/,提供技术支持服务,也有很多面向初学者的资料。

http://www. Linux. org. cn/,Linux 的专业网站。

http://www. cLinux. org/,收集了各类 Linux 中文资料。

http://lark. ihep. ac. cn/,内容包罗万象,有中文软件,软件仓库等。

http://Linux. joyo. com:3000/,有很多内容,还可以打包下载 Linux 公报。

http://home. jjinfo. com/personal/Linuxboy/,Linux 发展介绍及资源荟萃。

http://www. xteamLinux. com. cn/,Linux 知识网站。

http://www. turboLinux. com. cn/,Linux 知识网站。

http://www. hklug. org/,了解香港 Linux 的好网站。

http://chinese. Linux. org. tw/,为台湾中文化 Linux 计划(Chinese Linux Project)正式网站。

http://cle. Linux. org. tw/CLE/,中文 Linux 扩展(CLE),基于 Red Hat。

http://www. Linuxers. com. tw/,一本不错的 Linux 网络杂志。

http://www. redhat. com/,是搜索 Linux 各类资源的上好网站。

http://www. debian. org/,Debian Linux 的官方网站。

http://www. suse. com/,SUSE. Linux 的官方网站。

http://www. pht. com/,Turbo Linux 国外的官方网站。

http://www. Linuxresources. com/,Linux 网站,软件,文档,支持等,内容应有尽有。

http://sunsite. unc. edu/Linux-source/,包含了几乎所有 Linux 分类的源代码。

http://Linux. box. ck/,资源全面的 Linux 宝箱。

http://www. Linuxsupportline. com/,Linux 网上技术支持的网站。

http://lsd. Linux. cz/,Linux 驱动程序的源代码。

http://www. kde. org/,KDE 的大本营。

http://www. kernel. org,齐全的 Linux 的核心的各种版本。

http://www. sendmail. org,Linux 世界上最广泛使用的软件之一,这里就是它的老家。

ftp://sunsite. unc. edu/pub/Linux/,有着极丰富的软件资源。

http://www. slackware. com/,Slackware Linux 的网站。

2. LINUX 学习网

http://www. fanqiang. com/,站点强烈推荐。

http://Linux. ccpi. gov. cn/Linux/,有很多 Linux 安装、管理、释疑和指南类文章。

http://www. Linuxforum. net/,国内 Linux 爱好者的一个相互学习和交流的场所。

http://www. Linux. org. tw/,台湾的 Linux 爱好者组织,列有翻译的 Linux HOWTO 中文版。

http://evon. el. cycu. edu. tw/,列有 Linux 简介及操作说明。

http://www. tvds. com. tw/Linux/,定期推出 Linux 应用的相关文章同时有线上讨论区。

http://www. Linux. com/,学习 Linux 的最好网站,也是 Linux 使用经验。

http://www. caldera. com/,Caldera 的官方网站。

http://www. Linux－howto. com/,查找 Linux－Howto 的最佳网站,包括了最新的 Linux 知识。

3. Linux Howto

http://www. Linuxhelp. org/,最大最全的 Linux 在线帮助网站。

http://www. Linuxgazette. com/,著名的免费在线杂志技巧,是 Linux 用户交流中心之一。

http://www. Linuxfocus. org/,免费电子杂志《Linux focus》,特色是每期集中讨论一个话题。

http://www. Linuxjournal. com/,很棒的 Linux 专业杂志。

4. LINUX 论坛

http://www. chinaunix. net/

http://Linux. inhk. net/,包含新闻、初学入门、技巧、资源和讨论等。

http://www. cLinuxworld. com/,中文门户网站,设有论坛、新闻栏目,还提供主页空间。

http://Linux. arecool. net/,有很丰富的中文分类文档还有论坛,编程等。

http://www. Linux. org/,最权威的 Linux 网站,文章讨论无所不包,软件硬件应有尽有。

http://bbs. tsinghua. edu. cn/,水木清华 BBS。

http://bbs. ustc. edu. cn/,上海交大 BBS。

http://bbs. sjtu. edu. cn/,中国科技大学 BBS。

http://www. sina. com. cn/,新浪网 BBS。

http://bbs. nease. net/,广州网易 BBS 站。

http://news. freesoft. cei. gov. cn/,由宫敏博士主持,人气很旺,Linux 爱好者的交流好场所。

http://news. cLinux. ml. org/,是国内规模较大的新闻服务器。

http://cn. bbs. comp. Linux/,是各大学 BBS 站 Linux 版与 News 的链接。

http://202. 38. 64. 2/,国内最大的 Linuxv 新闻组之一。

http://www. gb2312. com/,下载密码是 www. gb2312。

http://www. Linuxsir. org/,国内最权威的 Linux 论坛。

5. Linux FTP

ftp://ftp. cdrom. com/

ftp://ftp. pku. edu. cn/pub/slackware

ftp://ftp. ihep. ac. cn/pub/Linux

ftp://ftp. synet. edu. cn/pub/Linux

ft p://ftp. sepc. ac. cn/pub/Linux

ftp://ftp. buptnet. edu. cn/pub/slackware

ftp://net. tamu. edu/pub/Linux

ftp://freesoft. cei. gov. cn/pub/Linux

6. BSD 学习网

http://fbsd. 8800. org/freebsd. lab. mlc. edu. tw/default. htm

http://fbsd. 8800. org/freebsd. lab. mlc. edu. tw/index. html

http://freebsd. sinica. edu. tw

http://ns1. study-area. org/phpBB/

http://ohaha. ks. edu. tw/

http://www. gocar. idv. tw/

http://w3. fjy. idv. tw/index. htm

http://freebsd. csie. nctu. edu. tw/

http://person. zj. cninfo. net/～syx/index. html

http://redhat. ecenter. idv. tw/bbs/

http://www. freebsd. org. hk/modules/news/

http://freebsd. ntu. edu. tw/

http://www. freebsd. org. hk/modules/news/

http://www. freebsd. org

http://www. netbsd. org

http://www. openbsd. org

7. BSD 资源网

ftp://ftp2. freebsd. org/

ftp://freebsd. nctu. edu. tw/

http://www. yesnew. com/

http://www. freebsd. org/

http://www. yesnew. com/

http://www. yesnew. com/

http://www. freebsdchina. org

ftp://202. 108. 44. 140,user:unix2002,pass:unix2002

8. 其他类型

http://Linux. softhouse. com. cn,软件屋-Linux 之家

http://www. bluepoint. com. cn,蓝点 Linux

http://cnheasa. org/Linux,Linux 中文资料

http://Linux. ccpi. gov. cn/Linux,Linux 操作指南

http://www. Linuxzyd. com,Linux 专营

http://www. turboLinux. com. cn,Turbo Linux

http://www. Linuxaid. com. cn Linux 技术支持网站

http: //member. netease. com/～yzp,Linux 工作室

http: //www. Linuxforum. net/中国 Linux 论坛

http://www.redflag-Linux.com 红旗 Linux
http://www.pocketix.com,嵌入式 Linux
http://www.xteamLinux.com.cn,XteamLinux
http://timzen.go.163.com,Linux 菜鸟入门
http://Linux.tcpip.com.cn,Linux 非常新闻
http://zLinux.spedia.net,Linux 世界
http://lslnet.com/Linux,自由软件 Linux
http://member.netease.com/~yzp,Linux 工作室
http://giny.4y.com.cn/,自由的精灵
http://Linuxcity.com.cn/Linuxstore,Linux 精品店
http://www.Linux21cn.com/,21 世纪 Linux
http://www.aspLinux.com.cn,aspLinux 中国网站
http://www.ibm.com/developerworks/cn/Linux/,IBM——Linux 专区
http://Linux21cn.com21 世纪 Linux
http://www.Linuxnow.com,Linux now
http://www.Linux.org Linux www
http://www.Linuxgazette.com,Linux gazette
http://www.Linux.org.cn,Linux 中国用户协会
http://www.Linuxbyte.net/softwared.php,LinuxByte 软件中心
http://Linuxcity.com.cn/Linuxstore/cd/cd.asp Linuxcd 精品光盘店
http://www.Linuxhq.com,Linux HeadQuarters
http://www.Linuxmall.com,LinuxMall.com
http://Linux.ccpi.gov.cn,Linux 操作指南
http://www.Linuxdby.com/,Linux 大本营站
http://www.cstc.org.cn/anounce/Linux/index.asp Linux 开放实验室
http://www.Linuxcd.com.cn,Linux 刻录网
http://free.prohosting.com/~lslnet,Linux 蓝色小组
http://netsword.net/Linux,inux 学习
http://www.Linuxeden.com Linux 伊甸园
http://www.nodevice.com Linux 园地
http://Linuxhome.my163.com,Linux 之家
http://members.tripod.com/ Linux 中文手册
http://www.Linuxzy.com,Linux 专营
http://www.Linuxwatch.org,Linuxwatch
http://www.penguin64.com.cn/,penguin64 中文网
http://www.redhat.com,Red Hat Linux
http://www.suse.com SuSE LINUX
http://www.unixaid.net unix 中文社区
http://www.263bbs.net/,博识网
http://www.westdata.net/Linux/,大漠驼铃——中文 Linux 学习

http://www.rce.com.cn/,红旗 Linux 培训与考试中心

http://www.hhcn.org,华恒嵌入式 Linux 技术资料网站

http://www.lslnet.com/Linux,蓝森林

http://www.mamiyami.com,麻米亚资讯站

http://www.freelamp.com,Free LAMP.com

http://www.sinoLinux.com,思凌网

http://Linux.online.tj.cn,Linux 中心

http://badfish.3322.net,Badfish's Linux

http://www.wanhenet.com,嵌入式 Linux 开发网

http://www.Linuxbyte.net,LinuxByte

http://www.cmpp.net,中国 Linux 论坛

http://www.yaboy.org,yaboy.org

http://www.iwork.f2s.com,Linux computing

http://www.Linuxfocus.org,Linux focus

http://www.Linuxjournal.com,Linux journal

http://www.yesky.com/,天极网——Linux 园地

http://Linux.ccidnet.com,赛迪网——Linux

参考文献

[1] 高俊峰.循序渐进 Linux 基础知识、服务器搭建、系统管理、性能调优、集群应用.北京:人民邮电出版社,2009.

[2] 鸟哥,许伟,林彩娥.鸟哥的 Linux 私房菜.基础学习篇.2 版.北京:人民邮电出版社,2007.

[3] 余柏山.Linux 系统管理与网络管理.北京:清华大学出版社,2010.

[4] Tom Adelstein,Bill Lubanovic.Linux 系统管理(英文影印版).南京:东南大学出版社,2008.

[5] Mark G. Sobell. red hat linux 指南:服务器设置与程序设计篇.北京:人民邮电出版社,2008.